U0374510

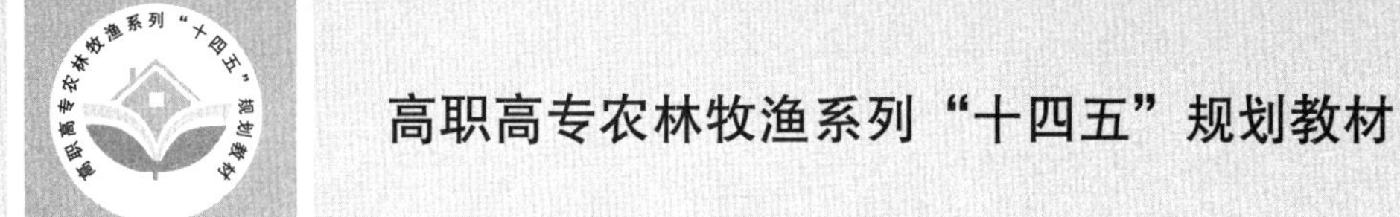

高职高专农林牧渔系列“十四五”规划教材

经济动物生产与疾病防治

JINGJI DONGWU SHENGCHAN YU JIBING FANGZHI

主　编　霍金龙　刘丽仙

副主编　赵　筱　浦仕飞　张　霞　王关跃

参　编　王世雄　王荣琼　周静媛　范　俐
　　　　王　瑾　杨章松　蒋润迪　刘锦江
　　　　张旺宏　杨方晓　程　月　吕念词
　　　　刘兴能　谢琳娟　张伟芳　杨　龙
　　　　隋敏敏

苏州大学出版社
Soochow University Press

图书在版编目(CIP)数据

经济动物生产与疾病防治 / 霍金龙，刘丽仙主编
. —苏州：苏州大学出版社，2022.1
高职高专农林牧渔系列“十四五”规划教材
ISBN 978-7-5672-3670-7

Ⅰ.①经… Ⅱ.①霍… ②刘… Ⅲ.①经济动物－饲养管理－高等职业教育－教材②经济动物－动物疾病－防治－高等职业教育－教材 Ⅳ.①S865②S858.9

中国版本图书馆 CIP 数据核字(2021)第 157971 号

经济动物生产与疾病防治
霍金龙　刘丽仙　主编
责任编辑　吴昌兴

苏州大学出版社出版发行
(地址：苏州市十梓街 1 号　邮编:215006)
丹阳兴华印务有限公司印装
(地址：丹阳市胡桥镇　邮编：212313)

开本 787 mm×1 092 mm　1/16　印张 13.75　字数 294 千
2022 年 1 月第 1 版　2022 年 1 月第 1 次印刷
ISBN 978-7-5672-3670-7　定价：42.00 元

若有印装错误,本社负责调换
苏州大学出版社营销部　电话:0512-67481020
苏州大学出版社网址　http://www.sudapress.com
苏州大学出版社邮箱　sdcbs@ suda.edu.cn

前 言

FOREWORD

中国是农业大国，养殖业是农业的重中之重，在农业乃至整个国民经济中占有重要地位。改革开放 40 多年来，养殖业取得了长足发展，产业结构随市场调节也逐步走向多元化，经济动物生产在这样的趋势下应运而生。经济动物“新、奇、特”的优点能迎合人们对“吃、穿、用”的消费要求，经济动物养殖业进入了蓬勃发展的黄金期，发展经济动物养殖已成为城乡市场消费的热点，是广大农民致富的新出路，也是调整农村产业结构、发展特色经济的新亮点。

为满足科技发展和市场结构对经济动物生产的需求，本教材有针对性地选择了代表性强、生产规模大、经济效益好的经济动物，在借鉴先进国家的教学模式、课程开发与实施理念、做法的基础上，结合编者多年的教学实践经验，对照生产、管理、服务的应用型教育，按照相应岗位对毕业生知识、能力、素质的要求，对课程内容进行重构，力争反映国内外经济动物生产的最新实践技术，最大限度地实现“教、学、做”一体化。

本教材由毛皮动物养殖技术、特禽养殖技术、药用动物养殖技术和兼用型动物养殖技术 4 个模块组成，共 16 个项目。每个项目都从经济动物的品种及生物学特性、繁育技术、饲养管理技术和常见疾病的防治等方面来介绍。本教材由霍金龙任第一主编，负责全书的提纲设计和统稿，同时编写前言、绪论、项目一（狐的养殖技术）和项目十六（特种野猪的养殖技术）；由刘丽仙编写项目二（水貂的养殖技术）；由赵筱编写项目三（貉的养殖技术）；由浦仕飞编写项目四（毛皮初加工和质量鉴定）；由张霞编写项目五（鸵鸟的养殖技术）；由王关跃编写项目六（鹧鸪的养殖技术）；由谢琳娟、隋敏敏编写项目七（肉鸽的养殖技术）；由王世雄编写项目八（鹌鹑的养殖技术）；由王荣琼编写项目九（乌鸡的养殖技术）；由周静媛、范俐编写项目十（孔雀的养殖技术）；由王瑾、杨章松编写项目十一（茸鹿的养殖技术）；由蒋润迪、杨方晓编写项目十二（蜜蜂的养殖技术）；由刘锦江、张旺宏、程月编写项目十三（蛇的养殖技术）；由刘兴能、吕念词编写项目十四（蝎子的养殖技术）；由张伟芳、杨龙编写项目十五（毛驴的养殖技术）。全书在编写过程中，力求做到内容设置与编写人员岗位匹配，发挥授课教师专业特长，并充分利用校企合作单位提供的资源，提高教材编写质量。

本教材适合农林院校畜牧兽医、经济动物饲养专业的教师、学生及广大经济动物养殖户和爱好者学习、参考，也可作为特种经济动物生产单位科技人员的参考书。在编写与修订过程中得到了一些专家、同行的指导、关心和帮助，在此一并表示感谢。

由于经济动物种类较多，涉及内容较广，编写教材的老师水平层次、教学经验不一，书中缺点和不足之处在所难免，欢迎各位专家、同行和广大读者批评指正。

编　者

2021 年 10 月

目 录 Contents

模块二 特禽养殖技术

模块三　药用动物养殖技术

模块四　兼用型动物养殖技术

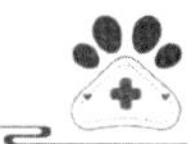

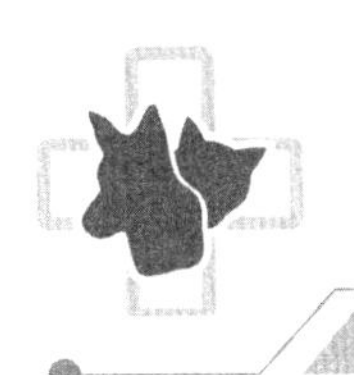

绪 论

特种经济动物是指家禽和家畜以外的、以经济价值利用为目的的人工驯养的动物。我国目前饲养的特种经济动物主要指国家林业和草原局规定在养禁食的64种野生动物（林护发〔2020〕90号文件）以外的一些陆生野生动物，还包括一些畜、禽的特殊品种和因特殊需要驯养繁殖利用的陆生野生动物。

特种经济动物养殖在我国有着悠久的历史和发展历程，但是在传统的发展体系中却一直未曾受到人们的关注与重视，发展受到了制约。直到20世纪70年代，随着我国改革开放的深入，这种经济体制才得到了真正意义上的发展，形成了一种从小到大、从少到多、从单个的养殖到大规模养殖方式发展的过程，并成为我国经济体系中最受人们关注和重视的一部分。特种经济动物养殖业是基于家禽、家畜及水产品之外的一门新型养殖行业，它为人类社会的发展提供了大量的肉质食品、毛皮制品及医疗保健药品，甚至还可以为人们的生活提供观赏、娱乐方面的服务。

近年来，随着人们生活水平的提高，特种经济动物养殖业发生了翻天覆地的变化。特种经济动物“新、奇、特”的特点刚好迎合了人们对吃、穿、用的消费要求，成为城乡市场消费的热点。因此，发展特种经济动物养殖成为广大农民寻找的新出路，调整农村产业结构、发展特色经济的新亮点。

一、特种经济动物养殖概况

特种经济动物饲养业覆盖面广，门类广泛，品种众多。其中，高级皮毛动物有狐狸、貉、貂、狼、水獭、海豹、沙猫、豹猫、狼獾等；美食动物有微型猪、小尾寒羊、肉鸽、鹌鹑、野鸭、麻鸭、香鸭、山鸡、香鸡、珍珠鸡、贵妇鸡、肉蛇、牛蛙、林蛙、美国青蛙等；药用动物有鹿、蝎、黑羽乌鸡、白毛乌骨鸡、土元、蚂蚁等；观赏、玩赏动物有犬、猫、鱼、虫、鸟、龟、蝴蝶、锦鸡、白鹏等；水产动物有银鱼、鲍鱼、黄鳝、蟹、虾等；饲料用动物有黄粉虫、稻蝗、蝇蛆、蚕蛹、河蚌、海星、蟑螂、螺蛳、卤虫等。它们或从山里，或从水里；或从天上，或从地下，走入寻常百姓家，跃入大型饲养场，登上大雅之堂，构成了人们小康生活条件下的特种消费而备受青睐。

二、特种经济动物养殖的意义

发展特种经济动物养殖业的意义主要有以下几点：第一是能充分利用当地的动物资源。因为特种养殖都是条件要求比较高的，所以环境因素受到比较大的限制。第二是可以提高当地养殖户的收入。特种养殖在精而不在多，很多品种可以利用空闲时间来饲养，这样就可增加当地养殖户收入。第三是保护生态环境。很多特种经济动物来源于刚驯化不久的野生动物，这些动物因为人为扑杀，数量急剧下降，价格上升，人工饲养，可起到一定程度保护野生动物的效果。第四是满足人们探索事物多样性的需求。

三、特种经济动物养殖存在的问题及对策

由于特种经济动物具有特殊的使用价值，且近年来部分传统养殖项目效益偏低，所以特种经济动物养殖已成为许多投资者的首选。但是，特种经济动物养殖业市场的特殊性决定了它只能是常规养殖业的补充，在整个畜牧业中，特种养殖处于相对次要的位置。

1. 存在的问题

目前我国特种养殖面临的问题主要有以下几方面。

（1）养殖种类多、乱、杂，引种盲目跟风，种源品质差

目前我国特种养殖除了鸵鸟、山鸡、肉鸽、鹿等肉用畜禽和狐狸、貂、貉等毛皮兽外，还有一些宠物、观赏鸟类及药用饲用价值较高的昆虫等。这些仅是实际饲养品种中的极少部分，还有众多经济性状不明显、开发难度较大或是根本不存在产品市场的品种，甚至是国家重点保护的野生动物也被当作特种经济动物来推广，这对特种养殖业的发展造成了不良影响。另外，由于整个行业炒作多于实质，盲目发展，市场波动明显，发现一个新品种往往一哄而上，盲目引进，忽略专业知识、技术的及时补充，加上农村信息闭塞，市场预测无法实现，技术不到位，进而导致风险加大，损失惨重。不少养殖户采用近亲杂交的方式扩大规模，易造成品种退化。

（2）生产操作缺乏科学的指导

虽然部分特种经济动物的饲养相对集中在具备适宜饲养条件的区域内，但仍然存在着整体布局混乱、缺乏全国统一科学的区域布局规划和指导。由于相关生产技术研究少，水平低，养殖环境差，大部分品种没有可依据的生产标准，依然采用原始传统的饲养方法，营养水平不能满足生长和生产的需要，潜在生产能力不能发挥，产品数量减少，质量偏低。

（3）产品加工技术落后，忽视综合加工开发利用

大多特种经济动物养殖业生产以小规模分散饲养为主，技术水平落后，尤其是产品开发和加工技术与国外先进水平差距明显，这在很大程度上限制了生产的发展，使得系统的产业链无法形成。特种经济动物产品可以全面开发，可以进行多次增值，诸

如开发保健型、滋补型等专用型产品，但目前特种经济动物的潜在生产力还未能得以充分体现，因此经济效益很难得到提高。

2. 对策

为了把特种经济动物养好，针对以上问题，制定如下措施。

（1）合理选择饲养品种

投资特种经济动物养殖前必须了解所要养殖品种的特性、真实市场价值和养殖成本，慎重做出选择。首先要选择国家允许经营利用的物种。其次要选择饲养技术成熟、种源充足和市场需求量大的常规物种。如果没有特种经济动物养殖的经验，不要选择技术尚不完善的养殖物种和养殖方式；选择种源充足且市场需求量较大的常规物种，虽然利润有限，但风险亦相对较小，而且可以积累特种经济动物养殖的经验。再次要选择适合于本地区生长的物种。选择特种经济动物养殖的种类时，要考虑其原产地的自然条件，例如光周期和温、湿度等是否与本地相符合。最后要选择有综合开发利用价值的物种。

（2）增加科技投入

特种养殖业需要特殊的养殖技术，通过人才培训和技术攻关等措施，加大对特种经济动物养殖的技术投入，进而对传统畜牧业在育种、繁殖、饲料生产、疫病防治等领域成熟的高新技术进行改造和转化，并应用于特种经济动物养殖。近几年来，广大养殖工作者和科研工作者研究总结了不少新技术、新经验、新成果。例如，鹿、貉、貂、狐品种改良技术，鹿、狐的人工授精技术，狐、貉、貂的提前取皮技术，疫病防治及产品深加工、系列产品开发技术等，对促进产业发展发挥了很大作用。

（3）加大产品开发力度

我国的畜产品特别是经济动物产品的种类和质量与发达国家相比有一定的差距，相当一部分经济动物的生产尚处在以提供原料为主的原始阶段，深加工能力有限，产品种类单一，规格化及标准化程度低，市场占有率低。根据国际市场对畜产品的要求，加大产品的开发力度，使经济动物产品向多样化、规格化、标准化方向发展，将有利于经济动物养殖走向产业化。同时，提高特种经济动物产品的加工质量和对特种经济动物产品进行综合开发利用是保证我国特种经济动物养殖业稳定、持续发展的重要途径。

毛皮动物养殖技术

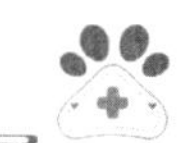

项目一 狐的养殖技术

学习目标

1. 了解狐的类型特征、生物学特性及经济价值。
2. 掌握狐的发情鉴定、配种技术和饲养管理技术。
3. 掌握狐场的建设方法。
4. 能诊疗狐常见的疾病。

任务一　狐的品种及生物学特性

一、狐的品种及形态特征

1. 赤狐

赤狐又名红狐、草狐，品质优良，在我国分布广泛，人工饲养以东北、内蒙古为最佳。赤狐体细长、四肢短、嘴尖、耳长，体长 55~90 cm，平均 70 cm，体高 40~45 cm，体重 5~8 kg，尾长 40~55 cm，尾圆粗，尾毛特别蓬松。毛色因地理、环境不同而差异很大。特征毛色中，头部、躯体、尾巴为棕红色或赤褐色的，俗称火狐；毛色浅者，为黄褐色或灰褐色的，俗称草狐。标准赤狐四肢黑褐色，腹部为黄白色，耳背黑褐，尾为赤褐色，尾尖为白色。

2. 银黑狐

银黑狐又名银狐，原产于北美洲北部和西伯利亚东部地区。1956 年我国从苏联引进银狐，目前在不少地区进行笼养。经过长期培育，银狐体形比赤狐略大，外貌与狗相似。尾端毛白色，形成 4~10 cm 长的白尾尖，尾形以圆柱者为佳。

3. 北极狐

北极狐又名蓝狐，主要分布在亚、欧、北美北部、西伯利亚南部。野生北极狐有 2 个色型，即白色和浅蓝色。北极狐体形比银狐小，四肢短小，体胖，嘴短粗，耳圆、宽且较小，公狐平均体长 65~75 cm，母狐平均体长 55~75 cm，平均体重 5~

6 kg，尾长 25~30 cm；被毛丰厚，针毛不发达，绒毛厚而密，能适应寒冷的气候。白色北极狐被毛随季节变化，其毛色深浅略有不同，冬天白色，夏天则变深；浅蓝色北极狐终年有较深的毛色，经济价值极高。

4. 彩狐

彩狐是赤狐、银黑狐、北极狐在饲养过程中形成的毛色突变种。这些突变种经选育、遗传而形成了新的色型，如北极珍珠狐等。有的色型目前数量较少，经济价值很高；而经济价值低的已逐渐被淘汰。由于彩狐是赤狐、银黑狐、北极狐的毛色突变种，因此主要区别在毛色，其体形、外貌与赤狐、银黑狐、北极狐相似。常见的彩狐主要有珍珠狐、全白色狐、大理石狐、巧克力狐等。

二、狐的生活习性

① 分布范围广。狐狸生活环境范围较广，森林、草原、荒漠、山区、平原都能适应，均有分布。

② 穴居生活。常以石缝、树洞、土洞和坟穴为家，但选择却很有讲究：一要清静舒适；二要隐蔽安全；三要出入方便。总之，狐狸虽多以天然洞穴为家，但决不随便将就，甚至有时经试住满意后才定居。

③ 生性机警、狡猾多疑。狐狸行动敏捷，善于奔跑，能沿峭壁爬行，会游泳、爬树，足迹很像兔子；视觉敏锐，嗅觉、听觉发达，记忆力强。

④ 昼伏夜出。白天卧于洞穴中，夜间出来活动。

⑤ 杂食性。狐狸食性较杂，以动物性食物为主。常以小型哺乳动物、鸟类、爬行动物、两栖类、鱼虾类为食，也食植物类的瓜果及根、茎、叶等，并常常调整食物种类。

⑥ 抗饿、抗寒能力强。狐狸的抗饥饿能力很强，几天不吃食物仍能维持基础代谢。

⑦ 独居。大多数狐狸喜欢独居，到繁殖期才会结成小群（2~5 只）。

⑧ 季节性换毛。成年狐狸每年换毛 1 次，3—4 月份开始，先从头、前肢开始换毛，其次为颈、背、体侧、腹部、后肢，最后是臀部与尾根部。新生毛生长顺序与脱毛顺序相同。7—8 月份冬毛基本脱落，春天长出的毛于夏初停止生长，7 月末新的针毛、绒毛大量生长。因此，冬毛与夏毛在结构上大不相同，夏毛比冬毛阴暗稀短，冬毛长而稠密，经济价值高。日照的长短对脱毛影响很大，在夏秋两季人工缩短光照时间，冬毛可提前成熟；低温时毛生长较快。

⑨ 恒温。狐狸的体温保持在 38. 8~39. 6 ℃，呼吸频率为 20~30 次/min。狐狸的寿命随品种不同而不同，赤狐寿命为 8~12 年，繁殖年限为 5~6 年；银黑狐寿命为 10~12 年，繁殖年限为 5~6 年；北极狐寿命为 8~10 年，繁殖年限为 4~5 年。一般最佳生产繁殖年龄为 3~4 岁。

任务二　狐的繁育技术

一、狐狸的繁殖特点

1. 性成熟

人工饲养条件下，狐狸的性成熟期为8~10月龄。性成熟期的早晚受性别、营养状况、环境条件、出生时间、个体差异等多种因素影响。公狐性成熟期比母狐早；营养状况和饲养条件好的狐狸性成熟较早；银黑狐比北极狐早。

2. 繁殖季节

狐狸是季节性单次发情动物，一年只繁殖1次，多胎，一般一胎可产仔狐6~12只。狐狸只有在繁殖季节才能发情、排卵、交配、受精等，在非繁殖季节，狐狸的睾丸和卵巢都处于静止状态。夏季母狐卵巢和子宫处于萎缩状态；8月末至10月中旬，母狐的卵巢逐渐发育；11月份黄体消失，同时滤泡迅速增长，性器官也随之发育。一般银黑狐在1月中旬才开始发情，蓝狐则要到2月中旬才开始发情。公狐的睾丸在夏季非常小，只有1.2~2.0 g，不产生精子；8月末至9月初睾丸开始发育，重量和体积都有所增加；接近1月份时，睾丸重量可达到3.5~4.5 g，并能产生成熟精子；3月底到4月上旬睾丸迅速萎缩，性欲也随之消失，进入休情期。

3. 发情配种期

母狐是自发性排卵动物，一次发情中所产生的滤泡不同时成熟、排卵，而是与母猪一样陆续排卵，边成熟边排卵，先成熟的卵泡先排出。一般只交配1次的母狐，妊娠率只有70%左右，而且每胎的产仔数也少。如果第二天复配，那么妊娠率可达85%左右；复配3次的母狐，几乎全部妊娠，每胎产仔数也多。所以，生产上多采用复配3次的方法。

4. 繁殖年限

赤狐、银黑狐和北极狐的繁殖年限分别为6~8年、5~6年和4~5年，繁殖最佳期为3~4岁。

二、狐狸的发情鉴定技术

1. 母狐的发情鉴定

（1）外部观察法

母狐发情，除观察其行为表现外，主要是看外阴部的变化。母狐发情后，外阴部的变化分为发情前期、发情期、发情后期和乏情期。

① 发情前期。一般为3~5天，阴道流出具有特殊气味的分泌物，表现不安，活跃，阴门肿胀，肿胀面平而光亮，触摸时硬而无弹性。阴道分泌物颜色浅淡。当公、母狐放对时，相互追逐，嬉戏玩耍，但拒绝交配。

② 发情期。此期持续 2~3 天，这一时期阴门肿胀逐渐减退，肿胀面变粗糙，触摸时柔软不硬，富有弹性，颜色变淡。阴道流出较浓稠的白色分泌物。母狐食欲下降，有的母狐会停止吃食 1~2 天。当公、母狐放对时，母狐表现安静。公狐走近后，母狐主动把尾抬向一侧，接受交配，此时为最适宜的交配时期。

③ 发情后期。阴门肿胀减退，分泌物减少，恢复正常。

④ 乏情期。阴门为阴毛所覆盖，阴裂很小。

（2）公狐试情法

可用公狐试情确定母狐发情程度。用来试情的公狐应性情温顺，不扑咬母狐。当发现母狐嗅闻公狐的阴部，抬尾接受公狐爬跨和交配，回头咬公狐时，可认为母狐进入发情持续期，即配种适宜期。这时可将母狐与试情公狐分开，放到预配的公狐笼内或人工授精站进行实配。如发现母狐仍然未进入适宜配种期时，应立即将其分开，避免母狐受惊。试情时间不宜过长，一般不超过20 min，如不接受交配，次日再进行试情。

（3）阴道内分泌物涂片检查法

此法多用于人工授精的狐场。先用灭菌棉球蘸取母狐阴道分泌物，制成涂片，放在显微镜下放大 200~400 倍观察。可根据分泌物中的白细胞、有核角化上皮细胞所占比例的变化来判断母狐是否发情。

乏情期：镜下可见白细胞，很少有角质化细胞。

发情前期：镜下可见有核角化细胞，并逐渐增多，最后可见大量有核角化细胞和无核角化细胞。

发情期：可见大量的无核角化细胞和少量的有核角化细胞。

发情后期：可见白细胞和较多的有核角化细胞。

2. 公狐的发情鉴定

公狐的发情鉴定技术易于掌握。进入发情期的公狐，两个睾丸下降到阴囊中，膨大下垂，质地松软，有弹性，大小一致，似鸽蛋；公狐在笼内十分活跃好动，发出“咕咕”的急促求偶叫声。

三、狐狸的配种技术

1. 放对

狐狸的交配多在早晨 6:00—8:00 进行。放对时应根据母狐阴门“粉红色早、紫黑色迟、深红湿润正适宜”的放对配种经验，适时将母狐放入公狐笼内。母狐安静站立等候公狐爬跨的同时要注意观察母狐动向。如果母狐胆小，也可以将适应能力强的公狐放入母狐笼里进行配种。交配行为与犬相似，会出现锁紧现象，此时射精仍在继续，交配持续时间一般为 30~40 min，有时可达 1.5~2 h。对发情好而早晨没有放对成功的，可在傍晚 5:00—6:00 再次放对。除放对、饮水和喂食外，尽量使狐休息，发情检查 2~3 天进行 1 次。复配要连日或隔日进行，以 2~3 次为宜。

2. 配种方法

母狐的配种方法有以下几种。

① 1 次配种。母狐只交配 1 次，不再接受交配。

② 2 次配种。母狐初配后，次日或隔日复配 1 次。这种方式多用于发情晚或发情不好的母狐。

③ 隔日复配。母狐初配后停 1 天，再连续 2 天复配 2 次。这种方式适于排卵持续时间短（复配 1 次不再接受交配）的母狐。

④ 连续重复配种。母狐初配后的第二天复配 1 次，第三天再复配 1 次。采用这种方法，母狐的受胎率高。在配种后期，母狐初配后，可在第二天复配 2 次（上、下午各 1 次）。

3. 种公狐的利用

公狐发情一般早于母狐。配种过程中，公狐起着主动而重要的作用，因此配种期一定要合理利用种公狐。正常情况下，一只公狐可交配 4~6 只母狐，能配种 8~15 次；每天可利用 2 次，每次配种应间隔 3~4 h；连续配 4 次的公狐应休息 1 天。

4. 人工授精

狐狸的人工授精不仅可以提高公狐的利用率，降低饲养成本，而且还可解决自然交配中部分难配母狐的配种问题。该项操作流程主要包括采精、精液品质检查、精液的稀释与保存、输精等几个步骤。

（1）采精

目前多采用按摩法和电刺激法两种采精方法。

① 按摩法。将种公狐放入采精架内保定。一人抓住公狐尾根，轻轻上提，使公狐两后肢站立，待公狐安静后采精。采精时，手放在睾丸前面，用手指轻轻按摩睾丸 15~30 s，刺激性欲。迅速用食指和拇指摸住公狐阴茎突起的部位，快速而有规律地按摩。至突起部位肿胀 2 倍后，按摩其阴茎体和龟头部，10~15 min，即可射出精液。用另一只手或由其他采精人员手拿采精杯收集精液。初次采精时，不能过于急躁，公狐必须经过 2~3 天训练后才能形成条件反射，以后每隔 1~2 天进行 1 次采精。

② 电刺激法。将公狐麻醉，把采精器的控棒插入肛门约 10 cm 深；接通电源，调节电压，给以短促的刺激，即可引起公狐的射精反应。

（2）精液品质检查

一般在人工授精之前需对精液品质进行检查，主要检查内容包括精液量、颜色、气味、活力、密度、畸形率等。

① 精液量。精液量会因品种、年龄、个体而异，同一个体会因年龄、采精方法、营养状况而有所变化。精液量过多或过少都要查找原因。正常公狐射精量为 0.5~1.5 mL。

② 颜色。正常精液的颜色一般为乳白色或灰白色。精子密度越高，乳白色越浓，透明度越低。

③ 气味。精液略带腥味。

④ 活力。将稀释精液置于一定的温度下（0~37 ℃），间隔一定时间检查平均活率，直至无活动精子为止，所需的总小时数为存活时间。精子存活时间越长，说明精子活力越强，品质越好。

⑤ 密度。精子密度通常指每毫升精液中所含的精子数。精子的密度是评定精液品质优劣的一个重要项目。目前，测定精子密度的主要方法有目测法、血细胞计数法、光电比色计测定法、IMV 精子密度仪测定法。

⑥ 畸形率。形态和结构不正常的精子通称为畸形精子。畸形精子率低于 20%，对受精影响不大。

（3）精液的稀释和保存

狐的精子量平均为 3 亿~11 亿个/mL。如果在配种期每天采精 1 次，平均精子密度在每毫升 1 亿个以上，可以按 1∶3 稀释。稀释后的精液可以当时输精，也可放入冰箱中，在 4 ℃条件下保存，3 天内有授精能力。无论使用什么稀释液或不使用稀释液，精子的活力都会随着保存时间的延长而逐渐降低，因此应尽可能减少精子在体外的存留时间，一份精液输完后再采下一份。狐精液冷冻时，精液与稀释液在等温下按 1∶1 稀释后，进行降温平衡，平衡温度为 6 ℃，平衡 60 min。再用长吸管吸取平衡后的精液，以 0.1 mL 的剂量在距液氮面 4 cm 处，滴冻成颗粒，分装后放入液氮罐中保存。

输精前，用 7%葡萄糖稀释液，按 1∶1 的比例在 45 ℃温水浴中进行解冻。

（4）输精

精液应进行精子活力检查，精子活力在 0.3 以上的可以进行输精。输精需要两个人相互配合操作，一人保定，另一人操作。输精前须对母狐外阴进行消毒。

输精操作步骤如下：先将阴道插管插入母狐阴道内，其前端抵达子宫颈，左手虎口部托于母狐下腹部，以拇指、中指和食指摸到阴道插管的前端固定子宫颈位置，右手握持输精器末端从阴道插管内腔插入，前端抵子宫颈处，调整输精器的位置探寻子宫颈口；左手、右手配合将输精器前端轻轻插入子宫内 1~2 cm 固定不动。助手将吸有精液的注射器插接在输精器上，推动注射器把精液缓慢地注入子宫内（输精技术熟练者，也可事先将吸有精液的注射器插接在输精器上，由输精者直接将精液输入）。向注射器内吸取精液时，应注意注射器的温度与精液温度一致，缓慢吸取至固定刻度时，可再吸入少许空气，以保证输精时能将所有精液输入子宫内，以防精子残留在输精针管腔内，造成输精量不足；输精后轻轻拉出输精器，如果输精手法得当，母狐生殖道无畸形，则输精过程中母狐表现安静。输入精液量约 0.7 mL，精子活力≥0.7，输入有效精子数不少于 7 000 万个；一般连续输精 2~3 次，每天 1 次。

四、狐狸的妊娠、分娩与哺乳

1. 妊娠

母狐的妊娠期平均为51~52天，其中，赤狐为49~58天，银黑狐为49~57天，北极狐为50~58天。母狐妊娠后，喜睡而不愿活动，采食量增加，膘情好转，毛色光亮，性情变得温顺。妊娠20~25天后，可看到母狐的腹部膨大，稍下垂。临产前，母狐侧卧时可见胎动；乳房发育迅速，乳头胀大突出，颜色变深。

2. 分娩

产仔前，母狐用牙拔掉自己乳头四周的毛，使乳头显露出来，以便仔狐吮吸（拔乳房毛还有刺激乳腺分泌乳汁的作用）。临产前，母狐停食一两次，多在安静的清晨和傍晚产仔。通常整个产仔过程需辅助1~2 h，有时长达3~4 h，不需要人工哺乳和过多的护理工作。

3. 哺乳

产后1~2 h，仔狐即可爬行至母狐身旁寻找乳头吮乳，平均每3~4 h吃乳1次。仔狐的哺乳期为50天左右。

五、狐的选种选配

1. 选种程序

（1）初选

每年5—6月份母狐断奶、仔狐分窝时初选。母狐主要根据当年繁殖情况选择，仔狐则根据生长发育情况及其双亲品质、系谱选择。初选时留种数应比年终计划留种数多出30%左右，以备复选时有淘汰余地。

（2）复选

每年秋分时节（9月下旬至10月上旬），针对初选种狐秋季换毛情况进行复选，优先将换毛时间早、换毛速度快、生长发育快、体形较大的个体留种。要求老、幼种狐夏毛完全脱换，只允许老母狐背部有少许夏毛未转换成秋毛。复选留种数应比终选计划留种数多出10%左右，如预留种狐中淘汰较多，可从商品群中挑选优良者补充。

（3）终选

11月下旬毛皮成熟取皮前进行终选。根据种狐的毛皮品质和健康状况进行精选，宁缺毋滥。

2. 种狐选择标准

① 毛色及毛绒品质。具备各类型狐的毛色和毛质的优良特征。毛质要求绒毛丰厚、针毛灵活、分布均匀，且绒毛长度比较适宜；毛被光泽性强、无弯曲等瑕疵。

② 体形。种公狐应优选体格修长的大体形者，母狐宜优选体格修长的中等体形者，过大母狐不宜留种。种狐要求全身发育正常，无缺陷。

③ 出生日期。仔狐出生日期与其翌年性成熟早晚直接相关，出生早的个体易于留种。

④ 其他条件。种狐要求外生殖器官形态正常，食欲旺盛，健康状况优良，无患病（尤其是生殖系统疾病）历史。公狐的配种能力强（交配母狐 4 只以上），精液品质好，无择偶性，无恶癖；母狐胎产仔数高，母性强，泌乳力高（仔狐成活率 90% 以上，仔狐断奶体重 750 g 以上），无食仔恶癖，对环境不良刺激不过于敏感，成年狐后裔鉴定优秀。

3. 选种和选配

狐选种主要采用表型性状选择的方法，优选有优良遗传基因的个体。选配是指通过公、母狐之间的配偶选择，使优良遗传基因得以巩固和发挥的过程。选配是选种工作的继续，是繁育过程中主要的技术环节。

① 品质选配。纯种繁育及核心群的提高宜用同质选配，杂交选育宜用异质选配。

② 亲缘选配。生产群中应尽量采用远亲选配，育种群可有目的地实施近亲选配。

③ 年龄选配。一般老龄个体间选配，老、幼龄个体间选配更优于幼龄个体间选配。

④ 体形选配。公狐体形要大于母狐体形，且宜大配大、大配中，不宜大配小、小配小。

任务三　狐的饲养管理技术

一、狐狸养殖场的建设

狐狸养殖场可因陋就简，力求经济高效，应选建在地势高燥、通风向阳、排水通畅、交通方便、环境安静的地方。狐场要规划出余地，以便扩大养殖。养狐场的笼舍和围墙等基本建筑设施要适应和满足狐的生物学特性，同时要坚固耐用、安全并保证卫生防疫要求。

1. 狐棚

狐棚可为角铁、水泥墩、石棉瓦结构，也可为砖木结构。棚脊高 2.6~2.8 m，前檐高 1.5~2 m，宽 5~5.5 m，走道宽 1.2 m。

2. 狐笼

种公狐笼舍规格：长 1.5 m，宽 1.2 m，高 1.2 m，笼腿高 1.1 m，铁网最好用镀锌网，笼舍上面搭建遮阳的石棉瓦，夏季石棉瓦上最好铺盖草帘防暑。

种母狐笼舍规格：长 1 m，宽 0.7 m，高 0.6 m，笼腿高 0.8 m。种母狐笼舍前面较后面略高一些，使笼盖下面留一斜坡，便于雨水流下。

幼狐笼舍：约为种公、母舍的一半大小，即在公、母狐笼舍中间加一个中格，可在断奶后饲养幼龄狐。

种用狐的产箱：产箱常为木制，产仔时挂上产箱，幼狐断奶前将产箱摘下保留，以备第二年产仔时继续使用。产箱规格为 45 cm×45 cm×35 cm（35 cm 是走廊），小室板厚 1.0~1.5 cm，产箱板厚 1.5~2.0 cm。木板里面要光滑，木板衔接尽量无缝隙。

3. 狐圈

饲养狐狸的数量较多时可以采用圈养模式。狐圈的四壁用砖石砌成，也可以用铁皮或光滑的竹子围成，高 1.2~1.5 m；圈顶用铁丝网封闭，地面铺上砖石或水泥；圈内备有若干小室，较大的为 0.7 m×0.5 m×0.5 m，较小的为 0.6 m×0.4 m×0.5 m；出入口直径为 20~23 cm，装上插门，以利捕捉、隔离和产仔检查。也可采用棚、笼圈结合的结构，即四壁用砖石筑砌，圈顶用结实的铁丝网封闭，靠北面一半盖上芦苇、毡，以遮阳挡雨，南面一半露天以供晒太阳；地面周围铺水泥，中间栽小灌木，再放几只木箱，箱的一面开洞，供狐自由进出。

4. 饲槽

用鱼鳞铁做饲槽，铁槽长 40 cm，高 4 cm，上下呈楔形，上宽 8 cm，下宽 6 cm。

二、仔狐的饲养管理

1. 及时检查

产后检查是产仔保活的重要措施之一。在饲喂或提供饮水时，通过听和看记录胎产仔数、成活数，了解仔狐健康、吃奶及保暖等情况，并对健康状况差、母狐无奶或少奶的仔狐进行护理。仔狐检查时动作要快、轻、准，手上不能带有异味。健康仔狐全身干燥、叫声尖、短而有力，体大小均匀，发育良好；被毛色深，手抓时挣扎有力，全身紧凑。弱仔狐胎毛潮湿，体躯发凉，在窝内各自分散，用手抓时挣扎无力，叫声嘶哑，腹部干瘪或松软，个体大小相差悬殊。

产后检查的方法是：轻轻打开产箱后盖，先用产箱小门板挡住母狐头部，再用捕狐钳将母狐脖子套住，提出产箱。用小扫把将产箱里的粪尿擦干净。检查结束后，把母狐从前门放入笼里，动作一定要快，不使母狐有挣扎的机会，否则会伤及仔狐。切勿将母狐强硬驱赶出产箱检查，因驱赶过程中会造成母狐极度惊恐、乱蹦、乱跳，有可能踩伤仔狐。检查后，有的母狐会扒箱底，个别母狐会叼仔狐在笼里来回走动。这时，饲养员不要去看，母狐叼一会儿仔狐，就会把仔狐放回产箱，一般不会叼死仔狐。

2. 合理寄养

若母狐母性不强、无乳、缺乳或窝产仔数超过 10 只时，须把喝不到母乳的仔狐放到其他母狐产箱里代养。代养母狐应乳量充足、母性强、性情温顺，产仔日期和被代养母狐产仔时间相近（前后不超过 3 天）。具体方法是把代养仔狐用承担代养母狐的被毛或产箱中的毛垫草擦抹后，直接放入代养母狐产箱内即可。

3. 注意防寒防暑

仔狐体温调节功能很差，既怕冷又怕热。早期产仔要在产箱内垫足柔软的絮物，加

强防寒保温，防止产箱内潮湿，避免冷风直接吹到仔狐身上。晚期产仔气温较高，要根据当地天气预报和当天气温的变化及时检查产箱内的温度。当外界气温很高时，要打开产箱通风，并采取遮阳、洒水等防暑降温措施，不要让阳光直射仔狐。另外，要保持产箱内清洁干燥，供足清洁饮水，避免中暑。当昼夜温差较大时，要加强值班护理。

4. 适时开食和补料

在正常的饲养条件下，仔狐出生后 20~25 天内全靠母乳满足营养需要。随着母狐泌乳量逐渐减少及仔狐的不断成长，仅靠母乳很难满足仔狐的全部营养需要，如果不及时补料，势必使仔狐体质下降，容易感染疾病，造成死亡。因此，这时就要对仔狐进行采食训练。训练的方法是，饲养员给仔狐准备一槽食，开始仔狐不会吃食，就把食往它嘴上抹擦，仔狐逐渐就会采食。在 30 日龄后，仔狐可出窝采食，这时食槽可增大，补料量与日喂次数应根据仔狐的食性和日龄来决定。40~70 日龄的仔狐每天喂 4 次，即早 4 时、上午 10 时、下午 4 时和晚上 10 时，每隔 6 h 喂 1 次。90 日龄后，仔狐日喂 3 次，每天每只补食量为 800~1 000 g，之后随着日龄的增加而相应增加食量。仔狐能吃多少，就饲给多少。仔狐断奶后，日粮可按哺乳期母狐的日粮标准供给。仔狐要补喂全价饲料和新鲜适口的精饲料。开始分窝时，喂食应坚持定时、定量、保质、保温，加强管理，让仔狐慢慢适应独立生活。

5. 适时断奶分窝

仔狐一般在 40~45 日龄断奶，不宜过早断奶，否则会因消化机能不健全影响生长发育；过晚断奶则会导致仔狐长时间依赖母乳营养，使消化道内各种消化酶形成缓慢，影响后期的生长发育。对同窝体质健壮、生长发育均匀、体重大小一致的仔狐，可采取一次性断奶法。对发育不均，体重大小不一，强弱悬殊的同窝仔狐，可采取分批断奶法，即先使体重大、发育好的仔狐断奶，让体弱的仔狐适当延长哺乳期。

6. 定时保洁

仔狐在开始采食以前，母狐有吃仔狐粪便的习惯。但仔狐开始采食后母狐就不再吃仔狐的粪便了。所以从这时起，每天要清扫 1 次窝箱，以保持窝箱的清洁卫生。

三、育成狐的饲养管理

幼狐育成期是从仔狐断奶分窝到冬毛成熟，一般从 6 月下旬到 11 月下旬。刚断奶的仔狐要喂营养丰富、易消化的饲料，饲料绞制要细，调制要匀。在饲料中还要加一些助消化的药物，如胃蛋白酶、酵母片等。幼狐的消化机能尚不健全，要控制饲料中的脂肪含量，严禁投喂酸败的饲料，保证水盆内经常有清洁的饮水。

刚断奶的仔狐离开母狐和同伴，很不适应新环境，会出现食欲下降、鸣叫、躁动不安等现象，所以刚分窝后尽量少惊动，按性别每 2~3 只放在一个笼里饲养，到 80~90 天改为单笼饲养。分窝后的最初 10 天，幼狐日粮仍按哺乳期日粮标准供给。断奶后 15~20 天的幼狐要接种犬瘟热等疫苗。幼狐断奶后 2 个月是生长发育最快的时期，除饲料保证营养水平不变外，还要根据幼狐食量配比饲料，按幼狐饲养标准供给日粮。

在幼狐生长最快的时期，气温通常较高，管理上应注意防暑降温，保证正常饮水；饲料保管一定要妥善，以防腐败变质；各种用具随用随消毒；狐棚、狐舍及小室定时清扫；杀灭蚊蝇，预防疾病的发生。

幼狐在4月龄时开始换乳齿，有许多幼狐常因此不能正常采食。此时，应检查幼狐的口腔，对已活动但尚未脱落的牙齿，用钳子拔出，使狐恢复食欲。从9月初到取皮前，应在日粮中适当增加脂肪和含硫氨基酸的含量，以利于幼狐冬毛的生长和体内脂肪的积蓄。若气温太高，早饲提前到太阳出来之前进行，晚饲适当延后。幼狐在育成期要经历夏、秋、冬3个季节，温差变化大，在管理上要精心。夏季要注意防暑降温，中午要严防阳光直射；冬季要给足垫草，做好防寒保暖工作。幼狐育成期是催长的关键阶段，提倡干混饲料与自配鲜饲料混合搭配，以增加干物质的采食量，促进幼狐的生长发育。混合饲料宜稠不宜稀，干混饲料加水量以2~2.5倍为宜，不超过3倍。

四、成年狐的饲养管理

1. 准备配种期的饲养管理

从9月份到次年的2月份是狐的准备配种期。整个准备配种期的饲养任务是供给生殖器官发育和换毛所需的营养并储备越冬期所需的营养物质。生产中为方便起见，将恢复期分为准备配种前期（9—12月份）和准备配种后期（12月份至次年2月份）。

（1）准备配种前期的饲养管理

此期在满足饲料中蛋白质、氨基酸、维生素及矿物质需求量的同时，一定要保证种类齐全，同时必须保证能量饲料充足。在饲料中应补充适量的鲜血，增加脂肪的供给量，以提高狐的毛绒质量。种狐的日粮中还应补加鱼肝油、维生素E、维生素C，促进其性器官的发育。每天喂2次，早喂粮40%，晚喂粮60%。具体的饲喂量以狐的实际个体大小确定，每次食盆中应稍有剩余。

（2）准备配种后期的饲养管理

此期主要是调整营养、平衡体况，以促进生殖器官尽快发育。此期狐的食欲下降，可以降低饲料供给量，并降低饲料中脂肪的比例，使狐在配种前达到中等体况。日粮中应补充全价蛋白质饲料和多种维生素，饲料中的能量饲料应维持在适当的水平；还可在日粮中补加能够刺激毛皮动物发情的饲料，如葱、蒜等。注意保持笼舍环境的洁净干燥，经常检查、打扫，严防垫草湿污，以免引发疾病；同时，要保持狐场安静，尽量减少人为干扰。从1月下旬开始，需增加运动量，经常引逗种狐在笼内运动，以提高精子活力和配种能力。

2. 配种期的饲养管理

配种期公、母狐狸由于性欲影响，食欲下降，体能消耗过大（配种期间，多数狐狸的体重下降 10%~15%），所以，要加强饲养管理，供给优质全价、适口性好、易于消化的饲料，适当提高新鲜动物性饲料的比例，使公狐有旺盛、持久的配种能力和良好的精液品质，母狐能够正常发情适时配种。

① 对参加配种的公狐进行补饲，喂一些肉、肝、蛋、奶和动物脑等，提高蛋白质浓度。

② 饲喂一些供给少而精的饲料，保证其体内消化所需营养成分，控制膘情，同时改善饲料适口性，增加鸡肠、杂鱼等下脚料，并供以充足的维生素和矿物质饲料。

③ 抓好日常管理工作。通常采用目测、手摸、称重和体重指数相结合的方法检查种狐，同时每天观察母狐发情状况，从而提高配种能力。

④ 及时放对配种，做好记录。

⑤ 保证狐场安静。狐狸对周围环境非常敏感，种狐特别容易受惊。

⑥ 合理喂养。配种期可采用下午 1 次喂食，早晨、上午配种。上午配种结束后立即进行补饲，保证饮水。

3. 妊娠期的饲养管理

妊娠期是狐狸生产的关键时期，做好妊娠期的饲养管理非常重要。

（1）科学饲喂

妊娠前期母狐食量开始增加，适当补饲能量饲料；妊娠后期饲料中蛋白质水平应适当提高，以满足胎儿迅速发育的需要。初产母狐由于身体还处于生长发育阶段，能量水平要比经产母狐高一些。在产仔前一段时间狐的采食量减少，要适当减少饲料供给。

（2）供给清洁饮水

母狐临产前后多半食欲下降，因此，日粮应减去总量的 1/5，并把饲料调稀，增加供水量，保证饮水清洁。

（3）预防疫病

妊娠期间，搞好卫生防疫，保持场内及笼舍干燥、清洁，搞好饲料库的卫生，饲喂用具严格清洗消毒，每天观察记录母狐的食欲、活动表现及粪便情况，发现病情及时治疗。

（4）保持环境安静

饲养场必须保持安静，禁止不必要的捕捉，谢绝参观，防止母狐受惊。

（5）合理光照

妊娠期不能将狐饲养在光线较暗的棚舍里，注意给予合理光照。

（6）铺好垫草

预产期前 5 天左右彻底清理窝箱，并进行消毒。垫草时，把产箱内 4 个角用絮草压紧并按其窝形营巢。

4. 产仔哺乳期的饲养管理

产仔前一周，母狐日粮中应配给 12 g 可消化脂肪，以利泌乳。产仔后的 3 周内，

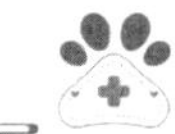

母狐要有充足的乳汁供仔狐吮吸。哺乳期母狐日粮一般不定量，以吃饱为原则。产仔哺乳期应及时清理产窝垫草，保持产窝温暖、卫生。哺乳后期，母狐泌乳量减少，母仔关系变得疏远和紧张，应随时观察，发现母、仔狐之间或仔狐之间发生敌对的咬斗行为，要适时采取分窝措施，分窝时进行仔狐的初选，做好系谱记录。

5. 恢复期的饲养管理

种公狐配种结束后，母狐断奶分窝到配种准备期，这个时期称恢复期。空怀母狐也归入种狐恢复期。前半个月的日粮应维持原来的水平，即种公狐喂配种期饲料，种母狐喂产仔哺乳饲料，2~3 周后再转为恢复期饲养。其饲养标准：日粮中的动物性饲料要占 50%~60%，其中包括肉类及其副产品、海杂鱼或淡水鱼等，以及其他动物性饲料。随着种狐逐渐恢复，食欲增强，采食量增加，注意控制种狐的体况，特别是种母狐，这关系到来年的发情早晚及产仔泌乳。饲料供给以达到中等体况为目的，饲料在保证蛋白质供给的同时，要注意维生素和矿物质的添加。注意做好防暑工作，此期间气温较高，狐的汗腺不发达，散热慢，笼舍应遮阳，同时增加饮水次数，保证饮水清洁。食具应经常冲洗消毒并定期更换，防止疾病传播。

任务四 狐常见疾病的防治

一、犬瘟热

【病因】 犬瘟热是由犬瘟热病毒引起的急性、热性、高度接触性传染病。本病除犬患病外，多种食肉经济动物和观赏动物均可被感染。幼狐易感，此病发病率和病死率都很高。

【临床症状】 本病潜伏期一般 9~30 天。开始时病狐出现食欲不振，体温逐渐升高到 40~41 ℃，甚至更高，持续 2~3 天，似感冒症状。狐的鼻镜干燥，有时出现呕吐，排出蛋清样的稀粪。病初出现浆液性、黏液性或化脓性结膜炎，两眼内角出现眼眵，或眼眵将两眼粘连。有时，鼻分泌物增多、干涸，将鼻孔堵塞。病狐初期表现不安，不时用前爪搔扒患部。嘴变粗，嘴角周围也出现污秽不洁的分泌物，粘有饲料。有的狐出现下痢，肛门黏膜肿胀。当肺出现继发性感染时，狐会出现咳嗽，而后变为湿咳。脑神经受到侵害时，病狐咀嚼肌及头肌出现痉挛性收缩、麻痹或不完全麻痹。

【预防】 此病目前无特异性治疗方法。一般用磺胺类药物和抗生素药物来控制细菌引起的并发症，以延缓病程，促进痊愈。

【治疗】 ① 当发生浆液性或化脓性结膜炎时，可采用青霉素溶液进行点眼或滴鼻。

② 出现肠炎时，可在饲料中投入土霉素，每天早晚各 1 次。每次用药剂量：幼狐 0.05 g，成年狐 0.2 g。并发肺炎时，可用青霉素和链霉素控制，幼狐每天 15 万~20 万 IU，成年狐每天 30 万~40 万 IU。

③ 接种犬瘟热疫苗可预防本病，每年免疫 1 次。幼狐注射剂量为 2~3 mL，成年狐注射剂量为 4 mL，采用肌肉注射。

二、病毒性脑炎

【病因】 本病又称传染性脑炎，是一种急性败血性病毒性传染病。本病常呈地方性流行，一般 5 月龄左右的幼狐较易感。病狐在发病初期血液内出现病毒，之后在分泌物、排泄物中均带毒。康复狐于尿中排毒可达 6 个月以上。带毒的分泌物和排泄物一旦污染了饲料、水源和周围环境，就会经消化道等途径传染给健康狐。

【临床症状】 患病狐以体温升高、急剧脑炎症状、肝脏炎性坏死、呼吸道和肠道卡他性炎症为特征症状。在自然条件下感染时，潜伏期 10~20 天；人工感染时，潜伏期5~6 天。此病分急性、亚急性和慢性 3 种。① 急性型。表现为拒食，呕吐，饮欲增加，反应迟钝，体温升高到 41 ℃以上，病程 3~4 天，严重者昏迷死亡。② 亚急性型。病狐精神不振，后肢无力达 1 个月，最终死亡或转为慢性。③ 慢性型。病狐症状不明显，除食欲减退外，还常常伴有腹泻与正常粪便交替发生，病狐逐渐消瘦死亡。

【预防】 最有效的预防办法就是接种疫苗。

【治疗】 目前最好的是用狐貉头孢，每千克体重肌肉或静脉注射 10~20 mg，每天 1 次，连用 3~5 天。

三、病毒性肠炎

【病因】 病毒性肠炎是由狐细小病毒感染所引起的急性、高度接触性传染病。本病一般呈地方性暴发流行，病死率高，危害性大。

【临床症状】 潜伏期一般 4~9 天，急性病例发病次日即有死亡，以发病后 4~14 天为死亡高峰期，15 天后多转为亚急性或慢性。病狐初期表现为食欲减退或不食，精神不振，被毛蓬乱、无光泽，渴欲增加，偶尔出现呕吐；排出的粪便先软后稀，多带有黏液，呈灰白色，少数为红褐色，逐渐呈黄绿色水样粪便。随着病情的逐渐加重，常排出套管状的粪便，在粪便中可见到各种颜色的肠黏膜，有灰色的、黄色的、乳白色的及黑色煤焦油样的，黏膜厚薄不一。严重腹泻者排粪频繁，后期出现极度消瘦，最终因衰竭而死亡。

【预防】 ① 每年 2 次（分窝后的仔狐和种狐 7 月份 1 次，留种狐在 12 月末或翌年初次）进行预防性注射病毒性肠炎疫苗，仔狐接种剂量为 2 mL，成年狐 3 mL。

② 要加强对狐场的卫生管理，搞好防疫工作，不准其他猫、犬等动物进入场内。

③ 新购种狐要隔离观察 30 天，确诊无病后方可入场。饲养员每天要认真检查狐的精神状态和饲喂的饲料。

④ 肉食必须煮熟后再喂。发现病狐要及时隔离治疗，并在半年内禁止购买和出

售种狐。

【治疗】 此病目前尚无特效疗法。当狐场内已确诊有病毒性肠炎病时，应当紧急进行病毒肠炎疫苗的抢救接种，并对症治疗。

四、支气管肺炎

【病因】 狐支气管肺炎是由呼吸道内的微生物，如肺炎球菌、链球菌、葡萄球菌等引起的。天气冷时狐会因感冒治疗不及时而继发狐肺炎病。

【临床症状】 主要表现为精神沉郁，喜饮水，粪便干燥。治疗不及时可导致病狐死亡。

【预防】 根据预防接种制度，定期进行预防接种。搞好狐舍的卫生，做到定期消毒；母狐产仔前要对产仔室做彻底清理和消毒，并垫上干燥的垫草；天冷时要做好保温，在天气炎热时要做好饲养室的通风换气，防止因垫草潮湿、闷热而诱发肺炎。

【治疗】 ① 将青霉素与链霉素合并，每次各 20 万~40 万 IU，每天肌肉注射 2 次。

② 饲养场要建立严格的卫生防疫制度，切断外界病原的传入途径。把好饲料质量关，防止病从口入。

③ 日常管理中，要注意狐群的健康状况。如果发现病狐，就要及时做出正确诊断，防止延误病情造成不必要的损失。

五、狂犬病

【病因】 本病俗称疯狗病，又称恐水症，是一种由嗜神经性病毒引起的人和动物共患的急性传染病。

【临床症状】 多呈狂暴型，病程分为前驱期、兴奋期和后期（麻痹期）。前驱期呈短时间沉郁，不愿活动，不吃食；兴奋期攻击性增强，性情反常得凶猛，扑咬人及笼舍内的物品；后期或狂躁不安，或躺卧呻吟，流涎，腹泻，一直延续到死亡。还有的狐出现下颌麻痹，病程一般 3~6 天，最后死亡。

【预防】 防止野犬、野猫窜入场内；对新购入的狐，要隔离观察，一旦发生狂犬病，要采取紧急措施。同时，给可疑的狐接种狂犬病疫苗，以防止本病蔓延。

【治疗】 此病无治疗方法。一旦发现被病犬咬伤，应在发生典型症状前强制接种狂犬病疫苗。当症状出现时，只有将病狐扑杀，以消灭传染源。

复习思考

1. 如何对狐进行发情鉴定？
2. 简述狐各时期饲养管理要点。

项目二 水貂的养殖技术

学习目标

1. 了解水貂的类型特征、生物学特性及经济价值。
2. 掌握水貂的发情鉴定、配种技术和饲养管理技术。
3. 能诊疗水貂常见的疾病。

任务一 水貂的品种及生物学特性

一、水貂的品种

目前全世界的野生水貂在外形上可分为两种，即美洲水貂和欧洲水貂。

美洲水貂呈褐色，尾略长，下颌有白斑，被毛比较美观。欧洲水貂被毛颜色较深，几乎是黑色，尾略短，白斑分布于嘴的周围。水貂有野生和人工饲养之分。野生水貂多为褐色，人工饲养的颜色多达百种以上。

我国目前饲养的水貂主要有标准水貂和彩色水貂两大类型。标准水貂通常指被毛为黑褐色的水貂，主要有美国黑色标准水貂、金州黑色标准水貂、蓬莱黑色标准水貂。彩色水貂通常指被毛颜色异于标准水貂的其他色型水貂，主要有丹麦红眼白水貂、蓝宝石水貂、银蓝色水貂、黄色水貂、珍珠色水貂、咖啡色水貂、黑十字水貂、丹麦棕色水貂等几十种色型的彩色水貂。

二、水貂的形态特征

水貂外形与黄鼬相似，体形细长，颈部粗，眼圆，耳呈半圆形并倾向前方；四肢粗壮，前肢比后肢略短，指、趾间有蹼，后趾间的蹼较明显，足底有肉垫；尾细长，约为体长的一半，尾毛蓬松；肛门两侧有臊腺，能分泌有强烈刺激性气味的物质。成年公貂体长 38~45 cm，尾长 18~22 cm，体重 1.6~2.2 kg；母貂较小，体长 34~38 cm，尾长 15~17 cm，体重 0.7~1.3 kg。野生水貂体毛多为黄褐色，颌部有白斑；

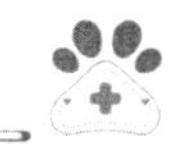

人工饲养的水貂毛色多为黑褐色或深褐色，下颌无白斑。

三、水貂的生活习性

① 戏水性。水貂是一种半水栖动物，善于游泳、潜水，夏天更喜欢戏水。

② 穴居性。野生水貂多在近水的河边、湖畔和小溪等地带，利用天然洞穴营巢，巢洞长约 1.5 m，巢内铺有鸟兽羽毛和干草，洞口开设于有草木遮掩的岸边或水下。冬季喜在冰洞或在没有结冰的急流暖水一带活动栖息。

③ 肉食性。水貂是肉食动物，常以小型啮齿类、鸟类、两栖类、鱼类、昆虫和鸟蛋为食。

④ 贮食性。水貂有贮食的习性，在巢穴中，常发现贮藏有雉鸡蛋、鸟类、麝鼠、花纹蛇等食物，食物残余部分（鸟翅和脚）常被扔在洞口周围。

⑤ 偷猎性。水貂听觉、嗅觉灵敏，活动敏捷，性情凶残，攻击性强，常在夜间以偷袭的方式猎取食物。

⑥ 独居性。水貂性情孤僻，除交配和哺育仔貂期间外，均单独散居。

⑦ 季节性繁殖。水貂为季节性繁殖、换毛的动物，每年在 2—3 月份发情、交配，每年春、秋季各换毛 1 次。仔水貂 6.5 ~ 7.5 月龄毛皮成熟，9 ~ 10 月龄达到性成熟。

任务二　水貂的繁育技术

一、水貂的繁殖特点

1. 季节性繁殖

水貂是季节性繁殖的动物，每年只繁殖 1 次。调节水貂季节性繁殖活动的生态因素，主要是光照和季节变化。人工养殖时，2—3 月份交配，4—5 月份产仔，一般每胎产仔 5 ~ 6 只；生后 9 ~ 10 月龄性成熟，2 ~ 10 年内有生殖能力。在人工饲养条件下，种貂一般只利用 3 ~ 5 年。

2. 刺激性排卵

水貂是刺激性排卵的动物，在交配或类似行为之后的 36 ~ 38 h 内排卵。

3. 多周期发情和异期受孕

水貂具有多周期发情和异期受孕的特点。在交配季节，大多数母貂通常可出现 2 ~ 4 个多周期发情和异期受孕发情周期，少数母貂出现 5 ~ 6 个发情周期。母貂在每个发情周期内进行交配都可受孕。

4. 胚泡延迟附植

水貂具有胚泡延迟附植现象。水貂在交配后 60 h、排卵后 12 h 内完成受精过程。到交配后第 8 天，受精卵发育成胚泡，进入相对静止的发育过程（滞育期或潜伏

期），通常持续1~46天。当体内孕酮水平开始增加5~10天后，胚泡才附植于子宫内，进入胎儿发育期。因此，水貂的妊娠期差异悬殊，短的只有37天，长的可达81天，多数为40~45天。

二、水貂的发情鉴定技术

水貂是季节性多次发情动物。公貂在整个配种季节始终处于性欲旺盛状态。母貂在繁殖季节内出现2~4个发情周期。每个发情周期时间一般为7~9天，发情持续时间为1~3天，间情期为5~6天。准确对水貂进行发情鉴定，是确保适时配种的关键，也是提高产胎率和产仔数的前提。

1. 种公貂的发情鉴定

对种公貂的发情鉴定分别在精选定群的11月15日和1月10日左右进行2次。用手触摸睾丸的发育情况，可以预测其配种期的发情情况。种公貂在取皮期，睾丸应发育至直径1 cm以上，两侧睾丸互相游离不粘连，且已下降到阴囊中，配种期来临前均能正常发情。配种来临前的2月份，公貂易受母貂刺激产生性兴奋行为，发出“咕咕”的求偶叫声，是正常发情的表现，此时可以投入繁殖。

2. 种母貂的发情鉴定

母貂的发情鉴定分别于1月30日、2月10日、2月20日及配种前鉴定4次，以便判断每只母貂发情的早晚及所处发情阶段，安排交配顺序，及时发现准备配种期是否存在问题。

发情鉴定的方法主要有以下几种。

（1）外生殖器检查

一手抓住母貂颈部，另一手抓住尾根部，使其头朝下、臀朝上，观察母貂外生殖器的形态变化。根据母貂发情表现，一个发情周期可以分为下列4个时期。第1期：阴毛略分开，可见到阴唇轻微红肿，开裂，呈紫色或淡粉红色。第2期：阴毛完全分开，呈空心的圆柱状，外阴部明显肿胀，阴唇明显分为两瓣，内凹，呈乳白色或粉红色，有较多的黏液流出。第3期：外阴部高度肿胀，阴毛向四周外翻，阴唇突出，分为四瓣，呈白色或粉红色，有大量的黏液流出。第4期：外阴部肿胀逐渐消失，阴唇逐渐萎缩，干枯，无黏液，阴毛逐渐回收呈笔状。未发情的母貂阴门紧闭，见不到外阴部，阴毛呈毛笔样，且无性欲表现。

（2）阴道细胞图像观察

将尖端直径3~5 mm的吸管插入母貂阴道内5 cm左右，吸取阴道内容物，置于载玻片上，在100~200倍显微镜下观察。镜下基本无白细胞，有大量多角形带核的角化细胞，即为发情期。

（3）活动表现

母貂发情时，频繁出入小室，有时伏卧笼底爬行，磨蹭外阴部，有时发出“咕

咕”的叫声，排尿频繁，尿呈淡绿色（平常尿呈白黄色）。

（4）放对试情

发情的母貂放对（通常把母貂放入公貂笼内交配，称为放对）时有求偶表现，进入公貂笼舍后无敌对表现，性情温顺，公、母貂显得特别活跃，彼此发出“咕咕”叫声，可较易完成交配。在公貂表现不活跃时，有的母貂还主动去接近公貂。有的母貂虽然害怕和躲避公貂，但不向公貂扑咬。未发情的母貂则呈敌对表现，抗拒公貂爬跨，向公貂头部扑咬，常躲于笼网一角或小室内，发出刺耳的尖叫声。在放对试情时，要选择性情温顺的公貂，时间不宜过长。即使母貂未进入发情旺期，公貂对其也能起到异性刺激的作用。若选择性情暴躁的公貂，母貂会受到惊吓，不仅试情不成，反而影响母貂以后发情。

（5）隐性发情

有的母貂在发情时外生殖器官看不到明显的形态变化，但仍可交配和受孕，这种现象被称为隐性发情或静默发情。在母貂进入发情旺期后，仍看不到其发情行为和阴道分泌物，但如在显微镜下发现大量的角质化上皮细胞，即为隐性发情，应及时配种。

三、水貂的配种技术

水貂的排卵是诱导性排卵，需要通过交配或类似交配的刺激才能引起排卵。排卵时间一般是交配后 36~48 h，也有的达交配后 36~72 h。在一个发情周期里，卵巢中虽有较多的卵泡发育，但能够发育成熟而排出的不多，大多数卵泡在不同发育阶段自行退化或萎缩。一般每次排卵 8~9 枚，多的 17 枚，少的只有 3 枚或更少。

1. 配种时期

（1）配种时间

根据水貂发情规律和生产实践经验，在发情的第三期前一周进入初配阶段。水貂大致在 2 月下旬至 3 月初开始配种，到 3 月 25 日左右结束。但还要根据当地的气候、水貂品种和营养状况等不同而灵活调整。

（2）配种阶段划分

水貂的配种期大体可分 3 个阶段：① 初配阶段。3 月 1 日至 3 月 7 日，此阶段内，主要对发情程度较好的母貂进行初配。此期不要急于赶进度，要特别注意训练种公貂，尽量提高公貂的利用率。② 复配阶段。3 月 8 日至 3 月 15 日，此阶段内，主要对已初配的母貂进行复配，对尚未初配的母貂进行初配，同时复配。此期为水貂配种的关键时期，要求所有母貂都达成初配和复配。③ 补配阶段。3 月 16 日至 3 月 25 日，此阶段是对尚有发情表现和求偶要求的母貂补配。

2. 配种方式

准确适时的配种是取得高产的基础，本着早发情早配种、晚发情晚配种并在水貂发情强度最高时复配的原则，主要采取以下 3 种方式。

① 连续复配，即在一个发情期内连续放对 2 次。初配后第 2 或第 3 天再配 1 次，个别没把握的在 7~9 天以后再补配 1 次。这种方法适合于发情较晚，初配未达成交配，到发情旺期才达成交配的个体。

② 周期复配，即在水貂每次发情旺期均配 1 次。2 个发情期配种 2 次，3 个发情期配种 3 次。此方法仅适应于发情较早而又不能连续复配的母貂。有少数母貂配 1 次后拒绝再次配种。

③ 周期连续复配，是周期复配与连续复配两种方法的结合。在 2 个发情期内进行 3 次复配，即初配期配 1 次，7 天后，到复配期连续配 2 次。这种方法可提高产仔率。

3. 配种技术

（1） 放对时间

初配阶段在早饲后 0.5~1 h 进行，公貂每天配 1 次。水貂在晴朗而寒冷的早晨性欲旺盛，易达成交配，因此，初配阶段宜在早饲前进行。复配阶段公貂配种任务加重，若 1 只公貂需 1 天配 2 次，应尽量拉长间隔时间，早饲前第一次交配，下午 3 点左右再次放对交配。

（2） 放对方法

放对时，将处于发情旺期的母貂，送到待配公貂笼前来回逗引；待公貂发出“咕咕”叫声，有求偶表现时，可将母貂头颈送入笼内；等公貂叼住母貂颈部后，顺势将母貂送到公貂腹下，关闭笼门。如果公、母貂有敌对行为，应将母貂捉出，另换公貂交配，或停放 1 日。需注意的是，放对时不可提母貂的胸腹部，以免损伤母貂内脏造成死亡。交配时公貂叼住母貂后颈皮肤，前肢紧抱母貂腰部，腹部紧贴母貂臀部，腰荐部与笼底呈直角。如果公貂两眼眯缝，臀部与笼底呈直角，母貂两眼半闭，臀部向后支撑，后肢时而颤动，表现安静，说明是真正交配。若公貂两眼发贼，后躯弯曲度小，腰荐部与腰底呈钝角，无射精动作，母貂臀部向下，轻微恫吓即分离，则为假配。受配过的母貂外阴部高度充血，外翻配种时间 40~60 min。初配时也有 5~10 min 的。应先配老母貂，防止错过发情期，造成空怀。交配后，公、母貂很快会发生咬架现象，应立即将母貂放回原笼内。当确认达成交配后，记录好交配日期和所配公貂号。对因生理缺陷或人为因素引起的难配母貂，可采取人工强制辅助配种。对发情很好，却强烈拒配的母貂，在配种后期，于傍晚时给母貂注射 3~5 mL 安定注射液，第二天配种。如母貂不抬尾，可用细绳把尾吊起放对。如母貂咬公貂，可用绳或胶布缠住嘴巴并包住前爪放对。

4. 种公貂的利用

水貂自然交配时，公貂在配种中起着主要作用，因此合理利用种公貂是顺利完成配种的关键。公貂利用率的高低直接影响配种进度和繁殖效果。在正常情况下，种公貂利用率应达到 90%以上；如果低于 70%，当年生产效益可能会受到影响。

水貂适宜的公、母比例为 1∶4。种公貂初配阶段，每 1~2 天可交配 1 次；复配阶段，每天可交配 1 次，连续交配 3~4 次后要休息 1~2 天。

四、水貂的妊娠与产仔

1. 妊娠

（1）妊娠期

水貂的妊娠期平均为 47 天左右，但个体间差异较大，多数 40~55 天，个别短者 37 天，长者可达 81 天。

（2）妊娠期生理阶段划分

水貂的胚胎发育过程可分为 3 个阶段。① 卵裂期。卵细胞在输卵管上段受精后，一般 6~8 天到达子宫，其间受精卵经 5~6 次分裂形成桑葚胚，继而形成胚泡。② 滞育期。胚泡进入子宫后由于黄体尚无活性，胚泡游离，发育缓慢，处于滞育状态，一般为 6~31 天。③ 胚胎期。胚泡附植并迅速发育至胎儿成熟，一般需 30 天左右。早期胚胎死亡占排卵数的 50%~60%。

2. 产仔

水貂的产仔期虽因地区和个体不同而有差异，但一般都在 4 月下旬至 5 月下旬。其中，5 月 1 日前后 5 天是产仔旺期，旺期产仔数占总产仔数的 60%~75%。水貂平均窝产仔数为 6 只，通常 5 月 5 日前产仔的水貂平均产仔数较多。另外，彩色水貂产仔数略少。母貂一般在夜间或清晨产仔，产程约 3~5 h，快的 1~2 h，慢的 6~8 h，超过 8 h 可视为难产。母貂正常分娩时，先娩出仔貂头部，随后仔貂落地，母貂咬断脐带并吃掉胎盘，再舔干仔貂身上的羊水，开始哺乳。

五、水貂的选种选配

水貂的选种是通过表型性状选择携带优良遗传基因个体的过程。选种是育种的基础，是不断改善提高貂群品质和毛皮质量的有效方法。选配是为了获得优良后代而选择和确定种貂个体间交配关系的过程。选配是选种工作的继续，目的是在后代中巩固提高双亲的优良性状。

1. 选种

（1）选种标准

① 毛色标准。具备水貂的品种特征，毛色纯正无杂毛。标准貂要求深褐色，接近黑色，有金属光泽。底绒要求青蓝色、清晰。② 毛绒标准。针毛与绒毛长短比例要适当，要求针毛长度∶绒毛长度为 5∶3.25。针毛要求短而平齐、光亮；绒毛要求丰厚，粗细适中。当用手压平抬起后，稍等片刻针毛能弹起为好；针毛不弹为太软、太细，针毛立即弹起为略粗。③ 体形标准。种公貂应选择体形大而长者，种母貂应

选择体形中等而修长者。种公貂体长应在42 cm以上，体重应达 2 kg 以上；种母貂体长应达 35 cm 以上，体重应达 1 850 g 以上。④ 体质标准。体质应视种类不同而相应选择，银蓝色水貂、黄色水貂、咖啡色水貂体质疏松，宜选择体质疏松、皮肤松弛者留种；蓝宝石水貂等体质紧凑，宜选体质紧凑略疏松者留种。⑤ 外生殖器官标准。外生殖器官形态异常者（如大小、位置、方向异常等）不留种。⑥ 出生日期标准。仔貂出生日期与翌年性成熟早晚直接相关，因此，宜优选出生和换毛早的个体留种。⑦ 健康标准。食欲是健康的重要标志，应优选食欲强的健康个体留种，患过病（尤其是患过生殖系统疾病）的个体不宜留种。

（2）选种方法

① 初选。在 5 月末至 6 月初进行，即从产仔后不久到分窝前为初选，留种数应比计划留种数多出 30%。根据配种期、产仔泌乳期的表现性状，决定留种或淘汰。② 复选。在初选的基础上，于 9 月份再进行第二次选种。根据水貂的外貌、体格的大小、健康程度等进行选取，选留数量比年末留种数多 20%。③ 终选。11 月下旬取皮前进行。参照选种的标准和鉴定的内容，逐只审核。终选应结合初选、复选情况综合进行，严格把握终选标准，宁缺毋滥。

（3）种貂群的年龄构成

种貂群生产能力高低与种貂群的年龄组成有直接关系。青年母貂发情较晚，配种困难，受孕率低；2~3 岁的母貂受孕率高而稳定；3 岁以后，公、母貂繁殖力均明显下降；4 岁以上的貂，除特殊种用外，均应淘汰。种貂群的年龄比应为 2~3 岁貂占 60%~70%，1 岁貂占 30%~40%。

2. 选配

（1）选配原则

① 毛绒品质。公貂的毛绒品质要优于母貂，至少相当于母貂。② 体形。大体形公貂配大体形母貂或中体形母貂。大体形公貂不要与小体形母貂选配，因为体形差异大会导致交配困难，更主要的是会使优秀基因分散，貂群质量改进缓慢。③ 血缘。3 代以内无血缘关系的公、母貂才可交配。这样既可发挥个体生长潜力，又不会使致病基因纯合。④ 年龄。不同年龄的个体选配对后代的遗传性能有影响。一般壮龄个体间的选配和壮幼龄个体间的选配都要优于幼龄个体间的选配。

（2）选配方式

① 品质选配。a. 同质选配，即选择在品质和性能方面都具有相同优点的个体交配，以期在后代中巩固和提高双亲的优良性状。同质选配要注重遗传力高的性状，且公貂要优于母貂，常用于纯种繁育及核心群选配。b. 异质选配，即选择具有不同优点的公、母貂进行交配，以期在后代中获得具有双亲优点的新个体；或使一方亲本的缺点被另一方改进，创造新的优良类型。异质选配在生产中普遍应用，是改良貂群品质、提高生产性能、综合有益性状的一种选配方式，常用于杂交选育。② 亲缘选配。

a. 远亲选配，即祖系 3 代以内无血缘关系的个体之间的选配，一般繁殖过程中要尽量使用远亲交配。b. 近亲选配，即祖系 3 代内有血缘关系的个体之间的选配。近亲选配的主要目的是保持优良品种，提高有关目标性状纯合体的出现率。一般生产群中应尽量杜绝近亲交配。

任务三　水貂的饲养管理技术

一、水貂养殖场的建造

水貂养殖场的建筑和设备主要包括棚舍、笼箱、饲料间、兽医室、取皮加工室等。

① 棚舍。棚舍是供水貂防寒、避暑的设备，可因地制宜，就地取材。规格一般为长 25~50 m，宽 3.5~4 m，棚檐高 1.1~1.2 m。部分棚舍增加单栋棚舍跨度（8 m 左右），两边养种貂，中间养皮貂，可提高单栋棚舍的利用率，并在一定程度上提高毛皮质量。

② 笼箱。笼箱是水貂活动、采食、排泄和繁殖的场所。笼箱多用铁丝网编织，小室多用 1.5~2 cm 厚的木板制成。

③ 饲料间。饲料间大小规格视养殖规模而定，应具备洗涤设备、熟制设备（蒸煮炉、笼屉、膨化机、锅灶等）、粉碎设备（粉碎机、小型绞肉机等）、调配设备（搅拌机、调配槽等）。饲料间应防水、防潮、防火、防鼠。

④ 兽医室。兽医室应能满足水貂疫病的预防、检疫及治疗的需要。兽医室的大小应与水貂种群相配套。

⑤ 取皮加工室。取皮加工室应满足水貂的处死、剥皮、刮油、洗皮、上楦、干燥等操作的需要，规模应与饲养种群相适应。另外，水貂养殖场还需要配备冰箱、捕捉网、串笼等设备和工具。

二、水貂的引种

水貂引种是新建貂场的一项重要工作。引入种貂的质量将直接影响以后水貂产品的质量和数量。为改良原有貂群质量，应避免近亲繁殖，也要每隔几年适当引入一定数量的优良种貂。

1. 引种时间

引种工作一般在每年的 9—11 月份进行。过早不易观察到换毛情况，过晚则由于种貂不适应新的生活环境，会影响翌年的繁殖。

2. 引种地点

应该从饲养管理良好、貂群质量优良和卫生防疫好的貂场引种。在保证种貂质量的前提下，引种貂场应就近、交通方便，以便及时运输，减少运输途中的损失。

3. 引种数量

新建貂场，第一年引种数不少于 100 只。饲养数量过小，貂棚、设备和劳动力利用率太低。家庭养貂户引种数量以 2 组以上为宜［公、母比例为 1∶(3~4)］。

4. 种貂的选择

① 毛皮质量。毛皮越黑，价值越高；光泽性要强，背腹部毛色应一致；颌下的白斑要尽量小。彩色水貂被毛要具有本色型特征，颜色纯正，色泽美观，全身无杂毛。全身的针毛、绒毛致密丰厚，分布均匀，尾蓬松粗大。针毛毛峰无弯曲、平齐，逆光观察被毛应有一条明显的轮廓线。

② 体形和健康情况。引种的公貂在笼网中站立时，高度应接近或超过 45 cm，母貂站立时也应在 35 cm 以上。胸围要大，胸腔和臀围也不宜过狭。肥度要求中上等，消瘦的水貂往往患有慢性病。健康状况良好的水貂应活泼好动，食欲旺盛，粪便呈条状。

③ 引种年龄。引种水貂最好是当年 5 月 5 日以前出生的幼貂，也可适当引几只配种能力强的成年公貂。

三、水貂生产周期的划分

水貂生产周期划分与日照周期关系密切，依照日照周期变化而变化。在生产中，为了方便饲养管理，水貂的生产周期划分见表 2-1。

表 2-1 水貂生产周期

<table>
<tr><th rowspan="2">性别</th><th rowspan="2">准备配种期</th><th rowspan="2">配种期</th><th rowspan="2">妊娠期</th><th rowspan="2">产仔哺乳期</th><th colspan="2">幼貂育成期</th><th rowspan="2">种貂恢复期</th></tr>
<tr><th>生长期</th><th>冬毛期</th></tr>
<tr><td>公貂</td><td rowspan="2">9 月下旬—翌年 2 月下旬</td><td rowspan="2">2 月下旬—3 月中旬</td><td>—</td><td>—</td><td rowspan="2">6 月上旬—9 月中旬</td><td rowspan="2">9 月下旬—12 月下旬</td><td>3 月下旬—9 月下旬</td></tr>
<tr><td>母貂</td><td>2 月下旬—5 月上旬</td><td>4 月中旬—6 月上旬</td><td>6 月上旬—9 月下旬</td></tr>
</table>

生产周期的划分是对种群而言的，个体间有较大差异的水貂产仔期早晚存在很大差异。另外，某些时期是交叉的，如妊娠期和产仔期。各饲养时期又是相互联系的，后一时期的生产表现均以前一时期为基础，任何时期的管理失误均会造成全年生产的损失。一般来说，整个繁殖期（准备配种期至产仔哺乳期）尤其妊娠期是全年生产中最重要的管理阶段。

四、水貂的饲养管理

1. 准备配种期的饲养管理

此期的中心任务是促进生殖器官的正常发育，调整适宜体况，保证水貂适时进入配种期。为饲养管理方便，通常又将水貂准备配种期分为前期（9—10 月份）、中期

（11—12 月份）和后期（1—2 月份）。

① 准备配种前期。主要是增加营养，提高膘情，为越冬做准备。由于夏季水貂食欲差，体况普遍偏瘦，进入此期后，气温逐渐下降，食欲恢复正常。

② 准备配种中期。主要是维持营养，调整膘情。此时可因地制宜，没有固定模式。北方气候寒冷，应当在维持前期营养的基础上增膘，以保证越冬贮备和代谢消耗的需要。在天气不太寒冷的地区，则应在维持营养的情况下，将体况调整到中等水平，主要是防止出现过肥和过瘦的两极体况。

③ 准备配种后期。一方面调整营养、平衡体况，另一方面促进生殖器官尽快发育。实践证明，种貂体况与繁殖力密切相关，过肥或过瘦都会严重影响繁殖。所以此期应随时调整种貂体况，严格控制两极发展。日粮中应逐渐减少脂肪量。为了促进生殖器官的迅速发育和性细胞的形成，需要全价蛋白质和多种维生素，热量标准可适当降低。由于公貂在配种期起主导作用，所以此期的公貂饲养标准可适当高于母貂。

2. 配种期的饲养管理

由于受性活动的影响，水貂在配种期食欲有所减退，特别是配种能力强的公貂，食欲减退更为明显。因此要加强饲养，供给新鲜、优质、营养丰富、适口性强和易于消化的日粮，以保证公貂有旺盛持久的配种能力和良好的精液品质。日粮标准：代谢能 230~250 kcal，蛋白质 25~30 g，日粮量 250 g，其中动物性饲料 75%~80%；每天还应加喂鱼肝油 1 g，酵母5~7 g，维生素 E 2.5 mg（或小麦芽 10 g），维生素 B 10.25 mg，大葱 2 g；以肉类或肉类副产品为主的日粮，还应补加骨粉。参加配种的种公貂中午要补喂优质的动物性饲料 80~100 g。对配种能力强但食欲不佳的公貂，可喂食少量禽肉、鲜肝、鱼块，使其尽快恢复食欲。

3. 妊娠期的饲养管理

妊娠期是水貂生产的关键时期。此时母貂新陈代谢十分旺盛，对饲料和营养的需求比其他任何时期都严格。因为水貂除维持自身生命活动和换毛外，还要为胎儿生长发育提供营养，为产后泌乳贮备营养。

（1）妊娠期的饲养要点

此期必须保证饲料品质新鲜，严禁喂腐败变质或贮存时间过长的饲料，日粮中不许搭配死因不明的牲畜肉，难产死亡的母畜肉，经激素处理过的畜禽肉及其副产品，以及动物胎盘、乳房、睾丸和带有甲状腺的气管等；要尽可能采用多种饲料搭配，提高日粮的全价性和适口性。此期最好采用鱼肉混合搭配的日粮。理想的鱼肉比例是鱼类 40%~50%，肉类 10%~20%，肉类副产品 30%~40%。对以颗粒饲料和干动物性饲料为主的貂场，必须添加鲜奶、鲜蛋、鲜肉等全价蛋白质饲料。干动物性饲料的比例最好不超过动物性饲料的 50%。为解决必需脂肪酸的不足，可在日粮中补给少量植物油（每只每天 5 g）。为了满足水貂对钙、磷的需要，日粮中可加 20~30 g 兔头、兔骨架，或 15~20 g 鲜碎骨。要根据妊娠的进程逐步提高营养水平，以保持良好的食欲和体况。母貂过肥易出现难产、产后缺乳和胎儿发育不均匀；母貂过瘦，则由于营养不足，胎儿发育受阻，易使妊娠中断，产弱仔及发生母貂缺乳，换毛推迟等现象。

（2）妊娠期的管理要点

① 保持环境安静。妊娠期母貂胆小易惊，因此，应固定饲养员，操作要轻，减少噪声。

② 严防疾病发生。保持笼舍卫生，每周用0.1%高锰酸钾溶液消毒饮水盒和食盘，经常查看母貂的活动、食欲和粪便等情况，以预防为主，严防疾病发生。如发现疾病，及时对症治疗，并以黄体酮保胎。

③ 产前准备工作。根据母貂最后一次配种日期推算出预产期。产前一周，消毒小室，加铺柔软保温的垫草，让母貂自行做窝，对做不好的窝应重新絮草。妊娠后期要准备好产仔所用的器具及记录表格。

4. 产仔哺乳期的饲养管理

产仔哺乳期的饲养管理直接影响母貂泌乳力、持续泌乳时间和仔貂成活率。原则上，此期日粮需维持妊娠期的营养水平，为了促进母乳分泌，可适当增加蛋、乳类和鲜肝等容易消化的全价饲料，适当增加含脂率高的新鲜动物性饲料或肉汤。饲料加工要细一些，调剂得稀一些。产后1~3天，母貂食欲不佳，可控制喂量。随着母貂食欲的好转，饲料要逐渐增加。

仔貂开始采食后，要进行补饲。产前要做好小室箱消毒、絮草工作。垫草不可过多或过少，最好占小室1/3，垫好后把四角和底压实，中央做一个窝（20 cm左右），窝太大仔貂不集中，窝太小母貂没有转身余地，容易踩伤或踩死仔貂。为了防止仔貂掉到笼外，应在产前将笼底铺上网眼比较小的网片，从小室边铺至笼底2/3处即可。小室箱内垫草要充足，要加强清理工作以保持卫生。

产仔期间，管理人员应昼夜值班，掌握母貂产仔的情况。发现有落地或产在笼底的仔貂，及时送回原窝；对冻僵者先送温暖的地方，使其苏醒之后再送回原窝。产仔期间应保持环境安静，产仔检查应轻、快、定时，避免突发噪声；夜间检查时不能用手电直接照射母貂，以防止其受惊，更不能将异味带入貂室，以免母貂受惊而发生弃仔、咬仔、吃仔现象。

当发现仔貂排出黑色煤焦油样胎便后，即可对仔貂进行初检。把母貂引出窝箱，立即插上出入口控制板，并打开窝箱上盖，然后检查仔貂数量、哺乳及健康情况。检查时动作要轻，速度要快，不破坏原窝形。为避免将异味带到仔貂身上，造成母貂抛弃或伤害仔貂，检查者应先用窝箱内的垫草搓手，然后再检查。检查时，注意仔貂保暖，添加或更换垫草，用胶带封堵窝箱缝隙，给仔貂创造温暖舒适的环境。

5. 仔貂养育的饲养管理

仔貂出生后生活条件发生了巨大变化，由原来通过胎盘进行气体交换、摄取养料和排出废物，转变为自行呼吸、采食和排泄。出生后仔貂直接与外界环境接触，由于

机体发育尚不完善，如果饲养管理不当，很容易造成仔貂死亡。

仔貂在 20 日龄之前，主要以母乳为食，但从 20～25 日龄起，即可开始吃由母貂叼入小室的饲料。此时母貂泌乳量下降，所以日粮应由新鲜优质、易消化的饲料组成。饲料可根据仔貂数量和日龄逐日增加，以补充母乳的不足。从 30 日龄起，仔貂采食量增加，应及时补饲。为避免仔貂间争食，可用几个食盆单独补饲。如果母貂缺乳、产仔多或有恶癖，应及时将仔貂部分或全部代养出去。本着“代大留小，代强留弱”的原则，先将代养母貂引出窝箱外，再用窝箱内的草擦拭被代养仔貂的身体之后放入箱内。或将仔貂放在窝箱出口的外侧，由母貂主动衔入窝内。

40～45 日龄的仔貂已具备了体温调节和独立生活能力，当环境温度适宜时即可断奶。同窝仔貂发育均衡，可一次断奶，按同性别 2～3 只合笼饲养，7～10 天后分单笼。同窝仔貂发育不均，先将体大强壮、采食能力强的分出，体小虚弱、采食能力差的继续由母貂哺乳一段时间。

分窝前应做好笼舍的建造或旧笼检修、清扫、消毒和垫草等工作。分窝时做好系谱登记工作，分窝后再提供优质全价、易消化、适口性强的饲料，注意及时饮水。仔貂断奶后，生长发育迅速，所以必须保证蛋白质、矿物质和维生素的供给。

6. 种貂恢复期的饲养管理

配种结束后，公貂体况普遍下降，为使其尽快恢复，饲养标准不宜马上降低，应采用妊娠母貂或配种后期公貂的饲养标准，经 15～20 天公貂体况有所恢复后，再转入维持期饲养。同时，应将公貂集中起来远离母貂，以减少对母貂的干扰。另外，淘汰配种能力差、精液品质不良、失去种用价值的公貂。经过妊娠、产仔和哺乳，母貂的营养消耗极大，大部分身体瘦弱，抗病力差，易发生疾病。为使母貂尽快恢复，断奶后母貂的日粮可维持哺乳后期的营养水平，待食欲和体况有所恢复后再转入维持期饲养。

7. 冬毛生长期的饲养管理

此期水貂新陈代谢的水平较高，这是因为水貂除了为越冬贮存体脂和体蛋白外，还要生长厚密的冬毛。毛绒是蛋白质角化的产物，故对蛋白质、脂肪和某些维生素、微量元素的需要是很迫切的。为了生产优质毛皮，这一时期的日粮中可消化蛋白质应达到 30～35 g，代谢能 250～300 kcal；动物性饲料占 50%～70%，主要由鱼、动物内脏、血液、鱼粉、畜禽下杂等组成；日粮总量 350～400 g。此期补喂少许植物油（每天每只1～2 g）、动物血液（占动物性饲料的 5%～10%）和一定量的锌，可增加水貂毛的生长密度。为预防食毛症，日粮中可添加羽毛粉。

在饲养中，应把水貂养在较暗的棚舍里，避免阳光直射，以保护毛绒中的色素。秋分后，应在小室添加少量垫草，同时要搞好笼舍卫生，及时检修笼舍，清理笼网上积存的粪便，防止损伤和污染毛绒。11 月下旬以后水貂皮已经逐渐成熟，此时应做好取皮的准备工作。

水貂皮下埋植褪黑激素，能促进水貂的生长、换毛，使毛皮早熟、皮张面幅增大、质量提高，增加经济效益。幼貂断奶分窝3周以后，凡是在选种时淘汰的幼貂均可进行褪黑激素的埋植。老龄淘汰种貂一般在6月份埋植。将褪黑激素药粒埋植于水貂颈背部略靠近耳根部的皮下，埋植1粒。埋植后褪黑激素缓释吸收。在褪黑激素影响下，水貂转入冬毛生长期生理变化，故应采用冬毛生长期饲养标准进行饲养。埋植90~120天内水貂毛皮均能正常成熟，可择机取皮；埋植120天，药粒中褪黑激素已缓释殆尽，若毛皮仍未成熟，则要强制取皮，不然会出现毛绒脱换的不良后果。

任务四　水貂常见疾病的防治

一、犬瘟热

【病因】　水貂犬瘟热是由犬瘟热病毒引起的犬科、鼬科及部分浣熊科动物的急性、热性、高度接触性传染病。该病一年四季均可发生，秋、冬季多发；无地区性，有一定的周期性。此病可通过污染饲料、饮水和用具等经消化道传染，也可通过飞沫、空气经呼吸道传染。断奶后的仔貂最易感，病死率也高，呈慢性或急性病程。

【临床症状】　慢性病程为2~4周，表现为皮肤病变，脚爪肿胀，脚垫变硬，鼻、唇和脚爪出现水疱状疹、化脓和结痂。急性病程3~10天。除上述皮肤病变外，还会出现浆液性结膜炎和鼻炎，且下痢。最急性型表现为突然死亡，发出刺耳叫声，口吐白沫，抽搐死亡。病死率为100%。

【预防】　预防水貂犬瘟热病的有效措施是进行疫苗接种。

【治疗】　① 发病初期可用大剂量（20~30 mL）抗犬瘟热血清，皮下分点注射，或加地塞米松静脉注射（效果更佳）。同时，肌肉或静脉注射抗生素，控制消化道和呼吸道炎症，如庆大霉素每次8万IU，每天2次。

② 乳酸环丙沙星每次10 mg，每天2次；配合维生素C、维生素B1和维生素K3进行辅助治疗。

③ 无食欲时可以5%葡萄糖生理盐水输液，腹泻严重的静脉输入5%碳酸氢钠5~10 mL。

二、细小病毒性肠炎

【病因】　水貂细小病毒性肠炎是由细小病毒引起的急性、高度接触性传染病，是严重危害养貂业的重要传染病之一，多发于气温较高季节，呈地方流行或散发。粪便、蝇类是较重要的传播媒介，主要通过消化道传播。幼水貂发病率可达50%以上，致死率高达90%。

【临床症状】　病貂精神沉郁，食欲减少，被毛粗乱无光泽，呕吐，渴欲增加，体温升高到40℃以上，鼻镜干燥；腹泻，粪便先软后稀，带有黏液和黏膜，呈黄绿

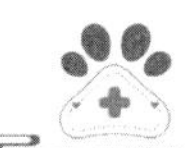

色水样或管套状血便，后期呈煤焦油状，最后消瘦衰竭而死。

【预防】 地面及场地用漂白粉或10%石灰乳消毒，貂笼用火焰消毒，产箱（小室）用2%甲醛溶液消毒，用具用3%火碱消毒。目前，主要是用水貂细小病毒性肠炎细胞灭活疫苗免疫接种进行预防，每年在母貂配种前和仔貂分窝后21天进行2次免疫接种，每次皮下注射1.0 mL。

【治疗】 ① 目前本病尚无可靠、有效的药物治疗方法。貂群一旦发病，应立即进行隔离、消毒，并加以对症、支持疗法及用抗菌药物防止并发感染等。

② 患病初期用抗毒灵冻干粉针配合广谱抗生素、地塞米松等对症治疗。

三、流行性腹泻

【病因】 水貂流行性腹泻（水貂冠状病毒性肠炎）是由冠状病毒引起的病毒性肠炎。本病春秋季多发，发病率高，病死率较低。

【临床症状】 病貂体温一般不高，粪便呈黄色黏液状。腹泻严重的病貂，若饮水补液跟不上，往往会因脱水、自体中毒而死。

【预防】 平时加强饲养管理，提高貂群的抵抗力，搞好环境卫生，做好消毒工作。

【治疗】 目前尚无特效疗法，给病貂腹腔注射5%~10%的葡萄糖注射液10~15 mL。防治水貂脱水，可将补液盐放入水槽中溶解混匀（葡萄糖20 g，氯化钠3.5 g，碳酸氢钠2.5 g，氯化钾1.5 g，加水1 000 mL），让貂自饮可缓解症状。

四、出血性肺炎

【病因】 水貂出血性肺炎又称水貂假单胞菌性肺炎，是绿脓杆菌引起的毛皮动物的一种急性传染病，属人畜共患病。该病多发生于夏秋季节，尤其是9—10月份水貂换毛期。水貂脱落夏毛时，脱下的毛在场内四处飞扬，黏附于毛上的细菌随时可污染饲料和饮水，引发感染。

【临床症状】 本病发病急，未发现任何症状即死亡，仅见到精神高度沉郁，呼吸困难，间或鼻内流出红色带泡沫的液体，一般呈腹式呼吸，并伴有异常的叫声。有些病貂咯血或鼻孔出血，鼻孔周围有血液污染。

【预防】 经常清洗给貂供水的水塔，并在水中按10 g/m^3加入百毒净，10 min后饮用。

【治疗】 ① 青霉素20万IU，每天2次肌肉注射，连注3天后，改为每天1次，维持2天，同时注射维生素B1 1 mL。

② 口服土霉素0.1 g，每天2次，连服5天；也可用20%的磺胺嘧啶钠注射液1 mL，肌肉注射，每天1次，连注3~5天。

③ 对拒食的病貂用10%的葡萄糖溶液20 mL，维生素C 1 mL，复合维生素B

1 mL，分点皮下注射。

④ 心脏衰弱时，用维他康复 0.5 mL，肌肉注射 1 次。

五、中暑

【病因】 日射病和热射病统称为水貂中暑。夏季湿度大、天气闷热、通风不良的情况下，水貂受阳光直接照射会引起脑过热（日射病），全身受热刺激也会引发疾病（热射病）。

【临床症状】 水貂精神沉郁，体温显著升高，可达 41 ℃以上，可视黏膜潮红、鼻镜干燥、剧渴。初发病时病貂表现为急躁不安，随后直挺挺地卧于小室或笼网上，后躯麻痹，呼吸困难，张口直喘并发出尖叫声。随着病情的发展，水貂出现头部震颤、摇晃、走路不稳、口吐白沫、呕吐等症状，最后全身痉挛而死亡。

【预防】 经常给水貂饮水，用冷水洒地降温，必要时也可向笼内喷洒冷水降温；用遮阳网遮挡，避免日光直射，但一定要注意通风良好。

【治疗】 ① 一旦发现水貂有中暑症状，立即用冷水浇泼水貂头部，或给水貂洗冷水浴，再把病貂移到通风凉爽的地方，保持安静。

② 可肌肉注射安钠咖 0.1~0.2 mL 或尼可刹米 0.3~0.5 mL，每千克体重肌肉注射地塞米松 1~2 mg。

③ 皮下多点注射复方氯化钠 20~30 mL。

④ 对中暑病貂要供给充足的清洁饮水，饮水中可加入适量的电解多维，饲喂易消化、营养价值高的新鲜饲料，以提高病貂食欲，补充能量。

复习思考

1. 简述水貂的繁殖特点。
2. 简述水貂的发情鉴定技术。
3. 简述水貂各时期的饲养管理要点。

项目三
貉的养殖技术

学习目标

1. 了解貉的类型特征、生物学特性及经济价值。
2. 掌握貉的发情鉴定、配种技术和饲养管理技术。
3. 能诊疗貉常见的疾病。

任务一 貉的品种及生物学特性

一、貉的品种及形态特征

在我国分布的貉习惯上以长江为界分为南貉和北貉。长江以北各地所产貉统称北貉，长江以南各地所产貉统称南貉。北貉体形大，毛长绒厚，多属乌苏里貉亚种。南貉体形小，其毛绒稀疏，保温性能不如北貉，但毛皮轻便柔软，色泽艳丽，引人喜欢。分布在我国的貉有以下几个亚种。

1. 乌苏里貉

乌苏里貉产于俄罗斯、朝鲜和我国东北地区的大兴安岭、长白山、三江平原、辽南平原，分布于黑龙江省的伊春、宝清、密山、虎林、林口和尚志等地，吉林省的敦化、延吉、靖宇、安图等地和辽宁省的新金、摩天岭等地。

2. 阿穆尔貉

阿穆尔貉产于俄罗斯边界地带、黑龙江沿岸和吉林省的东北部。

3. 朝鲜貉

朝鲜貉产于俄罗斯和我国黑龙江、吉林、辽宁的南部地区。

除以上品种外，还有产于长江流域及长江以南的江西貉、闽越貉、湖北貉和云南貉等。

二、貉的生活习性

① 栖息性。野生貉环境适应性较强，除荒漠地带外，从亚寒带到亚热带地区的

平原、丘陵及部分山地，均可生活，且息于河谷、草原和靠近河流、溪谷、湖泊的草原地带和丛林中。

② 穴居性。栖息性洞穴多数是露天的，常利用其他动物的废弃旧洞，或营巢于石隙、树洞。

③ 群居性。野貉通常成对穴居，每洞一公一母，也有一公多母或一母多公者，邻穴的双亲和仔貉通常在一起玩耍嬉戏，母貉有时也不分彼此相互代乳。在人工养殖条件下，可利用这一特性，将断奶后的仔貉按 10~20 只一群，集群圈养。

④ 昼伏夜出。野貉通常白天在洞中睡眠，傍晚和拂晓前后出来活动和觅食。家养貉则整天都可以活动，基本上改变了昼伏夜出的特性。

⑤ 定点排粪。无论野生貉还是家养貉，绝大多数均将粪便排泄到固定地点。野生貉多排在洞口附近，日久积累成堆。家养貉多排在笼圈舍的某一角落。

⑥ 冬休。在野生条件下，为了躲避冬季的严寒和食物的短缺，貉常深居巢穴中，新陈代谢水平降低，消耗入秋以来所蓄积的皮下脂肪，以维持其较低水平的生命活动，形成非持续性的冬眠，表现为少食、活动减少，呈昏睡状态，所以称为半冬眠或冬休。在人工养殖条件下，由于人为的干扰和充足的饲料，冬眠不十分明显，但大多活动减少，食欲减退。

⑦ 杂食性。貉属杂食兽类，野生条件下以鱼、蛙、鼠、鸟，以及野兽和家畜的尸体、粪便为食；另外，也会采食浆果，植物籽实、根、茎、叶等。家养貉的主要食物有鱼、肉、蛋、乳、血、牲畜下水及谷物、糠麸、饼渣和蔬菜等。家养貉以动物性饲料为主。

任务二　貉的繁育技术

一、貉的繁殖特点

貉属于季节性繁殖动物，只有在繁殖季节才会发生发情、交配、射精、排卵、受精等生理过程。在非繁殖季节，睾丸和卵巢机能活动处于静止状态。貉的发情季节是在每年的 1 月末至 4 月上旬，旺期为 2 月下旬至 3 月上旬。在发情季节里，公貉一直都处于性欲旺盛状态；而母貉只有一个发情周期（10 ~ 12 天），发情持续期只有 2~4 天。

1. 公貉的繁殖特点

公貉睾丸的大小呈明显的季节性变化。睾丸从每年的秋分前开始增大，之后睾丸体积逐渐增大，至 1 月中旬时达 2. 70 cm±0. 24 cm。此时睾丸开始变得柔软且富有弹性，阴囊被毛稀疏、松弛下垂。睾丸体积最大的时间在 2 月中旬（2. 84 cm ± 0. 23 cm）。3 月份后睾丸体积开始变小，配种结束后（4 月中旬）为 2. 16 cm ± 0. 21 cm。5—8 月份睾丸体积最小，为 1. 79 cm±0. 36 cm。值得注意的是，睾丸体积在1—2月份开始增大，配种前和配种初期达最大，整个配种期睾丸体积则逐渐变小。整个配种期60~90天，每只公貉每天可配种1~2次。2岁以上的公貉比1岁公貉参加配种和结束配种的时间略早。

2. 母貉的繁殖特点

母貉卵巢与公貉睾丸相似，大致从秋分前后开始发育，至1月底或2月初可有发育成熟的卵泡和卵子。发情配种之后，未受孕母貉进入静止期，受孕母貉经60天左右的妊娠期和1.5~2个月的哺乳期后进入静止期。

（1）发情时间

母貉9月份以后卵巢开始发育，到次年2月初卵泡发育成熟，进入发情期。貉属季节性一次发情，发情时间主要受年龄影响，发情旺期是2月下旬到3月上旬。

（2）发情周期

根据发情时母貉的外生殖器变化可将发情分为4个阶段，即发情前期、发情期、发情后期和静止期。

① 发情前期，即从母貉开始有发情表现至接受交配的时期。其持续时间个体间差异较大，但多为7~12天。此期阴毛开始分开，阴门逐渐红肿，挤压后有少量浅黄色阴道分泌物流出。放对试情时，对公貉有好感，但拒绝交配。② 发情期，即母貉开始接受交配到拒配的时期，一般为10~12天，此时要抓紧时间放对配种。此期母貉阴门肿胀程度稍有下降，颜色变深，有大量乳黄色阴道分泌物。③ 发情后期，指从母貉拒配到外生殖器恢复到原来状态的时期，此期一般为5~10天。成熟的卵子排出后，生殖道充血减退，阴门缩小，恢复正常状态。④ 静止期，即非繁殖期，一般为8个月。此时，母貉的性行为消失，外阴部萎缩，恢复到发情前的正常状态。

二、貉的发情鉴定技术

1. 公貉的发情鉴定

从群体上看，公貉的发情比母貉早且集中，一般为1月末至2月中旬，绝大多数公貉均具配种能力。公貉的睾丸膨大，下垂，具有弹性；活泼好动，经常在笼内走动；有时翘起一后肢对着笼网淋尿，经常发出“咕咕”的叫声，都是发情和求偶的表现。公貉是否具有交配和使母貉受孕的能力，还要通过放对试情和精液品质检查来确定。

2. 母貉的发情鉴定

母貉的发情鉴定通常用4种方法，即行为观察、外生殖器检查、阴道分泌物细胞图像观察和放对试情。

（1）行为观察

在进入发情前期时，母貉表现出精神不安、往返运动加强、食欲减退、尿频等行为。发情盛期时，精神极度不安，食欲进一步减退直至废绝，不断发出急促的求偶叫声。发情后期，精神行为逐渐恢复正常。

（2）外生殖器检查

主要根据外生殖器官的形态、颜色、分泌物的多少来判断母貉的发情程度。发情前期，母貉阴毛开始分开，阴门逐渐肿胀、外翻，到发情前期末肿胀程度达最大，近似椭圆形，颜色开始变暗。挤压阴门，有少量稀薄的浅黄色分泌物流出。发情期，阴门的肿胀程度不再增加，颜色暗红，阴门开口呈“T”形，出现较多黏稠乳黄色分泌物。发情后期，母貉阴门肿胀减退、收缩，阴毛合拢，黏膜干涩，出现细小褶皱，分泌物较少但浓黄。

（3）阴道分泌物细胞图像观察

母貉阴道分泌物中主要有 3 种细胞，即角化鳞状上皮细胞、角化圆形上皮细胞和白细胞。角化鳞状上皮细胞呈多边形，有核或无核，边缘卷曲不规则，主要在临近发情期前和发情期出现，在发情期会有一部分崩溃而成为碎片，呈梭形。在发情前期，随发情期的临近，角化鳞状上皮细胞数量逐渐上升，可交配前 1 天达到高峰。拒配时，角化鳞状上皮细胞数量迅速下降，配后 7～12 天恢复到发情初期的水平。白细胞在发情前期和进入妊娠期后，一般以分散游离状态存在，分布均匀，边缘清晰。在发情期则聚集成团或附着于其他上皮细胞周围，胞体变大，直径为 12.6 μm 左右。在发情初期，分泌物细胞几乎全部由白细胞组成；随着发情期的临近，其数量比例逐渐下降，到初配后第 1 天达到最低值；拒配后比例开始上升，配后 7～12 天恢复到发情初期的水平。角化圆形上皮细胞在发情各期和怀孕期均可见到，一般单独分散存在，其数量比例没有明显的变化。由此可见，阴道分泌物中出现大量角化鳞状上皮细胞是母貉进入发情期的重要标志。通过检测阴道分泌物涂片中角化鳞状上皮细胞的数量比例，结合外阴部检查等鉴定方法，可提高貉发情鉴定的准确性。阴道分泌物涂片的制作方法是用经过消毒的吸管，插入阴道 8～10 cm 深，吸取少量阴道分泌物，滴 1 滴于载玻片；涂抹后阴干（也可干燥），固定后染色；置于 100 倍显微镜下观察，用细胞计数器计数各种细胞的数量比例。

（4）放对试情

当用以上发情鉴定方法还不能确定母貉是否发情时，可进行放对试情。处于发情前期的母貉有趋向异性的表现，但拒绝公貉爬跨交配。发情的母貉性欲旺盛，公貉爬跨时，后肢站立、翘尾，静候交配。发情后期母貉性欲急剧减退，对公貉不理睬或怀有“敌意”，很难达成交配。

三、貉的配种技术

貉的配种期一般在每年的 2 月中旬至 4 月中旬，个别的在 1 月下旬。不同地区的配种时间稍有不同，一般高纬度地区稍早些。

当确定母貉可以接受交配时，把公貉笼内的水槽和食槽取出，一手抓住发情旺期母貉的颈部皮肤，另一手抓住母貉的尾巴，先隔着笼网将母貉头面向公貉，观察公、母貉的反应；然后将母貉阴门面向公貉，此时公貉多发出“咕咕”叫声，择机打开笼门，将母貉放入公貉笼内交配。需注意的是，母貉存在择偶行为，如母貉对公貉有敌意，甚至攻击公貉，经半小时还未达成交配，应把母貉取出，放到其他公貉笼内，直到交配完成为止。为提高母貉的受胎率，通常采用“1、2、1”的配种方法，即第一天配 1 次，第二天早、晚各配 1 次，第三天早配 1 次。

貉的配种一般在早晚为宜。因早、晚气候凉爽，公貉的精力较充沛、性欲旺盛；母貉发情行为表现也较明显，较易达成交配。具体时间为早晨 6:00—8:00，上午 8:00—10:00，下午 4:00—5:00。配种后期气温转暖，放对时间只能选在早晨。为了保证种公貉的配种能力和使用年限，应按计划合理使用种公貉。对当年参配公貉进行训练，必须选择发情好、性情温顺的母貉与其交配，并尽可能交配成功。一般每只公貉每天可成功交配 1~2 次，放对 2 次，交配时间间隔最短在 4 h 以上。在配种旺期，公貉连续交配 5~7 天后，必须休息 1~2 天。

四、貉的妊娠与产仔

1. 妊娠

母貉的妊娠期平均为 60 天，不同年龄间差异不显著，但随年龄增长而有增加之趋势。妊娠以后母貉变得温顺老实，食欲、食量明显增加。妊娠 40 天后，可见母貉腹部下垂，背部凹陷，行动迟缓，喜仰卧、侧卧、舔舐乳头。

2. 产仔和哺乳

母貉的产仔时间一般从 4 月上旬到 6 月上旬，集中在 4 月下旬至 5 月初。母貉临产前多数废食或减食，一般在夜间将仔产于窝箱中，只有极个别产在箱外的笼网上。分娩持续时间达 48 h，个别也有 1~3 天者。仔貉娩出后，母貉立即咬断脐带，吃掉胎衣，并将仔貉身体舔净舔干，直至产完才安心哺乳。刚出生的仔貉在窝箱内互相偎依成团，不睁眼，无牙齿，耳道闭合，胎毛呈灰黑色。产后 1~2 h，胎毛干后，仔貉开始寻找乳头吃乳。仔貉隔 6~8 h 吃乳 1 次，吃后便进入睡眠状态。仔貉一般在 15~20 日龄长出牙齿，并可以采食糊状食物。

在仔貉 1 月龄前，母貉一般采取躺卧姿势哺乳；1 月龄以后，有的母貉站立哺乳。在仔貉吃乳时，母貉逐个舔舐仔貉的肛门，刺激其排便并吃掉其排泄物，直至仔貉能独立采食为止。仔貉 45~60 日龄后，母貉对它们开始表现冷淡，尤其在仔貉想吃乳时，它会极力躲避，有时甚至扑咬仔貉。此时，可根据仔貉的发育情况适时断奶。

五、貉的选种选配

1. 貉的选种

（1）选种程序

选种时，种貉的去留可分 3 个阶段进行，即仔貉断奶时进行初选，入冬前进行精

选，冬休结束后再进行最后的定群选留。

① 初选，在5—6月份断奶分窝时进行。成年公貉，根据其配种能力、精液品质、与配母貉的受孕率及体况恢复情况进行初选；成年母貉在断奶后根据其繁殖、泌乳及母性行为进行初选；仔貉在断奶时，根据生长发育情况进行初选。

② 精选，在9—10月份进行。主要根据貉的脱毛、换毛情况，结合幼貉的生长发育和成貉的体况，在初选的基础上进行复选。精选的选留数量要比计划选留量多20%～25%，以便在最后的定群选留中有淘汰余地。

③ 定群选留，在11—12月份进行。根据被毛品质和前期的实际观察记录进行严格精选，最后按计划落实选留数。选定种貉时，公、母比例为1∶（3～4），但如果貉群过小，要多留些公貉。种貉的组成以成年貉为主，不足部分由幼貉补充，幼貉不应超过50%，这样有利于貉场的稳产、高产。

（2）选种标准

① 成年貉的选种标准。

公貉要求不超过5岁，配种开始早，交配能力强，性情温顺，无恶癖，性欲旺盛，精液品质良好，体形匀称，营养状况良好，体大有神，食欲旺盛，无疾病，被毛完整，驯化程度好。母貉要求不超过4岁，初产不少于6只，经产不少于8只，泌乳力强，母性好，性情温顺，无恶癖，遗传能力强，仔貉成活率高，符合种用体况，被毛完好，食欲好，发情早，性行为正常。

② 当年产貉的选种标准。

初选的标准是系谱清楚，双亲繁殖力高，同窝貉之间仔貉5只以上，生长发育快（公貉体重不低于6.5 kg，母貉体重不低于6.0 kg）、体能均衡，出生在5月中旬以前（7～8月龄），活泼好动，食欲旺盛，外生殖器正常。

2. 貉的选配

（1）选配原则

① 毛绒品质。公貉的毛绒品质，特别是毛色，一定要优于或接近于母貉才能选配。毛绒品质差的公貉与毛绒品质好的母貉选配，其后代性状不佳。

② 体形。大体形公貉与大体形母貉之间选配为宜。大体形公貉与小体形母貉或小体形公貉与大体形母貉不宜选配。

③ 繁殖力。公貉繁殖力以其本身的配种能力和其子代的繁殖力来反映，要优于或接近于母貉的繁殖力，才可选配。

④ 血缘。3代以内无血缘关系的公、母貉之间可选配。有时为了特殊的育种目的，如巩固有益性状、检测遗传力、培育新色型等，也允许近亲选配，但在生产上必须尽量避免。

⑤ 年龄。原则上成年公貉配成年母貉或当年生母貉；当年生公貉配当年生母貉。

（2）选配方式

① 同质选配，即在具有相同优良性状的公、母貉之间选配，以期在后代中巩固或提高双亲所具有的优良性状。这是培育遗传性能稳定、具有种用或育种价值的种貉必须采取的选配方式，多用于纯种繁育和核心群的选配。

② 异质选配，即在具有不同优良性状的公、母貉之间选配，以期在后代中获得同时具有双亲不同优良性状的个体；或在具有同一性状但有所差异的公、母貉之间进行选配，以期使优良性状在后代中有所提高。这是改良貉群品质、提高生产性能、综合有益性状的有效选配方式。

任务三 貉的饲养管理技术

一、貉养殖场的建造

1. 建场条件

建场的条件要适应貉的生物学特性要求，以使貉在人工饲养条件下正常生长发育、繁殖和生产毛皮产品。

① 饲料条件。要求来源广，容易获得，方便运输，且质量好，性价比高。重点要有动物性饲料。

② 自然条件。貉场应建在干燥、向阳、通风、凉爽、易于排水的地方。水源必须充足清洁，以适合人饮用为准。

③ 社会环境条件。貉场应选在公路、铁路、水域等运输条件比较好的地方，但要保持一定距离，环境安静；要与牧场和居民区保持 500～1 000 m 的距离。貉场应保证夏季阴凉防暑，冬季背风防寒。

2. 建筑与设备

① 棚舍。棚舍是遮挡雨雪和防止烈日暴晒的简易建筑。棚顶可盖成“人”字形或单坡式，用角钢、木材、竹子、砖石等做成支架，上可覆盖石棉瓦、油毡纸或苫草等。

② 笼箱。笼箱是指貉的笼舍和产仔箱，其规格样式较多，原则上以不影响貉的生长发育和正常活动、繁殖，不跑貉为好。

③ 圈舍。貉可以圈养。圈舍地面用砖或水泥铺成，四壁可用砖石砌成，也可用铁皮或光滑的竹子围成，高度为 1.2～1.5 m，做到不跑貉为准。种貉的圈舍内或外要备有产仔箱（与笼养的产仔箱相同），箱高出地面 5～10 cm。在繁殖期间，一舍可养 1 对种貉或 1 只母貉。幼貉可集群圈养，饲养密度为 1 只/m^2。为保证毛皮质量，必须加盖防雨雪的上盖，否则秋雨连绵或粪尿污染会造成毛绒缠结，严重降低毛皮质量。

④ 围墙。为防止跑貉、加强卫生防疫和安全，须在貉场或貉笼四周设围墙（高度不低于 2 m），围墙可用砖石砌成或用光滑的竹子、木棍或铁皮围成，但以砖石

为宜。

⑤ 其他建筑与设备。养貉场应备有饲料贮藏间、毛皮初加工间、警卫室、兽医室、办公室、休息室和更衣消毒室等。另外，每个笼舍内要备有饮水和给食用具。饲料调配加工间要备有秤、绞肉机、粉碎机和蒸煮、洗涤及盛装饲料的设备。貉场还要备有捕捉、维修、清扫和消毒等用具。

二、貉的饲养管理技术

1. 幼貉的饲养管理

幼貉时期是指仔貉断奶后至体成熟的一段时间，一般指 6 月下旬至 10 月底。

（1）饲养要点

幼貉断奶后的最初 2 个月，也就是幼貉在 60~120 日龄时，其生长发育最快，是决定基本体形大小的关键时期，必须提供优质、全价、能量高的饲料，如增加碳水化合物多的或含脂肪含量高的饲料。日粮中以谷物、饼粕类饲料为主，适量供给鱼、肉类及其杂碎饲料。另外，还应特别注意补充钙、磷等矿物质饲料，如鲜碎骨、兔头或骨架等，并适当补喂维生素饲料。幼貉生长发育较快，日粮中蛋白质的供给量应保持在每天每只 40~50 g。蛋白质不足或营养不全价将会严重影响其生长发育。幼貉育成期每天喂 2~3 次：喂 2 次时，早喂占 40%，晚喂占 60%；喂 3 次时，早、中、晚分别占全天日粮的 30%、20%和 50%。让貉自由采食，能吃多少喂多少，供食量以不剩食为度。9—10 月末单独饲养，每天供应蛋白质 40 g 左右，可利用高脂肪饲料，以增加其毛绒光泽度。

（2）管理要点

首先要按时断奶，仔貉 45~60 日龄即可断奶；断奶前可将笼舍冲洗、消毒，拴好食盒和水盆架。夏季注意防暑和清洁卫生。种貉、皮貉要分群管理，将皮貉笼放在阴面，以减少阳光照射，对提高毛绒质量有一定作用；种貉放在阳面，以利于生殖器官发育。管理上采取食物引诱和爱抚等方法加强驯化。

2. 成年貉的饲养管理

（1）准备配种的饲养管理

① 饲养要点。此期饲养管理的中心任务是调整体况，促进种貉的生殖器官正常发育，保证适时进入配种期。此期可划分为前后两个时期进行饲养。a. 准备配种前期。10—11 月份，日粮以吃饱为原则，动物性饲料比例不低于 10%，保证冬毛的生长；可适当增加脂肪含量高的饲料，为越冬储备营养。一般要求每天每只供给日粮保持在 650 g 左右。11 月末，种貉的体况已得到恢复，母貉应达到 5. 5 kg 以上，公貉应达到 6 kg 以上。10 月份日喂 2 次，11 月份可日喂 1 次（喂食量增大），并供足饮水。b. 准备配种后期。12 月份至次年的 1 月份，此时冬毛的生长发育已经完成，饲养的主要任务是促进生殖器官的迅速发育和生殖细胞的成熟。因此，饲养上应根据种貉的

体况平衡营养，使种貉达到适宜的繁殖体况。动物性饲料适当增加，并需要补充一定数量的维生素（维生素 A、维生素 E），以及对种貉的生殖有益处的酵母、麦芽。保持每天每只貉的饲料采食量在 400~500 g。在投喂方法上，采用每日 1 次比较合适。为保证饲料被充分利用而不致浪费，也可在 12 月份每 2~3 天集中投食 1 次，到 1 月份开始恢复到每日投食 2 次，早上稍少，晚上稍多，且于上午投喂一些大葱等以刺激发情。

② 管理要点。a. 加强防寒保温。从 10 月份开始应在小室中添加垫草，并定期更换，以保证干燥、保温。北方寒冷地区要特别注意防寒保温。b. 搞好环境卫生。及时清理窝箱及笼内的粪便，小室保持干燥、清洁。避免因小室脏污引起疾病。c. 保证充足的饮水。每天应饮水 1 次，冬季可喂清洁的碎冰或散雪。d. 调整体况。尽量使种貉肥瘦程度达到理想状态。一般理想的繁殖状况为公貉体重不低于 7 kg，体长不小于 70 cm；母貉体重不低于 6.5 kg，体长不小于 65 cm。对于过肥的貉，可通过减少日粮中脂肪含量，把貉关在运动场内使其增加运动量及适当增加寒冷刺激等方法降低其肥度，但切不可在配种前大量减料。对于瘦貉，可通过增加饲料量，增加日粮中脂肪含量及加强保温等方法增加其肥度。e. 加强驯化。准备配种后期要加强驯化，特别是多逗引貉在笼中运动，这样既可以增加貉的体质，又能消除貉的惊恐感，有利于提高繁殖力。

（2）配种期的饲养管理

貉配种期的饲养管理一般从 2 月初开始，持续 2~3 个月，但个体间也存在较大差异。此期饲养管理的中心任务是使所有种母貉都能适时受配，同时确保配种质量，使受配母貉尽可能全部受孕。为此，除适时配种外，还必须搞好饲养管理的其他各项工作。

① 饲养要点。配种期内应供给公貉营养丰富、适口性强、易于消化的优质日粮，以保证其有旺盛持久的配种能力和良好的精液品质。公、母貉日粮要按标准供给全价蛋白质及维生素 A、维生素 D、维生素 E 和维生素 B 族；适当增加动物性饲料的比例；日粮量 500~600 g，日喂 2 次。公貉还要在中午进行补饲，以鱼、肉、蛋为主。喂饲时间要与放对时间配合好，喂食前后 30 min 不能放对。

② 管理要点。a. 科学制订配种计划，准确进行发情鉴定，掌握好时机，适时放对配种。b. 及时检查维修笼舍，防止种貉逃跑而造成损失。每天捉貉检查发情和放对配种时，应胆大心细，既要防止跑貉，又要防止被貉咬伤。c. 添加垫草，搞好卫生，预防疾病。处于配种期的貉，由于性冲动强，食欲较差。因此，要细心观察，正确区分发情貉与病貉，以利于及时发现和治疗病貉。d. 除日常饮水应充足外，还要在貉交配结束时给予充足的饮水。e. 保持貉场安静，控制放对时间，保证种貉充分休息。f. 母貉按配种结束日期，依次安放在饲养场中较安静的位置，进入妊娠期饲养管理，以防由于放对配种对其产生影响。

（3）妊娠期的饲养管理

貉妊娠期平均约 2 个月，但全貉群可持续 4 个月左右。此期是决定生产成败和效益高低的关键时期。饲养管理的中心任务是保证胎儿的正常生长发育，做好保胎工作。

① 饲养要点。貉在妊娠期的营养水平应是全年最高的。此时的母貉不仅要维持自身的新陈代谢，还要为体内胎儿的正常生长发育提供充足的营养，同时还要为产后泌乳积蓄营养。如果饲养不当，会造成胚胎被吸收、死胎、烂胎、流产等妊娠中断现象而影响生产。妊娠期饲养的好坏，不仅关系到胎产仔数的多少，还关系到仔貉出生后的健康状况。在日粮安排上，要做到营养全价、品质新鲜、适口性强、易于消化。腐败变质或可疑的饲料绝对不能喂貉（如死因不明的畜禽肉、难产死亡的母畜肉、带有甲状腺的气管、胎盘、生殖器等）。饲料品种应尽可能多样化，以达到营养均衡的目的，喂量要适当。妊娠头 10 天，总能量不能过高，要根据貉妊娠的进程逐步提高营养水平，既要满足母貉的营养需要，又要防止母貉过肥。妊娠母貉的饲料可适当调稀些。在饲料总量不过分增多的情况下，后期最好日喂 3 次。饲喂量最好根据妊娠母貉的体况及妊娠时间等区别对待，不要平均分食。

② 管理要点。a. 保持安静，避免妊娠母貉过于惊恐。妊娠期内应禁止外人参观。饲喂时动作要轻，不要在场内大声喧哗。为使母貉妊娠后期及产仔期不过于惊恐，饲养人员可在妊娠前期和中期多接近母貉，以使母貉逐步适应环境的干扰。至妊娠后期则应逐渐减少进入貉场的次数，保持环境安静，这样有利于貉仔存活。b. 细心观察貉群的食欲、消化、活动及精神状态等，发现问题及时采取措施加以解决。如发现有流产先兆的母貉，应肌肉注射黄体酮 15～20 mg、维生素 E 15 mg，以利于保胎。c. 搞好貉笼舍及环境卫生，保证充足的饮水。临产前 5～7 天要及时做好小室的保温工作，为貉产仔做好充分准备。

（4）产仔哺乳期的饲养管理

这个时期的主要工作是促使母貉能分泌足够的乳汁，确保仔貉成活和正常生长发育。

① 饲养要点。为了提高泌乳量，促进仔貉生长发育，哺乳母貉要供给高营养水平的饲料。体重 6～8 kg 的母貉，若带 7～9 只仔貉，平均每天喂混合饲料 1 000～1 200 g。动物性饲料可占 40%～50%（其中奶类占 50%左右），油饼类占 5%～7%，谷类及糠麸类占 35%～40%，适当减少玉米面，增加麦麸、稻糠喂量，青绿多汁饲料可占 10%～15%。此外，每只母貉每天补给食盐 3～5 g，骨粉、石灰石粉 15～20 g，干酵母 10～12 g，维生素 A 1 000 IU，维生素 C 50 mg。若无奶类，可用豆浆代替调食，每天每只貉喂豆浆 150～200 g，或喂 1 个鸡蛋，将蛋打碎搅匀，直接倒入热粥里，再搅拌一次。饲料力求多样化，营养全面。饲料要保持新鲜、清洁。外购的鲜鱼、肉类经煮熟无害化处理后再喂，特别是夏季尤需注意。饲料加工要精细，浓度要尽量稀些。母

貉泌乳会消耗大量营养，因此饲料不仅品质要高，而且量要足，吃多少喂多少，以不剩食为度。不过，还要依据母貉产仔数多少、仔貉日龄大小等不同而区别对待，不能一律平均分食。在分窝（断奶）前半个月尽量增加食盐，喂给仔貉断奶后要喂的饲料，使仔貉有适应过程，这样可避免断奶后突然改变饲料，引起仔貉胃肠疾病，导致生长发育缓慢和成活率降低。对缺奶母貉要追加饲喂次数与喂量，多喂奶、蛋类饲料，追加鲜活的小杂鱼喂量，同时追加苣荬菜、蒲公英、麦芽、胡萝卜等青绿多汁饲料，以利于催奶。

② 管理要点。此期管理的重点是加强对产仔母貉的护理。仔貉的健康起初主要是通过母貉来护理的，所以，应提高母貉的泌乳能力，并为母貉创造适宜产仔条件。在加强日常管理的基础上灵活进行产仔保活的一系列工作，最大限度地确保仔貉成活。a. 产仔前的准备工作。在临产前 10 天就应做好产箱的清理、消毒及垫草保温工作。b. 做好难产貉的处置工作。母貉已出现临产症状，惊恐不安，频繁出入小室，时常回视腹部，呈痛苦状，已见羊水流出，但迟迟不见仔貉产出时，需确认子宫颈口张开程度，进行催产。肌肉注射垂体后叶素 0.2~0.5 mL 和催产素 2~3 mL，经过 2~3 h 仍不见仔产出，可进行人工助产。助产时用消毒药对外阴部进行消毒，然后用甘油润滑产道，将胎儿拉出。若经催产和助产均不见效，可根据情况进行剖腹取胎。c. 产后检查。产后检查是产仔保活的重要措施，采取听、看、检相结合的办法进行。听：健康的仔貉很少嘶叫。看：健康的仔貉在窝内抱成一团，发育均匀，浑身圆胖，肤色深黑。检：仔貉拿在手上身体温暖，在手中挣扎有力。检查仔貉前，先将母貉诱出或赶出小室，关上小室门。检查时，饲养人员应戴手套或用小室的垫草擦手后再拿仔貉，手上不要有异味。同时要观察母貉的采食、粪便、乳头及活动情况，母貉应食欲正常，乳头红润、饱满，活动正常。第一次检查应在产仔后的 12~24 h 进行，以后的检查根据情况而定。由于母貉的护仔性强，一般少检查为好。但若发现母貉不护理仔貉，仔貉叫声不停，叫声很弱，必须及时检查，并立即处理。有些母貉由于检查而引起不安，会出现叼仔貉乱跑的现象，这时应将其诱入小室内，关闭小室门0.5~1 h，即可使其安静下来。d. 产后护理。要确保仔貉吃上初乳，遇到母貉缺乳或无乳时，应及时寻找保姆貉。保姆貉要求有效乳头多、奶水充盈、母性好、产仔期与缺奶母貉相同或相近。代养方法是将母貉关在小室内，把仔貉身上涂上保姆貉的粪尿，放在小室门口，然后拉开小室门，让保姆貉将仔貉叼入室内，也可将仔貉直接放入保姆貉的窝内。代养后要观察一段时间，如果保姆貉不接受仔貉，则需要重新寻找保姆貉。仔貉也可用产仔的母猫、母狐哺育。整个哺乳期必须密切注意仔貉的生长发育情况，并以此来评定母貉的泌乳力。e. 仔貉补饲和断奶。仔貉生长发育很快，一般 3 周龄开食，这时可单独给仔貉补饲易消化的粥状饲料。如果仔貉不吃饲料，可将其嘴接触饲料或把饲料抹在嘴上，以令其学会采食。40~60 日龄以后，大部分仔貉能独立采食和生活，应断奶。仔貉生长发育好，同窝仔貉大小均匀一致，可一次将母仔分开；而同

窝仔貉数多，发育不均匀，要分批分期断奶，强壮的先分出，弱的继续哺乳，待强壮后再分开。

（5）种貉恢复期的饲养管理

公貉恢复期为4月份配种结束到9月份性腺发育，母貉的恢复期为从仔貉断奶到9月份。种貉恢复期历经时间较长，气温差别很大。这一时期应根据不同时间貉的生理特点和气候特点，认真做好管理工作。

① 恢复体况。公、母貉经过繁殖期的营养消耗，体况比较消瘦，体重处于全年最低水平。这个时期的任务是加强营养、恢复体况，给越冬及冬毛生长储备营养，为下次繁殖打下基础。公貉在配种结束后20天内、母貉在断奶后20天内，分别给予配种期和产仔泌乳期的标准日粮，以后饲喂恢复期的日粮。日粮中，动物性饲料比例（质量分数）不应低于10%，谷物尽可能多样化，另加20%~25%的豆粉，以使日粮适口性增强，增加采食量。

② 加强卫生管理。炎热的夏秋季，各种饲料应妥善保管，严防腐败变质。加工饲料时，各种用具要洗刷干净，并定期消毒。笼舍、地面要随时清扫或洗刷，不能积存粪便。

③ 保证充足供水。天气炎热要保证饮水供给。

④ 防暑降温。貉的耐热性较强，但在异常炎热的夏秋也要注意防暑降温。夏季除加强供水外，还要对笼舍遮阳，防止阳光直射而发生热射病。

⑤ 预防无意识地延长光照或缩短光照。养貉场严禁随意开灯或避光，以避免因光照周期的改变而影响貉的正常发情。

⑥ 做好梳毛工作。在毛绒生长和成熟季节，如发现毛绒有缠结现象，应及时梳整，以期减少毛绒缠结而影响毛皮的质量。

任务四　貉常见疾病的防治

一、犬瘟热

【病因】 本病是由犬瘟热病毒引起的，主要通过病犬、病貉和带毒动物（恢复后带毒期为5~6个月）传染。一旦发生，便可造成全群性的死亡。

【临床症状】 自然感染潜伏期为7~30天，长者可达3个月。病貉开始体温升高1~2天，持续2~3天后降至常温。发热时，精神沉郁，减食或完全拒食，有时呕吐，眼结膜潮红、肿胀，畏光流泪，出现大量液体性分泌物或黏稠的脓性分泌物，上下眼睑粘在一起，眼角膜发炎。鼻镜干燥，鼻裂纹明显或肿大，鼻部皮肤皲裂，鼻黏膜发炎、肿胀，流出浆液性黏性或脓性鼻汁。鼻孔堵塞，呼吸困难，常出现呼吸道感染，发生卡他性鼻炎、喉头炎、气管炎或肺炎。有的出现神经症状，局部痉挛、运动失调，甚至四肢麻痹。足垫和趾间红肿，有的出现脓疱。

【预防】 注射犬瘟热疫苗是预防本病的根本措施。一般在幼貉断奶后半个月至冬毛成熟前，皮下或肌肉注射 2~3 mL，每年注射 1 次即可获得较强的免疫力。

【治疗】 此病目前无特异性的治疗方法，一般采用磺胺类药物和抗生素类药物来控制细菌引起的并发症，以延缓病程，促进痊愈。

二、狂犬病

【病因】 狂犬病俗称疯狗病，是由狂犬病病毒所引起的，通过被病兽咬伤而感染。

【临床症状】 病初神经系统功能紊乱，表现为不安，精神兴奋或过度胆怯，常躲于暗处，食欲反常，喜食异物；受轻微刺激常引起强烈的反应，攻击人或扑咬笼网；随后出现意识障碍，盲目走动，步态蹒跚，口腔流涎，眼下陷；最后，四肢麻痹而死亡。

【预防】 ① 防止野犬、野猫窜入场内；对新购入的貉，要隔离观察。

② 一旦发生狂犬病，要采取紧急接种疫苗的措施。同时，给可疑的貉接种狂犬病疫苗，以防止本病蔓延。

【治疗】 此病目前无特异治疗方法，当病貉出现明显症状时，应立即扑杀处理。

三、炭疽病

【病因】 本病是由炭疽杆菌引起的急性、热性、败血性传染病。

【临床症状】 潜伏期 1~5 天，个别的长达 14 天。其主要特征是急性脾肿大，皮下、浆膜下组织呈出血性胶样浸润。根据病程可分为最急性型、急性型、亚急性型、慢性型。最急性型发病急剧，病貉突然倒地，呈昏迷状态，死前鼻孔流出血样泡沫或血液，病程仅数分钟到数小时。急性型开始表现为短时期的兴奋和不安，食欲废绝，呼吸困难，黏膜发绀，排出带血的粪便或血块，尿液暗红，有的口鼻流血，最后窒息死亡。亚急性型的症状与急性型相似，但病程较长（2~5 天），常出现炭疽痈，有时可转为急性而死亡。慢性型表现为咽型和肠型炭疽，主要侵害咽喉和颈部淋巴结及其邻近组织，引起炎性水肿，影响呼吸和采食。肠型炭疽常出现呕吐、停食，拉稀或便秘，粪便混有血液，重症可引起死亡。

【预防】 注射无毒炭疽芽孢苗，每次 0. 3~0. 5 mL，可获得 1 年以上的免疫。

【治疗】 ① 主要采取血清疗法（每次 10~15 mL，必要时隔 12 h 再注射 1 次），在发病初期有良好效果。

② 磺胺类药品也有良好的疗效，以磺胺嘧啶为最好。

③ 用青霉素、链霉素、土霉素、氯霉素等抗生素治疗。

四、破伤风

【病因】 本病是由破伤风杆菌引起的人畜共患的传染病，病原体是厌氧菌，经

创伤感染所致。

【临床症状】 病貉对外界刺激的兴奋性增高，全身骨骼肌强直性痉挛；精神沉郁，运动受阻，张口咀嚼，吞咽困难，常将嘴插入食盆中而不能进食；流涎，鼻孔扩张，背肌坚硬，尾根抬起或偏向一侧，不排粪；当受到刺激时惊恐不安，体温一般正常。

【预防】 预防本病发生，主要是减少和避免受外伤，一旦发现伤口，要彻底消毒，正确处理创面，破坏其厌氧环境。产仔母貉的产箱和垫草要用碱水洗涤，并曝晒消毒。

【治疗】 病初需查明伤口，做扩创重新消毒处理，同时肌肉注射青霉素以消灭病原，皮下注射破伤风类毒素以中和毒素，肌肉注射氯丙嗪、硫酸镁等以解痉镇静。后期可用补糖补液疗法。病貉应置于阴暗避光处，加强护理。

五、卡他性胃肠炎

【病因】 卡他性胃肠炎大多是由于饲喂上的错误（饲料突变、质量欠佳或含有异物等）和卫生不良引起肠胃黏膜的炎症。

【临床症状】 胃肠黏膜液的分泌量异常，胃肠蠕动机能紊乱。病貉表现为食欲减退，呕吐，精神沉郁，腹泻，粪便不成形并含有未消化的饲料残块，有恶臭气味。久病的貉被毛蓬乱无光，弓腰消瘦。当胃肠黏膜或肠道内伴发出血时，粪便呈煤焦油样。多为突然发病，治疗不及时常导致貉死亡。

【预防】 加强饲养管理，保证饲料和饮水新鲜、清洁、卫生。

【治疗】 ① 饲料中加入少量的四环素或氯霉素（每天 2 次，每天每只 1 次 20 万~50 万 IU），还可使用抗生素［链霉素或新霉素 1 000~2 000 IU/（天・只）］或 0.1% 高锰酸钾水溶液治疗。因病貉渴欲增加，故可将药物溶于水中，倒入饮水盒令其自饮。

② 重症者可内服水杨酸脂、羧苯甲酰磺嘧噻唑铋（剂量 0.1~0.2 g）。

③ 脱水严重时可皮下多点注射 20% 的葡萄糖溶液、樟脑油 0.5~1 mL。

④ 用呋喃唑酮 0.3 g，每日 2 次，乳酶生 3 g 内服，或核糖霉素 10~20 IU，每天 2 次肌肉注射。

复习思考

1. 各阶段如何进行貉选种？
2. 如何进行貉的发情鉴定？
3. 简述貉各时期的饲养管理要点。

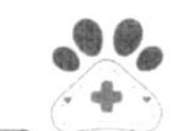

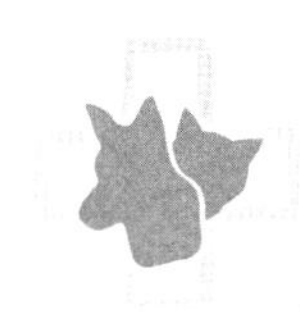

项目四 毛皮初加工和质量鉴定

学习目标

1. 掌握毛皮动物取皮时间和方法。
2. 掌握毛皮的初加工。
3. 掌握毛皮质量的鉴定技术。
4. 能够实施毛皮动物的屠宰、取皮和初加工。

任务一 毛皮初加工

一、取皮时间与取皮方法

1. 取皮时间

毛皮动物的取皮时间取决于毛皮成熟的程度。过早或过晚都会影响毛皮质量，降低其价值。毛皮成熟时间依动物种类不同有一定差异，主要可分为四类。

① 早期成熟类：霜降至小雪毛被成熟的动物，如灰鼠、香鼠等。

② 中期成熟类：立冬至小雪毛被成熟的动物，如水貂、紫貂等。

③ 晚期成熟类：小雪至大雪毛被成熟的动物，如狐狸、貉等。

④ 最晚期成熟类：大雪后毛被成熟的动物，如麝鼠、水獭等。

为了适时取皮，屠宰前应从以下几个方面对毛皮进行成熟鉴定。

① 观察毛绒。毛绒丰满，针毛直立，毛被灵活、有光泽，尾毛蓬松。当动物转动身体时，颈部和躯体部位出现一条条裂缝。

② 观察皮肤。当吹开被毛时，能见到粉红色或白色皮肤。

③ 试宰剥皮观察。试宰剥皮观察皮板，如躯干皮板已变白，尾部、颈部或头部皮板略黑，即可屠宰取皮。人工饲养的毛皮动物，毛被一般在 11—12 月份成熟。

2. 取皮方法

(1) 屠宰

取皮之前需要先将动物屠宰致死，选择屠宰的方法以不影响毛皮质量、动物死亡迅速和经济实用为原则。常用的屠宰方法有绞杀法、棍击法、折颈法、心脏注射空气法等。

① 绞杀法。将绳索套在动物颈部勒紧，使之气绝死亡。

② 棍击法。用棍棒或刀背猛击动物的后脑或眉间，使其脑部受振荡而死或昏迷。

③ 折颈法。适用于小型动物，多用此法屠宰水貂。操作者将动物放在操作台上或桌上左手压住动物颈背部，右手托住下颌，将头向后翻转，此时两手同时猛力向下按压头部，并略向前推，发出颈椎脱臼声，动物两腿向后伸直而死。

④ 心脏注射空气法。一人双手保定动物，另一人左手固定心脏，右手持注射器，在心跳最明显处插入针头，如有血液回流，即可注入空气 20～30 mL，动物可迅速死亡。

(2) 剥皮

屠宰后，应在尸体尚有一定温度时剥皮。各种毛皮动物，都应按商品规格要求进行剥皮。如果方法不当，极易造成各种伤残，使毛皮质量降低而影响价格和利用价值。从后裆开始剥皮，使皮板向外翻出呈圆筒状。将尸体的后肢和尾部挑开，剥皮方法有以下三种：

① 圆筒式剥皮法。主要适用于貂、狐、貉等。以狐狸为例，剥皮前用无脂硬锯末或粉碎的玉米芯把尸体的毛被洗净，然后挑裆。按商品规格要求，保留前肢、头、尾和后肢。具体操作如下：

挑裆先挑尾，固定两后肢，用挑刀于近尾尖的腹面中线挑起；至肛门后缘，将一后肢固定，在第一后肢掌心下刀；沿后肢长短毛分界线贴皮挑至距肛门1 cm 处，折向肛门后缘与尾部开口汇合。交换两后肢，用同样方法挑至肛门后缘。最后把两后肢挑刀转折点挑通，去掉肛门处的小三角皮。另一种方法是由后肢贴皮挑起，挑法同上，再由两后肢挑刀转折于肛门后缘的交点，向尾尖沿尾腹正中线挑开一段，直接抽尾即可。

下一步是抽尾骨。用挑刀将尾中部的皮与尾骨剥开，用手抽出尾骨。

剥皮抽出尾骨后，固定尾骨，由后向前剥离。剥后肢时小心剥下后腿皮，剥至掌骨时要细心剥出最后一节趾骨，用剪刀剪断，保证后肢完整带爪。后肢剥完后，用手向头翻拉剥皮。雄兽剥到腹部要及时剪断阴茎，以免撕坏皮张。剥至前肢，不留爪的直接拉出即可，留爪的剥离方法同后肢。剥至头时，左手握紧皮，右手用挑刀在耳根基部、眼眶基部、鼻部贴着骨膜、眼睑和上下颌部小心割离皮肉交接处，使耳、眼和鼻唇完好无损，即可得到一张完整的筒皮。

② 袜筒式剥皮法。袜筒式剥皮法，是由头向后剥离。操作时，用钩子钩住上颚，

挂在较高处，再用快刀沿着唇齿连接处切开，使皮肉分离，后用退套方法，逐渐由头部向臀部倒剥。眼和耳根的处理同圆筒式剥皮法。四肢也采用退套方法往下脱。当脱至爪处时，将最后一节趾骨剪断，使爪连于皮上。最后将肛门与直肠的连接处割断，抽出尾骨，将尾从肛门翻出。这种方法一般适用于张幅较小、价值较高的毛皮动物，如水貂。袜筒式剥皮法，剥成毛朝里、板朝外的圆筒皮，要求保持头、眼、腿、尾、爪和胡须完整。

③ 片状剥皮法。片状剥皮法应用最为普遍。剥皮时，先沿腹部中线，从颚下开口直挑至尾根，然后切开前肢和后肢，最后剥离整个皮张。一般张幅较大的皮多采用片状剥皮法。

二、鲜毛皮的初步加工

1. 刮油

刮油主要是为了清除附着于毛皮上的脂肪和肌肉。操作时，先将鼻端挂在钉子上，毛向里套在粗胶管或光滑的圆形木楦上，用刮油刀从尾部和后肢开始向前刮油，边刮边用锯末搓洗皮板和手指，以防脂肪污染毛绒。刮油时应转动皮板，平行向前推进，直至耳根为止。在刮乳房或阴茎部位时，用力要稍轻，其他部位用力也要适当。头部皮板上的肌肉往往无法用刀刮干净，但四肢和尾部要刮净。皮板还会残留有肌肉、脂肪和结缔组织，所以，在堆放刮好油的毛皮时，间距需要稍大一些，以便通风干燥。

2. 洗皮

洗皮的目的是洗净油脂，使毛绒洁净而达到应有的光泽。一般用转鼓和转笼洗皮。先将皮筒的板面朝外放进有锯末的转鼓里，转几分钟后取出，然后翻转皮筒使毛被朝外，再放进转鼓里洗。洗皮用的锯末一律要筛过，除去其中的细粉。转笼、转鼓速度控制在 18~20 r/min 即可。手工操作时需先在皮板上撒满锯末，再用刀刮干净。

3. 上楦

上楦必须使用国家统一规格的楦板，以保证毛皮的品质。一般采用毛朝外、皮朝内的上楦方法，先把头部固定在楦板上，再向后伸展。另外，也可以采用毛朝内、皮朝外的方法。操作时，通常先用旧报纸以斜角状缠在一楦板上，再把皮（毛朝里）套在楦板上，摆正两颚，固定头部；然后均匀地向后拉长皮张，使皮张充分伸展后，再将其边缘用小钉固定在楦板上；最后把尾尽量往宽处拉开，稍向上推。

4. 干燥

提倡采用一次上楦控温鼓风干燥法。此法设备简单，效率高。只需 1 台电动鼓风机和 1 个带有一定数量气嘴的风箱，在室温 20~25 ℃条件下，1~2 天即可风干。严禁高温或暴烤。如果采用毛朝内、皮朝外的上楦方法，当干至六成时需翻转至毛朝外、皮朝内，继续干燥。

5. 下楦

干燥后的皮板要下楦、梳毛、擦净，按商品要求分等级包装。各种毛皮都有技术要求和等级规格，必须按国家收购规格进行初步加工。

6. 毛皮的贮存

分级包装后的毛皮即可上市或入库贮存。贮存毛皮的仓库温度保持在 5～25 ℃，相对湿度为 50%～70%，注意防虫防鼠。

任务二　毛皮的质量鉴定

一、毛皮的整理和包装

风干后的毛皮在包装前须进行整理。具体做法是：再用锯末清洗一次，先逆毛搓洗，再顺毛洗，遇上缠结毛或大的油污，要反复洗；并用排针做的梳子梳开，用新鲜锯末反复多次搓洗；最后脱掉锯末即可进行验级、包装。场内技术人员应根据商品规格及毛皮质量（如成熟程度、针绒毛完整性、有无残缺等）进行初步等级验证，然后分别用包装纸包装后装箱待售。在保管期间要严防虫害、鼠害。

二、被毛及皮板的质量指标

（1）毛的长度

毛的长度决定整个毛被的厚度，影响毛被的美观性、柔软性。以冬季长绒达到成熟阶段的最大长度为标准。

（2）毛的密度

毛的密度指单位面积中毛的数量，决定毛皮保暖性的好坏，各种兽类及不同部位毛的密度都有差异。

（3）毛绒的粗细度和柔软度

毛绒较粗的毛被弹性好，但美观性较差；毛绒较细的毛被，较灵活、柔软、美观。细度和长度的比例及针毛和绒毛数量（组成）比例，多采用毛的细度（μm）与毛的长度（cm）之比作为柔软系数来表示。实际操作时可用手指抚摸毛被，通过感觉来确定。柔软度通常分为柔软如棉（细毛羊、獭兔等），柔软（紫貂），半柔软（水貂、水獭等），粗硬（旱獭、海狸鼠、獾等）四种。

（4）毛的颜色与美观度

在鉴别毛皮品质时，毛被的天然颜色起重要作用。毛纤维的颜色是由皮质和髓质层中存在的色素决定的。黑色素和棕色素是基本色素，其他颜色是通过这两种色素的含量和混合程度来调节。色素有颗粒状和扩散状两种状态，前者产生较暗的颜色，后者产生较淡的颜色。毛的光泽与毛表面鳞片排列疏密贴紧程度有关。一般来说，鳞片越稀，越紧贴在毛干上，表面就越平滑，反光就越强，就越有光泽，因此，粗毛、针

毛的光泽比较强。

毛的颜色、光泽关系着毛皮的美观程度。不同的毛皮有其独特的毛被色调，因此，对毛色的要求，在于毛色是否与动物形态特征相符，毛色正不正。凡是毛色一致的兽类，要求全皮的毛色纯正一致。尤其是背、腹部毛色一致，不允许带异色毛，不应深浅不一。如果毛色是由两种以上颜色组成的，应当搭配协调，构成自然美丽的色调。带有斑纹和斑点的兽类，要求斑纹、斑点清晰明显，分布均匀。具有独特花纹和斑点的兽类，其形状、数量多少及分布是鉴定毛皮质量的重要指标之一。

（5）毛质

毛质的好坏取决于皮板的厚度、厚薄均匀程度、油性大小、板面的粗细程度和弹性强弱等。皮板和毛被伤残的多少、面积大小及分布状况，对制裘质量影响很大。因此，伤残也是衡量制裘原料毛皮质量的一个重要因素。

影响毛皮质量的因素很多，可分为自然因素和人为因素两大类。自然因素主要包括种类、性别、兽龄、健康状况、生活地区、生产季节等。人工养殖必须采取选种、育种，加强饲养管理，创造适宜的环境条件和提高加工质量等综合性技术措施，进而提高毛皮质量。

复习思考

1. 简述鲜毛皮的初加工技术。
2. 简述影响毛皮质量的因素。

特禽养殖技术

项目五 鸵鸟的养殖技术

1. 了解鸵鸟的生活习性及品种。
2. 掌握鸵鸟的繁育技术、饲养管理技术。
3. 掌握鸵鸟常见疾病的防治技术。

任务一　鸵鸟的品种及生物学特性

一、鸵鸟的主要品种及形态特征

1. 澳洲鸵鸟

澳洲鸵鸟的羽呈黑灰褐色，各羽的副羽十分发达，成为与正羽一般大小的羽片，翅羽退化，仅余7枚与体羽一样的初级飞羽，头顶不具盔，内趾爪不发达。成鸟头顶和颈部为黑色，繁殖季节雌鸟头和颈部具有稠密的黑色羽毛；幼鸟的头和颈具有黑色横斑。

2. 美洲鸵鸟

美洲鸵鸟是最大的一种鸟类，成鸟身高可达1.6 m，雄鸵鸟体重可达25 kg，有三个脚趾，又称为三趾鸵鸟。此种鸵鸟不会飞，翼比较发达，有10枚初级飞羽，腿强大，3个前趾均具爪，雌雄羽色相似，体羽主要为暗灰色，头顶为黑色，无真正尾羽，群居。

3. 蓝颈鸵鸟

蓝颈鸵鸟分为南非蓝颈鸵鸟和索马里蓝颈鸵鸟2种。南非蓝颈鸵鸟头顶有羽毛，雄鸟颈部蓝灰色，跗跖红色，无裸冠斑，尾羽棕黄色，通常喙抬得较高。索马里蓝颈鸵鸟颈部有一较宽的白色颈环，身体羽毛明显呈黑白两色，而雌鸟为偏灰色；颈部和大腿为蓝灰色，跗跖亮红色，尾羽白色，有裸冠斑，虹膜灰色。蓝颈鸵鸟体形较大，生长速度较快，作为商品鸟10~12月龄即可上市，比黑鸵鸟提前1~2个月，产蛋性能略低于美洲鸵鸟。

4. 红颈鸵鸟

红颈鸵鸟分为北非红颈鸵鸟和马塞鸵鸟。北非红颈鸵鸟头顶无羽毛，周围长有一圈棕色羽毛，并一直向颈后延伸。雄鸟的颈和大腿为红色或粉红色，喙和跗跖更红，在繁殖期特别明显，有裸冠斑。马塞红颈鸵鸟头顶有羽毛。雄鸟颈部和大腿为粉红色，繁殖季节变为红色，略带褐色或红色。

二、鸵鸟的生物学特性

1. 繁殖力强，可集约化饲养

一只成熟的雌鸵鸟年产蛋 80~120 枚，蛋重 1.0~1.8 kg，可育成 40~50 只鸵鸟。鸵鸟寿命长达 70 年，有效繁殖时间可达 50 年。

2. 生长速度快，产肉率高，周期短

刚出壳的雏鸵鸟体重 1~1.2 kg，饲养 3 个月体重可达 30 kg，1 岁时体重可达 100 kg。

3. 杂食性

鸵鸟属杂食性，食物以植物的茎、叶、果实为主，也吃昆虫、软体动物，以补充水分、蛋白质和能量的不足。鸵鸟有腺胃和肌胃两个胃，但没有嗉囊；有两条不等长的发达盲肠，消化纤维能力强。

4. 适应性强，易于饲养

鸵鸟喜干燥、怕潮湿，抗病力强，适应性广，易饲养，环境温度在-18~39 ℃均能正常生长发育和繁殖。除 1 月龄以内雏鸟会因营养不良、管理不当造成死亡外，成年鸵鸟很少患病死亡。环境安静时，鸵鸟自由活动，但遇到突来巨响会引起惊群，无目的狂奔，会撞在围栏上造成伤害。

任务二　鸵鸟的繁育技术

一、鸵鸟的繁殖技术

1. 性成熟与产蛋

人工饲养的鸵鸟在 2~3 岁时发育成熟。第一年产蛋量少，一般为 30 枚左右，以后逐年增加，到 7 岁时达到产蛋高峰，年产 80~100 枚，有效繁殖期 40~50 年。雄鸵鸟性成熟略晚，所以引种时要注意，雄鸵鸟比雌鸵鸟晚半年至 1 年，才能达到比较理想的繁殖效果。雌鸵鸟每年 3—4 月份开始产蛋，持续到 9 月份，其持续时间受食物、气候及自身条件的影响。在自然条件下，繁殖季节一开始，1 只雄鸵鸟带 2 只或 3 只雌鸵鸟形成一个单元活动。当雄鸵鸟向雌鸵鸟求爱时，会做出优美的动作，炫耀自己的羽毛。雄鸟一天交配 4~6 次，也有达 8 次以上的；交配时间为 30~60 s。雌鸵鸟交配后很快就会产蛋，一般隔天产一枚，通常产12~16枚开始自然孵化。为使雌鸵鸟多产蛋，可进行人工孵化，将产下的蛋及时移走，需注意取蛋时防止雄鸵鸟攻击。雌鸵鸟产12~20枚（高产鸵鸟可连续产40枚）休产1周左右，然后进入下一个产蛋周期。产蛋周期的长短与食物及体况有关。正常种蛋的受精率达60%~85%。

2. 雌雄鉴别

进行雌雄鉴别有利于分群饲养和营养配给。15月龄以前的鸵鸟体形和羽毛基本一致，很难从外表上区别雌雄。鸵鸟的雌雄鉴别多采用翻肛法，即翻开鸵鸟的肛门，看是否有向左弯曲的阴茎。但这种方法只有70%左右的准确性，因此，鸵鸟的雌雄鉴别要进行几次，一般在1月龄、2月龄、3月龄进行，共鉴定3次。

二、种鸵鸟的选择

种鸵鸟的选择是提高种鸵鸟品质、增加良种数量及改进鸵鸟产品质量的重要工作。

1. 幼鸟的选择

根据系谱资料和生长发育情况进行选择。选择系谱清晰、双亲生产性能高、幼鸟生长速度快、发育良好的个体。最好从不同场选择幼鸟，避免近交。雌鸵鸟性成熟早于雄鸵鸟半年至一年，所以组群时雄性应比雌性大6~10个月。

2. 成鸟的选择

（1）外貌特征

雌鸟头细清秀，眼大有神，颈粗细适中，不弯曲；体躯长、宽面深，呈椭圆形，腰脊微呈龟背形，不弯曲。雄鸟头较大，眼大有神，颈粗长，体躯前高后低。雄鸟羽毛、胫、喙的颜色与繁殖力有密切关系，颜色猩红，繁殖机能最佳。颜色变淡，受精率下降，因此在繁殖季节需选择状态好、色彩艳丽的雄性进行交配。

（2）生产性能

优秀种鸟应健康无病，没有遗传缺陷。雌鸵鸟一般隔天产1枚蛋，连产20多枚才休产，4岁以上年产蛋量在80枚以上，且蛋的表面光滑，蛋形正常。雄鸵鸟配种次数应超过6次，且种蛋的受精率高。选种时雄雌比例以1∶3为宜。

任务三　鸵鸟的饲养管理技术

一、鸵鸟育雏期的饲养管理

3月龄为育雏期，此期的雏鸵鸟各种生理机能不健全，抵抗能力弱，对环境条件的变化非常敏感，因此育雏期的饲养管理是非常重要的。

1. 育雏前的准备

入雏前一周对育雏室进行全面打扫和消毒。地面和墙壁用2%的火碱水喷洒消

毒；然后关闭门窗，用甲醛、高锰酸钾熏蒸消毒；育雏室门口放火碱消毒池。入雏前一天进行预热，温度22~25℃，相对湿度50%~60%。

2. 温度和湿度

对于1周内雏鸵鸟，温度以34~36 ℃为宜，以后每周下降2 ℃，至20 ℃为止。出壳的雏鸟都有不同程度的水肿，育雏相对湿度65%~70%利于水肿的消失，并可减少脐带炎的发生，防止脱水。

3. 饮水开食

开食过早会使卵黄吸收不完全，损伤消化器官，对以后的生长发育不利。因此，雏鸟出壳后72 h开食为好。开食前应先给饮水，水中加0.01%的高锰酸钾。饮水后2 h再喂给混合精饲料，精饲料以粉状拌湿喂给；也可用嫩绿的菜叶、多汁的青草、煮熟切碎的鸡蛋作为开食料。这期间不能在育雏伞、育雏箱内使用垫草或其他垫料，以免雏鸟误食，造成肠梗阻。1周龄雏鸟的饲料按少喂勤添原则，每隔3 h投喂1次，以后逐渐减少到4 h喂1次。每次先喂青绿饲料，后喂精饲料，每次投放量以不剩料为度。1周龄以后喂料可不用拌湿料，而改喂颗粒料。1~3月龄的雏鸟饲料中，精料占日粮的60%，青饲料占40%。镁的缺乏可引起骨骼病变，从3周龄开始，可以在饮水中补充硫酸镁。

4. 光照与通风

1~8日龄每天光照20~24 h，2~12周龄每天光照16~18 h。1周龄以后，天气晴朗，外界气温高时，可将雏鸟放到运动场上活动、晒太阳。

通风换气的目的是排出室内污浊的空气，换入新鲜空气，同时也调节室内的温湿度。在炎热的夏季，育雏舍应打开窗户通风。冬季通风要避免对流，使雏鸟远离风口，防止感冒。一般通风以闻不到氨味为准。

5. 管理

加强卫生和消毒，饮水要保证清洁，饲料要保证新鲜不变质。为预防疾病发生，需对育雏舍、用具、工作服、鞋帽及周围环境进行定期和不定期的消毒。2月龄时，根据疫情，对雏鸟进行新城疫、支气管炎和大肠杆菌病的疫苗注射。

二、鸵鸟育成期的饲养管理

1. 育成期的饲养

鸵鸟4月龄时，体重可达到36 kg左右，已能适应各种自然条件，应改喂育成期饲料。从育雏期过渡到育成期，要做好饲料更换工作。做法是：脱温后的第1周仍喂育雏料，第2周用2/3育雏料加1/3育成料，第3周用1/3育雏料加2/3育成料，从第4周起全部用育成料。饲喂育成期的鸵鸟，最关键的是防止其过肥。所以随着鸵鸟日龄的增大，吸收利用粗纤维的能力逐渐增强，应尽可能让其采食青绿饲料，限制混合精饲料的饲喂量。夏秋季早晨可以待露水消失后，把鸵鸟驱赶到苜蓿地或人工草地放牧。注意不能带露水放牧，因为露水会打湿鸵鸟的腹部，引起肚胀、腹泻。不放牧的育成期鸵鸟，饲喂应定时、定量，以日喂 4 次为宜。

2. 育成期的管理

3 月龄以上的鸵鸟在春夏季可饲养在舍外，晚秋和冬季的白天在舍外饲养，夜间要赶入饲养棚。鸵鸟原生活于沙漠地区，喜欢沙浴。通过沙浴可以洁身和清除体表寄生虫，增加运动量。饲养棚和运动场要垫沙，最好用黄色河沙，沙粒大小适中，铺沙厚度为 10~20 cm。运动场可部分铺沙，部分种草，同时种植一些遮阴的树或搭建遮阴棚。

鸵鸟的神经比较敏感，受到惊吓时全群骚动狂奔，容易造成外伤和难产。所以，要保证鸵鸟场周围环境的安静，避免汽笛、机械撞击、爆破等突发性强烈震响。饲喂后 2 h 应驱赶鸵鸟运动，以避免鸵鸟过多沉积脂肪，这对大群饲养的育成期鸵鸟更重要。驱赶运动每次以 1 h 为宜。保证供给清洁的饮水，水盆每天清洗 1 次，每周消毒 1 次。育成期鸵鸟采食量大，排泄粪便也多。因此，运动场要经常清除粪便、异物，定期消毒。

出售羽毛是养殖鸵鸟的一项可观收入。当鸵鸟长到 6 月龄时，可进行第一次拔毛。一般在温暖的季节拔毛，冬季不能拔。拔毛时勿用力过猛，以免损伤皮肤。腹部的毛不能拔，6 月龄以后每隔 9 个月拔毛 1 次。

三、鸵鸟产蛋期的饲养管理

1. 产蛋期的饲养

（1）饲喂方法

人工饲养的鸵鸟每天的活动比较有规律。因此，应根据其生活规律定时、定量进行饲喂。清晨驱赶鸵鸟在运动场跑动 15~20 min，然后进行交配、采食。所以，首次饲喂时间以早 6 点半至 7 点半为宜。1 天饲喂 4 次，饲喂的间隔时间尽可能相等。饲喂顺序可以先粗后精，也可以把精饲料拌入青饲料中一起饲喂。精饲料喂量一般每只控制在 1.5 kg 左右，以防过肥而使产蛋量下降或停产。

（2）饲料与营养

产蛋期鸵鸟配合饲料中，粗蛋白质含量以 18% 为宜，代谢能约 10.5 MJ/kg。青饲料以自由采食为主。特别要注意种鸟对钙的摄入，除了饲料中给予足够的钙、磷外，在栏舍内可以设置饲喂骨粉的食槽，任种鸵鸟自由采食。

2. 产蛋期的管理

① 分组。雌鸵鸟在 24~30 月龄达到性成熟，雄鸵鸟在 36 月龄达到性成熟。性成熟前以大群饲养为主，每群 20~30 只，产蛋前一个月进行配偶分群。一般是以 4 只为一群（一公三母），分群工作一般在傍晚进行。先将雌鸵鸟引入种鸟舍，然后再将雄鸟引入，这样可以减少雌雄之间、种群之间的排异性。

② 运动场。鸵鸟体形较大，需要的运动场面积相应也大。1 个饲养单位（1 雄 3 雌）需 1 500 m^2左右。这样可以给鸵鸟提供较为自由的活动范围，有利于提高受精率，防止过肥。鸵鸟一般需有规律的自由活动，不必驱赶运动。如果饲养群较大，7 只或 14 只以上为一个饲养单位，则需要驱赶运动。最好在每天的上午和下午各驱赶 1~2 h。

③ 休产。为了保持雌鸵鸟优良的产蛋性能，延长其使用年限，需强制休产。一般每年 11 月份至次年 1 月份为休产期。休产期开始时雌雄鸟分开饲养，停止配种，停喂精料 5 天，使雌鸵鸟停止产蛋，然后喂以休产期饲料。

④ 捕捉。因调换运动场或出售鸵鸟而需要捕捉鸵鸟时，应特别小心。因为鸵鸟头骨很薄呈海绵状，头颈处连接也比较脆弱，均经不起撞击。捕捉的前 1 天在棚舍内饲喂，趁其采食时关入棚舍。捕捉时需 3~4 人合作，分别抓住颈部和翼羽，扶住前胸，在头部套上黑色头罩使其安定。鸵鸟一旦被套上头罩，蒙住双眼，则任人摆布，可将其顺利装笼、装车。但对凶猛的鸵鸟要特别小心，可在捕捉前 3~4 h 适量喂一些镇静药物。

⑤ 运输。种鸵鸟在运输前须减料停产，确保运输时输卵管中无成熟的蛋。运输前3~4 h停喂饲料，在饮水中添加维生素 C、食盐和镇静剂，以防止应激反应。运输季节以秋、冬、春季为宜，最好选择夜间进行，因鸵鸟看不清外界景物，可以减少骚动。运输工具和笼具要消毒，笼具要求坚固通风，顶部加盖黑色围网。运输过程中随时观察鸵鸟动态，长途运输注意定时给水。保持车内通风良好，对躁动不安的鸵鸟戴上黑色头罩。运到的鸵鸟由于应激，1~3 天内常会表现出食欲下降，粪便呈粒状。此时，应及时补充维生素、矿物质，饲料投喂逐步过渡，以利鸵鸟运输应激后的恢复。

任务四　鸵鸟常见疾病的防治

一、胃阻塞

【病因】 ① 饲养管理不当，例如，日粮时好时坏，喂饲不定时，从而造成过度饥饿，快速进食干草、异物、沙石等引起胃阻塞。② 突然更换饲料尤其是更换优质料，从而使鸵鸟过量进食而致病。③ 垫料质次和使用不当，诸如长时用沙石子作垫料，或垫料中混杂碎塑料、铁钉、铁丝、碎木等杂物，食后引起胃阻塞。④ 鸵鸟存在异嗜癖，由此而食入大量沙石、铁丝、铁钉、碎木、碎布等异物引发胃阻塞。⑤ 饲养环境、气候等异常，影响其采食行为，从而出现误食或异嗜。⑥ 鸵鸟患有胃炎等疾病，影响食物的正常消化，从而诱发胃阻塞。

【临床症状】 病鸟通常出现食欲减退甚至拒食，粪便干硬，喜饮水。继而精神沉郁，运步无力，头颈下垂，呼吸困难，卧地不起，最后因心力衰竭而死亡。

剖检时可见尸体消瘦，营养不良，腺胃和肌胃明显扩张，胃内充满大量沙石和异物，胃黏膜上有溃疡灶或糜烂，十二指肠、空肠、回肠充血或出血，直肠内存有大量硬粪球。

【预防】 重点在于加强饲养管理，保持饲养场环境安静、清洁、卫生，并对雏鸟进行正常采食行为的训练，防止异嗜癖形成。

【治疗】 对前、中期病例，可采用健胃、促进胃肠蠕动和刺激幽门开放等疗法。如取龙胆酊 30 mL，大黄酊 20 mL，用温水溶解、混合后胃管一次灌服，每天 1 次，连服 3~7 天。内服泻剂，液状石蜡 200 mL，香油 200 mL，混合后胃管 1 次灌服，每天 1 次，至好转为止。

此外，也可在胃部做人工按摩或驱赶走动等辅助疗法。必要时也可进行补液和防止继发感染等治疗。后期病例则无治疗价值，只能淘汰处理。腺胃切开手术的预后一般不良。

二、禽流感

【病因】 禽流感的发病与饲养条件拥挤、卫生条件差，以及并发大肠杆菌、绿脓杆菌、真菌和金黄色葡萄球菌等感染有关。由流感病毒不同毒株引起，病毒可通过鸡胚分离。1 月龄以下幼鸟极易感染，5 月龄 ~ 14 月龄鸵鸟感染后病情最严重，成年鸵鸟感染少或感染症状轻，对产蛋无影响。临床多死于最急性病例，病死率常超过 80%，幼龄鸟 ~8 月龄鸟病死率在 15% ~ 60%。多数发病 2 天后死亡，有些 2~3 周后慢慢恢复。

【临床症状】 精神沉郁，食欲缺乏，毛松，眼角有分泌物，尿样粪便呈绿色。

【预防】 关键是预防病毒的传入和控制传播，禁止场内饲养可携带病毒的动物，对鸟舍和周围环境定期消毒。

【治疗】 目前没有特效的药物治疗鸵鸟的禽流感，关键在于预防病毒。

三、痘病

【病因】 痘病是由禽痘病毒或鸵鸟痘病毒引起的一种急性传染病。病毒呈砖形或长方形，在患部的皮肤或黏膜上皮细胞的浆液中繁殖，无毛或少毛的皮肤易感染。鸵鸟发生痘病最主要的传染源是患病或病死的鸵鸟、禽类。痘病病毒能将大量毒力很强的成熟病毒粒子通过患部的皮肤或黏膜上皮细胞的浆液排出，直接感染健康鸵鸟或污染场地、饲料、饮水、用具等。

【临床症状】 ① 皮肤型。其特点是在皮肤无毛部位，如眼皮、喙角、头颈部、翅膀下、肛门周围等处，发生隆起的小丘疹，表面不平，伴有炎症。随后变成灰白褐色的结节，或呈黄色，干燥后呈棕褐结痂，突出皮肤表面，严重时连成一片。如果痘痂发生在眼部，会影响眼睛睁开；若发生在口角，会影响采食。患有皮肤型痘疹的鸵鸟临床症状明显，不难初步诊断，确诊还须利用电子显微镜找到病毒颗粒或分离出痘

病病毒。

② 白喉型。其特点是精神沉郁，眼肿胀，眼鼻有分泌物，在口腔咽喉黏膜上发生黄白色痘疹，微隆起，不透明的结节迅速增大，形成一层黄白色假膜，侵害患鸟吞咽和呼吸。严重时会窒息，导致死亡。病死率较皮肤型痘病高。

③ 混合型。混合型是指皮肤型和白喉型混合发生，病死率较高。

【预防】 预防是防治痘病的最佳措施。搞好环境卫生，遵守并坚持养殖场的消毒制度，严防病原体进入本场，感染鸵鸟。禽痘多发地区，对场内的雏鸟预防接种禽疫苗。

【治疗】 痘病一年四季均可发生，夏秋蚊蝇多的季节多发。据有关资料介绍，到目前为止，禽痘，包括鸵鸟痘病，还没有特异性的治疗方法和药物。通常采取对症疗法，以减轻患鸟的症状和防止感染细菌性疾病。

治疗皮肤型痘病可用1%高锰酸钾溶液冲洗后，小心清除痘痂，涂抹碘酊、龙胆紫。

白喉型要及早剥离患鸟口腔咽喉部位增生的黄白色假膜，以防假膜堵塞呼吸道、食道，严重影响呼吸和吞咽。

四、咬毛症

【病因】 由于营养不良引起的啄羽症，常伴有某些营养物质缺乏的症状，如叶酸缺乏时咬毛。

【临床症状】 临床咬毛症初期没有特殊症状，表现为食欲减退，精神不振，便秘。若同时发生贫血症，羽毛色泽会发生改变，这与食盐不足有关，缺水也常有此症状出现。严重时从头部开始到背部的羽毛全部被啄光。

【预防】 在繁殖期发生啄羽症，应供给亲鸟足够的营巢材料，调整饲料，配比合理，增加蛋黄、蛎壳粉、鱼粉、羽毛粉、天然石膏、微量元素、维生素（如叶酸等），增加蔬菜品种和数量，水果任其采食，这样有助于分散鸟啄食羽毛的恶癖。供给充足的保健沙和沙砾，任鸟啄食。

【治疗】 内寄生虫引起的啄羽症应及时驱虫，常用左旋咪唑、阿苯达唑等。有绦虫的鸟用吡喹酮驱虫，有球虫及其他原虫寄生可口服甲硝唑、磺胺类药物。

五、幼鸵鸟腿部水肿

【病因】 ① 钙磷不平衡。钙磷是构成骨组织的主要成分。鸵鸟在育雏期内，骨骼生长迅速，需要从饲料中摄取足量的钙与磷。饲料中钙磷比例失调，将影响两者的吸收，进而影响骨骼的钙化。② 蛋白质和能量水平供给不当。由于人们对鸵鸟快速生长的期望和对鸵鸟不同生长阶段蛋白质与能量需求知识的缺乏，常有人盲目地给幼鸟饲喂“高档”精料，使幼鸟的生长速度过快，但肌肉和骨骼的发育却未能同步，导致骨变形，站立不稳，甚至瘫痪。③ 维生素缺乏。幼鸟站立不稳、瘫痪，也可由维生素缺乏所引起。

【临床症状】 长期饲喂上述营养成分不合理的饲料会加剧骨的变形，病鸟表现为长骨弯曲，站立无力，甚至瘫痪；肌肉营养不良，乃至收缩无力，长时间卧地不起，继而加剧肌肉尤其是骨骼肌的退化。

【预防】 平时必须注意饲料的储存时间和条件，尽量使用新鲜的饲料。

【治疗】 维生素缺乏时，早期肌肉注射维生素 A、维生素 D、维生素 E 和硒，有显著疗效。

六、巨细菌胃炎

【病因】 本病病原为巨细菌，属革兰染色阳性大杆菌。该菌在动物体内比体外大很多，姬姆萨和 DiHOiuk 染色良好。本菌能在琼脂培养基上生长，但菌体较小。

【临床症状】 该病无特征性症状，病鸟仅出现正常的啄食动作而不能吞咽食物，逐渐消瘦，体重下降，羽毛蓬乱无光泽，精神委顿，不活泼，生长停滞，最后卧地不起，衰竭死亡。

【预防】 除认真做好日常的综合性卫生防疫工作外，还应严格做到以下几点：① 不从疫区（场、群）引进种鸟，甚至种蛋也不得引进。② 坚持定期检疫，及时发现疫情，以防病的传入蔓延。③ 一旦暴发、污染，最好的办法是更换场地，重新建场饲养，原污染场经彻底消毒，自然净化后再启用。

【治疗】 巨细菌在体外虽然对多种抗生素敏感，但体内治疗效果却很不理想，这与胃内环境因素不能使药效进入深部组织有关。在饮用水中加入盐酸 6 mL/L，同时加入新霉素和制霉菌素，连用数月。

复习思考

1. 鸵鸟的生活习性有哪些？
2. 简述鸵鸟的饲养管理技术要点。
3. 简述鸵鸟禽流感的防治措施。

项目六 鹧鸪的养殖技术

学习目标

1. 了解鹧鸪的生活习性。
2. 掌握鹧鸪的繁育技术、饲养管理技术。
3. 掌握鹧鸪常见疾病的防治技术。

鹧鸪肉质细嫩，营养丰富，一直被认为是膳食珍品。养鹧鸪占地面积小，设施简单；饲料来源广泛，耗料少，饲养方便；繁殖力强，生长速度快。19 世纪以来世界养鸪业就纷纷兴起。我国自 20 世纪 60 年代开始由单纯捕猎进入人工饲养，其中以台湾、广东、广西等地饲养规模较大。

任务一　鹧鸪的品种及生物学特性

一、鹧鸪的品种及形态特征

1. 美国鹧鸪

美国鹧鸪又称石鸡，石鸡头顶至后颈红褐色，额部偏灰色，头顶两侧也有少数浅灰色，眼上眉纹白色沾棕。有一宽的黑带从额基开始经过眼到后枕，然后沿颈侧而下，横跨下喉，形成一个围绕喉部的完整黑圈；眼两颊和喉毛色有黄白色、黄棕色至深棕色，随亚种而不同；耳羽栗褐色，后颈两侧灰橄榄色，上背紫棕褐色或棕红色，并延至内侧肩羽和胸侧；外侧肩羽肉桂色，羽片中央蓝灰色；下背、腰、尾上覆羽和中央尾羽灰橄榄色；外侧尾羽栗棕色，翅上羽和内侧飞羽与上背相似；初级飞羽浅黑褐色，羽轴浅棕色，外翈近末端处有棕色条纹或皮黄白色羽缘；外侧次级飞羽外翈近末端处亦有一浅棕色宽缘；三级飞羽外翈略带肉桂色。颏黑色，下颌后端两侧各具一簇黑羽；上胸灰色，微沾棕褐色；下胸深棕色，腹浅棕色；尾下覆羽亦为深棕色；两肋浅棕色或皮黄色，具 10 多条黑色和栗色并列的横斑。虹膜栗褐色，嘴和眼周裸出部及脚、趾均为珊瑚红色，爪乌褐色。

2. 中华鹧鸪

雄鸟的体长为 282～345 mm，体重 292～388 g；雌鸟体长为 224～305 mm，体重 255～325 g。中华鹧鸪比美国鹧鸪更为俏丽，头顶黑褐色，四周棕栗色，脸部有一条宽阔白带从眼睛前面一直延伸到耳部。在这条白带的上面和下面还镶嵌着浓黑色的边儿，更衬托出它的眉清目秀。身体上的羽毛也别具特色，除颏、喉部为白色外，黑黑的体羽上点缀着一块块卵圆色的白斑，上体的较小，下体的稍大，下背和腰部布满了细窄而呈波浪状的白色横斑；尾羽为黑色，上面也有白色的横斑，色彩对比十分鲜明。它的虹膜为暗褐色，嘴黑色，腿和脚为橙黄色。

二、鹧鸪的生活习性

① 栖息特性。鹧鸪栖息于低山丘陵地带的岩石坡和沙石坡上，很少见于空旷的原野，更不见于森林地带。

② 杂食性。鹧鸪以草本植物和灌木的嫩芽、嫩叶、浆果、种子、苔藓、地衣和昆虫为食，也常到附近农地取食谷物。

③ 群居性。鹧鸪像其他鸡类一样善于结群。鹧鸪飞行的速度很快，常做直线飞行。它们的警惕性极高，总是隐藏在草丛或灌木丛里，极难被发现。受惊后大多飞往高处，这一点与其他鸡类不同。

④ 应激性。光照强度和时间变化、不适宜的温湿度、特殊的气味、噪音等都会引起鹧鸪的恐慌，从而影响食欲、生长和产蛋。

⑤ 活动特性。鹧鸪喜暖怕冷，喜欢沙浴、阳光，喜欢活动于次生林、低矮灌木林、杂木林，尤其喜欢生活在上有稀疏树木遮顶、下有落叶草少的环境。

三、鹧鸪的经济价值

1. 营养价值

鹧鸪肉的营养价值丰富，肉中含有多种人体所需的营养物质，如蛋白质、脂肪和 18 种氨基酸等。因此，鹧鸪可以补充人体所需的营养和能量。鹧鸪还含有锌、锶等微量元素，对于强身健体、壮阳补肾有不错的疗效，是滋补的好食材。

2. 药用价值

① 鹧鸪可以消痰。鹧鸪的味道偏甘，有益于五脏，因此具有开胃、益心神和消痰的功效。对于秋冬干燥，痰多或者口舌干燥的人们尤其适宜食用鹧鸪汤。

② 鹧鸪可以开胃健脾。早在古时，人们就把鹧鸪作为健脾消疳积的良药，治疗小儿厌食、消瘦、发育不良，效果显著。

③ 鹧鸪益于智力发育。妇女在哺乳期间食用鹧鸪，对促进婴儿的体格和智力发育具有明显效果。

④ 鹧鸪可消除疲劳，提高抵抗力。鹧鸪可治贫血，消除眼疲劳，增进人体机能，防风湿和神经疼，消炎镇痛，退热消痛，营养滋补。

⑤ 鹧鸪可缓解疼痛。鹧鸪可以消退老年斑，使皮肤光润，治疗妇女痛经等症。有痛经的女性，可以食用鹧鸪，但需较长时间，才能起到缓解痛经的效果。

⑥ 鹧鸪可防止头发脱落。鹧鸪可防止毛发脱落和变色。因此，对于头发脱落比较严重的人群，可以选择食用鹧鸪汤治疗。

3. 观赏价值。

鹧鸪是一种非常美丽的观赏鸟，具有很高的养殖价值。

任务二 鹧鸪的繁育技术

一、鹧鸪的繁殖特点

鹧鸪一般6~7月龄性成熟，雌鹧鸪比雄鹧鸪性成熟早2~4周。鹧鸪属季节性繁殖动物，在人工控制良好的情况下，繁殖季节可延长，一年四季均可产蛋，年产蛋80~100枚，高产者可达150枚以上。野生情况下，鹧鸪为1雄1雌配对；人工驯化后，平面散养时公、母比例为1∶（2~3），笼养时1∶（3~4），蛋受精率一般可达92%~96%，孵化率达84%~91%。

二、鹧鸪的孵化技术

1. 选蛋

通过天平、照蛋器等工具及外形观察选择合格的种蛋。

2. 种蛋消毒

① 熏蒸法。按每立方米空间喷洒甲醛30 mL、高锰酸钾15 g，熏蒸消毒30 min。

② 新洁尔灭消毒法。将5%的新洁尔灭溶液加水50倍，稀释成0.1%消毒液，用喷雾器直接对种蛋蛋面喷雾。该稀释液切忌与碘化汞、高锰酸钾和碱类化学物品混合使用，以免药液失效。

3. 孵化前准备

① 孵化前的检查。在正式开机入孵前，首先仔细阅读孵化机说明书，熟悉和掌握孵化机的功能属性，对孵化机进行运转检查和温度校对，自动控温湿装置是否正常，报警设备是否有效。确认孵化机运转正常后，调整温湿度达到孵化所需的标准。

② 孵化室和孵化器消毒。入孵前对孵化室的房顶、门窗、地面及各个角落，孵化器的内外、蛋盘、出雏盘进行彻底的清洗、消毒。

③ 种蛋预温。种蛋入孵前要预温12~20 h，使蛋温缓慢升高至30 ℃左右，然后再入孵。

④ 种蛋装盘。将经过选择、消毒、预温的种蛋大头向上略微倾斜地装入蛋盘后，

将蛋盘放入孵化机内卡紧，开始孵化。

三、鹧鸪的雌雄鉴别

4 月龄以内的雌雄鹧鸪在羽毛颜色上没有区别。在养殖过程中，只有公、母搭配合理，才能提高受精率，降低饲养成本。

① 外貌观察法。成年鹧鸪虽从羽毛上无法辨别雌雄，但只要仔细观察可发现雄鸪头部大、方，颈较短，身体略长；雌鸪则个体略小，颈稍细长，身体稍圆。

② 看腿法。幼龄鸪从外观很难区分雌雄，3 月龄后性别差异逐渐明显。主要区别是雄鸪两脚胫下方内侧有大小高低不对称的扁三角形突出，一般 4 月龄左右突出胫表 0.15~0.2 cm；雌鸪大多数两脚无扁三角形突出，少数有突出的也没有雄鸪那样明显。

③ 翻肛法。雄性在翻肛时可见中间有一突起，因年龄不同而大小不同。4 月龄时只有小米粒大小，且为白色，要在强光下仔细看才能观察到，而到 8 月龄时特别明显。雌性翻肛时可见倒“八”字，肛门比较宽松。

此外，雄鸟被抓起时反应较为强烈，两爪前后乱蹬。雌鸟一般只蹬一两下，两爪靠于前胸。

四、鹧鸪的选种

从当年的育成鹧鸪中选择出来的种用鹧鸪一般可使用 2 年。作为种用的第一年，其繁殖期一过，应及时淘汰产蛋量低、繁殖性能差的个体，择优继续作为种用鹧鸪饲养和管理。第二年繁殖期后应予以淘汰。第一次选择应在 1 周龄内，去掉弱雏、畸形雏等，将健壮雏鹧鸪按种用标准进行饲养和管理。第二次选择在 13 周龄。第三次选择在 28 周龄。对成年鹧鸪，注意选择健壮、体形大而不肥胖的个体。个体要求：① 雄鹧鸪体重 600 g 以上，雌鹧鸪体重 500 g 以上；② 肩向尾的自然倾斜度为 45°；③ 行动敏捷，眼大有神；④ 喙短宽稍弯曲；⑤ 胸部和背部平宽且平行；⑥ 胫部硬直有力、无羽毛，脚趾齐全（正常 4 趾）；⑦ 羽毛整齐，毛色鲜艳。

五、鹧鸪的配种

① 大群配种。雄雌比例以 1∶(3~5) 为宜，常采用平养方式进行饲养，配种群的大小以 50~100 只为宜。

② 小群配种。常采用笼养方式，雄雌比例 1∶(3~4)，每笼按 1 雄配 3~4 雌，或 2 雄配 6~8 雌，或 3 雄配 9~12 雌混合饲养，任其自由交配。

③ 个体控制配种。先将一只雄鹧鸪饲养在一个笼内，再捉一只雌鹧鸪放进去，让其自由交配，交配后立即捉出雌鹧鸪，以免损耗雄鹧鸪的精力。雌鹧鸪每 5 天轮回配一次种，即 1 只雄鹧鸪可配 5 只雌鹧鸪。让两只种鹧鸪交配时，雌鹧鸪最好已经有过交配经验，这样交配就会又快又顺利。若让一只老雄鹧鸪与一只年幼的雌鹧鸪交

配，则雄鹧鸪的交尾狂热很容易把雌鹧鸪吓得满笼乱跑，容易损伤雌鹧鸪。

任务三　鹧鸪的饲养管理技术

一、鹧鸪养殖场的建设

建场条件为：地势高燥，排水良好，最好向南或向东倾斜，这样既便于通风采光，又能做到冬暖夏凉；水源充足，水质好，场地四周可栽种些树木；交通便利，便于运输饲料、产品及粪便等；保证供电。

二、鹧鸪的饲养管理

1. 育雏期的饲养管理

（1）饲养方式

饲养雏鸪一般有平养和笼养两种方式。平养投资小，因陋就简，容易管理；但缺点是肠道疾病发生率高，特别是球虫病，在适宜温度、湿度下易暴发；此外，兽害、鼠害等干扰会造成损失和惊群。平养一般用保温伞，地面用木屑作垫料。笼养易管理，可减小挤堆压死的危险，降低肠道病和球虫病发生率，但所需成本较高。目前，育雏笼多由常规的多层专用鸡育雏笼代替，但笼网网眼必须小，避免鹧鸪钻出。笼育在15日龄内用麻布垫底，防止雏鸪发生脚病；麻布需3~4天更换一次，保持清洁卫生。

（2）温湿度

适宜的温度是育雏成功的保证。育雏室内温度要求达25 ℃，育雏器内初始温度以37~38 ℃为宜。详细温湿度要求：1、2、3、4周，温度分别控制在38~36 ℃、35~33 ℃、32~30 ℃、29~27 ℃；相对湿度分别控制在65%~70%、60%~65%、60%~65%、55%~60%。定时记录温度计读数并观察雏鸪的状态，温度适宜时，雏鸪均匀分布且休息时很安静；如果温度偏低，雏鸪靠近热源堆积在一起，鸣叫不安；如果温度过高，雏鸪会远离热源，并张口呼吸，翅膀下垂。雏鸪在休息时喜欢聚在一起，但很安静，与温度偏低时的状态不同，要加以区别。

（3）通风光照

育雏期间，饲养密度较大，通风的要求是在保温的前提下，力求空气清新。光照对鹧鸪的采食、饮水和健康都有影响。为了能使鹧鸪有良好的生长发育条件和生产性能，避免贼风及空气污染、闷热，需要制订合理的光照方案。种用鹧鸪在1周龄内采用24 h光照，光照强度为20 lx。第2周起每天减少1 h光照直至10 h止，光照强度为10 lx。至第3周末可以停止补充人工光照，采用自然光照。肉用鹧鸪要获得理想的生长速度，在1周龄后可采用20 h光照。

（4）饮水

雏鸪出壳24 h内，放入育雏器后就立即提供温开水，并在水中加入预防细菌性疾病的药物（如5.02%土霉素）。如果鹧鸪是从外地引进的，应在饮水中加入含葡萄糖、适量的维生素及电解质的补充液。饮水器不能太大，否则鹧鸪会进入饮水器内弄湿羽毛受凉，诱发疾病。开始时，鹧鸪可能不会饮水。这时，捉一只健壮的鹧鸪把喙浸入水内让其饮水，一旦有个别鹧鸪饮水，其他鹧鸪很快就学会饮水。

（5）开食

雏鸪饮水后即可用碎粒料开食，用浅平盘或直接把料撒在麻布上。食盘要充足并均匀放置，在最初两三天内要做到少喂勤添，一天应饲喂6~8次，饲喂次数随日龄增加而减少，喂料量随日龄增加而增加。

（6）密度

饲养密度的大小与生长速度、疾病有一定的关系。适宜的饲养密度为10日龄前80只/m^2，10~28日龄50只/m^2，4~10周龄30只/m^2，10周龄后15只/m^2。

（7）消毒防疫

保持鸪舍内外环境卫生，水槽、食槽每天清洗1~2次，每2天用0.01%的高锰酸钾溶液消毒1次；每天清扫粪便2次；舍内消毒每周2次，夏季每周消毒3次。10~15日龄接种新城疫疫苗，2~3周龄用药防治急性球虫病发作。

2. 育成期的饲养管理

育雏至6周龄后进入中鸪阶段，就可以完全脱温，转至育成笼或育成舍饲养。商品肉用鸪以笼养为宜，因为笼养有利于管理，生长速度快，密度高而且疾病少。种用鸪则以地面平养为宜，因为平养可充分让其活动，还可多晒太阳，增强其活力，有利于繁殖；但平养的缺点是鸪易患球虫病、黑头病、沙门氏杆菌病。转群前后应注意：① 育成舍必须彻底清洗干净并严格消毒；② 转群后一星期内必须用消毒剂每天对鸪舍消毒一次；③ 转群前后必须在饲料或水中加抗应激药物和多维，必要时还要添加抗生素和抗球虫剂；④ 供应充足的饲料和饮水，保证每只育成鸪能及时吃到料和水。

（1）商品肉用鹧鸪的饲养管理

① 营养。6~13周龄的鹧鸪营养摄入以高能、高蛋白为宜，粗蛋白20%、能量12.142 MJ/kg以上；给予合理的营养及管理，饲养至80~90日龄，一般体重可达500 g。饲料配方：玉米42%，食盐0.4%，添加剂0.6%，小麦粉5%，豆饼36%，鱼粉13.5%，骨粉1%，贝壳粉1.5%。

② 光照。为了让鹧鸪充分提高采食量，可采用23 h光照，光照强度10 lx。

③ 密度。一般平养的密度为15~20只/m^2，笼养的密度为25~30只/m^2。

（2）后备种用鹧鸪的饲养管理（6~28周龄）

此阶段给予合理的饲养管理，可获得健康、强壮、体重适当的后备种用鹧鸪，使其繁殖率达到较高的水平。

① 饲养方式。饲养方式为地面平养和笼养。地面平养需设与室内面积比例为1∶1的运动场，并安装尼龙网或铁丝网防止逃逸，运动场一角设沙浴池，饲养密度

为 8~10 只/m^2。笼养饲养密度以 15 只/m^2 为宜。

② 营养需要。产蛋前体重应达到：雌鸪 450~500 g、雄鸪 550~600 g，不过肥过瘦。因此，营养水平不宜太高，饲料中的能量含量为 11.514 MJ/kg、蛋白质占 16%即可。中鸪期要控制体重，方法是定期称重和控制饲喂。根据鹧鸪的强弱、大小和雌雄进行分群饲喂；对发育不良，体重达不到要求的个体及时淘汰。

③ 光照。以自然光照为主，光照强度为 10 lx。

3. 产蛋期的饲养管理

（1）饲养方式。饲养方式为地面平养和笼养。地面平养设运动场，每群以 50~100 只为宜，饲养密度 8~10 只/m^2。舍内阴暗处设产蛋箱。笼养为三层重叠式，每只笼的大小（长×宽×高）为 160 cm×70 cm×45 cm，可放雄鸪 3 只，雌鸪 9 只，组成一个繁殖群。

（2）营养需要。适当提高产蛋鹧鸪配合料营养水平，其中粗蛋白质 18.2%、粗纤维 2.9%、钙 2.3%、磷 0.69%。另外，产蛋鹧鸪饲料品种不能多变，而且质量要有保证，禁止喂发霉变质饲料。同时要求饲喂程序不宜随意变动，喂料数量及配合料营养水平可随产蛋量上升适当增加，但其变化应当遵循渐进过程，不能突然改变。

任务四　鹧鸪常见疾病的防治

一、黑头病

【病因】 黑头病又叫盲肠肝炎，是由黑头组织滴虫引起的急性传染病。如果治疗不及时，病死率很高，尤其是幼雏。黑头组织滴虫大部分寄生在盲肠，被盲肠虫所吞食，通过盲肠虫的肠壁转至盲肠虫的卵巢内增殖，包在盲肠虫的虫卵内，随粪便排出，鹧鸪因吃了被污染的饲料而被感染。

【临床症状】 病鹧鸪食欲不振、翅膀下垂、体重减轻、粪便呈黄色水样，且含有干酪样盲肠块。剖检可见盲肠内壁出现小血斑，盲肠腔内充满白色干酪样物质，肝脏肿大，肝组织深部有椭圆形的黄色或黄绿色凹入的病害区。

【预防】 ① 鹧鸪场不要设在近两年内养过鸡的场地，也不要接近其他禽场，更不应在鹧鸪场内同时养殖其他鸟类。② 搞好清洁，定期消毒。非鹧鸪场的人员，尤其是饲养其他禽类的饲养员，不能随便进入鹧鸪场。

【治疗】 ① 每千克饲料加入二甲硝哒唑 0.4~0.7 g 喂服。

② 用卡巴砷，按饲料量的 0.07%拌入喂服，治疗时则加 1 倍。

③ 用可溶性思特米尔粉末，加入饮水中或用思特里米克拌入饲料中喂服。

二、白痢病

【病因】 鹧鸪白痢病是鸡白痢沙门氏杆菌引起的一种传染病。幼雏较多发生，成年鹧鸪发病较少，但成年鹧鸪一旦感染后，便成为带菌者；带菌的母鹧鸪和病雏，为传染的主要来源。

【临床症状】 病鹧鸪怕冷、聚堆、厌食、翅膀下垂、拉白色糊状稀粪，肛门周围羽毛常被粪便粘连，结成白色块状，将肛门堵塞，造成死亡，雏鸟病死率较高。

【预防】 ① 孵化前，种蛋、孵化器及用具等均须先行消毒，以减少感染。② 搞好清洁卫生，鸟舍特别是育雏室在进雏前，要进行彻底的消毒。③ 刚出壳 5 日龄的幼雏，用 0.004‰土霉素拌料，或用 0.002‰土霉素水溶液喂服。

【治疗】 可在饲料中添加 0.002‰的呋喃唑酮喂服，每天 1 次，连喂 5 天。

三、副伤寒

【病因】 副伤寒是由沙门氏杆菌引起的一种急性败血性传染病。此菌常存在于鹧鸪的胃肠道中，当鹧鸪营养不良、饲料变质、环境变劣时，容易诱发该病。

【临床症状】 病鹧鸪精神不振，厌食，不爱活动，离群呆立，低头闭眼，翅膀下垂，拉淡黄或黄绿稀粪，肛门周围的毛常被稀粪粘连，急性的 2~3 天死亡，慢性的会逐渐消瘦。

【预防】 刚出壳的幼雏，用诺氟沙星饮水预防。

【治疗】 常用氟本尼考等拌料，连用 3~5 天。

四、新城疫

【病因】 新城疫是由新城疫病毒侵入鹧鸪体内而引起的一种急性败血性传染病，主要通过消化道和呼吸道感染。

【临床症状】 病鹧鸪体温升高、食欲减退，精神不振、离群呆立、头颈紧缩、羽毛松乱、拉黄绿色的恶臭粪便、口中流出液体；后期有神经症状、呼吸困难、翅膀下垂，一般经 2~4 天死亡，病死率很高。剖检腺胃、肠道及卵巢有明显的出血点。

【预防】 加强饲养管理，搞好卫生，定期消毒和防疫注射，预防效果较显著；现在效果较好的疫苗有鸡新城疫 I 系疫苗，适用于 1 月龄内的幼雏，接种后 1 周产生免疫力，保护期 1 个月左右。

【治疗】 采用新城疫克隆 30 活疫苗大剂量（3 羽份/只~5 羽份/只）肌注，并辅以对症治疗，以及 0.1%菌毒净带鸪消毒，饮用含适量多维的 0.1%维生素 C 和 10%葡萄糖水，可收到较好治疗效果。

五、球虫病

【病因】 球虫病是由球虫引起的急性原虫病，是禽类最常见的一种肠道寄生虫病。

【临床症状】 病鹧鸪不爱走动，翅膀下垂，闭眼假眠，食欲减退，消瘦，贫血，口渴，排血粪，呈棕红色或拉鲜血，严重者不能行走，有的呈昏迷状态，直至死亡。

【预防】 搞好栏舍、鹧鸪笼的清洁卫生，保持鹧鸪舍干燥，定期进行消毒，每天清除粪便。

【治疗】 ① 每千克饲料拌入45%球安0.15~0.25 g，喂服3天。

② 每千克饲料中拌入土霉素0.5 g，喂服3天。

六、溃疡性肠炎

【病因】 溃疡性肠炎是由肠道梭菌，也叫鹑杆菌引起的一种传染病。主要通过消化道感染，苍蝇是该病的主要传染媒介。喂给腐败和不清洁的饲料或鹧鸪舍长期潮湿，易诱发该病。

【临床症状】 病鹧鸪精神不振，食欲减退，喜欢饮水，消瘦，初期拉白色水样稀粪，以后转为绿色或褐色稀粪，剖检病鹧鸪，可见十二指肠、小肠有出血性炎症，并常有坏死性。

【预防】 搞好清洁卫生，及时清理粪便，定期对鹧鸪舍进行消毒，对病鹧鸪隔离治疗。

【治疗】 ① 用杆菌肽锌，按每千克饲料加入0.5~2 g喂服。

② 在饲料中加入0.04%呋喃唑酮，或在饮水中加入0.02%呋喃唑酮，连喂7天，拌料喂服，应注意充分拌匀。

复习思考

1. 简述鹧鸪雌雄鉴别技术。
2. 简述商用鹧鸪的饲养管理要点。
3. 简述鹧鸪的日常管理。

项目七
肉鸽的养殖技术

学习目标

1. 了解肉鸽的生活习性。
2. 掌握肉鸽的繁育技术、饲养管理技术。
3. 掌握肉鸽常见疾病的防治技术。

任务一　肉鸽的品种及生物学特性

一、肉鸽的品种

1. 王鸽

王鸽原产于美国，成年鸽体重为0.75~0.9 kg，大的公鸽可达1 kg以上；繁殖力强，母性较好，在较好的饲养条件下，每年可繁殖乳鸽8窝。

2. 卡奴鸽

卡奴鸽成年公鸽体重达0.7~0.8 kg，母鸽达0.6~0.7 kg，上市乳鸽体重可达500 g左右；性情温和，繁殖力强，年产乳鸽8~10对，高产的达12对以上。其就巢性能、育雏性能良好，换羽期间也不停产。此鸽种生长发育快，喂料省，喜欢每天饱食一顿，饲养管理方便，故省工、省料、成本低。作为肉用品种，以白羽卡奴鸽、绛羽卡奴鸽为最佳。其他像黑色、褐色均不合规格，这是因为乳鸽屠体皮肤呈黑色，不受食用者欢迎。

3. 石岐鸽

石岐鸽原产于广东中山市石岐，由引入肉鸽与中国鸽杂交育成。公鸽体重0.75~0.9 kg，母鸽为0.75 kg左右，是我国大型肉鸽种之一，年产蛋7~8窝。其特点是耐粗放饲养，性情温顺，并以肉嫩、骨软和味美而著称。

二、肉鸽的形态特征

鸽子属鸟纲、鸽形目、鸠鸽科、鸽属。鸽子的祖先是野生原鸽，肉鸽是人们经过长期选育而形成的品种。由于体形大，又不善飞翔，饲养目的主要为肉用。因此，称其为“肉鸽”。肉鸽，也叫乳鸽，是指4周龄内的幼鸽，其特点是体形大。肉鸽躯干呈纺锤形，胸宽且肌肉丰满；头小呈圆形，鼻孔位于上喙的基部，且覆盖有柔软膨胀的皮肤，鸽的这种皮肤形态特征称为蜡膜或鼻瘤。幼鸽的蜡膜呈肉色，在第二次换毛时渐渐变白。眼睛位于头的两侧，视觉灵敏。颈粗长，可灵活转动。腿部粗壮，脚上有4个趾，第一趾向后，其余3趾向前，趾端均有爪。尾部缩短成小肉块状突起，在突起上着生有宽大的12根尾羽。鸽子的羽毛有纯白、纯黑、纯灰、纯红及黑色相间的“宝石花”“雨点”等。

三、肉鸽的生活习性

（1）晚成性

刚孵出的乳鸽（又称雏鸽），身体软弱，眼睛不能睁开，身上只有一些初生绒毛，不能行走和觅食。亲鸽以嗉囊里的鸽乳哺育乳鸽，需哺育一个月，乳鸽才能独立生活。

（2）一夫一妻

成鸽对配偶是有选择的，一旦配偶后，公、母鸽总是亲密地生活在一起，共同承担筑巢、孵卵、哺育乳鸽、守卫巢窝等职责。配对后，若飞失或死亡一只，另一只需很长时间才重新寻找新的配偶。

（3）有驭妻习性

鸽子筑巢后，公鸽就开始迫使母鸽在巢内产蛋，如母鸽离巢，公鸽会不顾一切地追逐，啄母鸽让其归巢，不达目的决不罢休。这种驭妻行为的强弱与其多产性能有很大的相关性。

（4）植食性

肉鸽以玉米、稻谷、小麦、豌豆、绿豆、高粱等为主食，一般没有吃熟食的习惯。在人工饲养条件下，可以将饲料按其营养需要配成全价配合饲料，即以“保健沙”（又称营养泥）为添加剂，再加些维生素，制成直径为3~5 mm的颗粒饲料，鸽子能适应并较好地利用这种饲料。

（5）记忆力和归巢性较强

鸽子记忆力极强，对方位、巢箱及仔鸽的识别能力尤其强，甚至经过数年的离别，也能辨别方向，飞回原地，在鸽群中识别出自己的伴侣。对经常接触的饲养人员，鸽子也能建立一定的条件反射，特别是对饲养人员在每次饲喂中的声音和使用的工具有较强的识别能力。持续一段时间后，鸽子听到这种声音，看到饲喂工具后，就能聚于食器一侧，等待进食。相反，如果饲养员粗暴，经过一段时间后，鸽子一看到这个饲养员就纷纷逃避。

（6）适应性、警觉性强

鸽子在热带、亚热带、温带和寒带均有分布，能在±50 ℃气温中生活，抗逆性特别强，对周围环境和生活条件有较强的适应性。鸽子具有较高的警觉性，若受天敌（鹰、猫、黄鼠狼、老鼠、蛇等）侵扰，就会发生惊群，极力企图逃离笼舍，逃出后便不愿再回笼舍栖息。在夜间，鸽舍内的任何异常响声，也会导致鸽群的惊慌和骚乱。

四、肉鸽的经济价值

1. 肉用价值

肉鸽营养丰富、肉用价值高，是高级滋补营养品。肉质细嫩味美，为血肉品之首。经测定，乳鸽含有 17 种以上氨基酸，氨基酸总和高达 53.9%，且含有 10 多种微量元素及多种维生素。因此，鸽肉是高蛋白、低脂肪的理想食品。

2. 药用价值

肉鸽有很好的药用价值，其骨、肉均可以入药，能调心、养血、补气，具有预防疾病、消除疲劳、增进食欲的功效。

任务二 肉鸽的繁育技术

一、肉鸽的繁殖特点

1. 繁殖周期

肉鸽的一个繁殖周期大约为 45 天，分为配合期、孵化期、育雏期 3 个阶段。

① 配合期。幼鸽饲养 50 日龄便开始换第 1 根主翼羽。以后每隔 15～20 天换 1 根。换羽的顺序由内向外。一般换到 6～8 根新羽时便开始性成熟。这时 5～6 月龄（早熟的 4 个多月龄），性成熟的种鸽就会表现出求偶配对行为。配对可顺其自然，也可人工配对。将公、母配成一对关在一个鸽笼中，使它们相互熟悉产生感情以至交配产蛋，这一时期称为配合期。大多数鸽子都能在配合期培养出感情，成为恩爱夫妻，共同生活，共同生产。此阶段为 10～12 天。为了延长种用年限，通常在 3 月龄左右性成熟前将公、母分开饲养，防止早配。适宜的配对年龄一般是 6 月龄左右。种鸽配对后，一周左右就开始筑巢产蛋。

② 孵化期。公、母鸽配对成功后，两者交配并产下受精蛋，然后轮流孵化的过程称为孵化期。孵化期 17～18 天。孵化工作由公、母鸽轮换进行，公鸽负责早上 9 时至下午 4 时左右的抱窝工作，其余时间则由母鸽抱窝。抱窝的种鸽有时因故离巢，另一只也会主动接替。

③ 育雏期。育雏期指自乳鸽出生至能独立生活的阶段。种蛋孵化 17 天就开始啄壳出雏，如果啄壳痕迹呈线状，大多能顺利出壳；如呈点状，则极可能难产，这时可

用水蘸湿胚蛋使壳质变脆以利于出壳，否则啄壳约 20 h 后应人工剥壳助产。雏鸽出壳后，父母鸽随之产生鸽乳。雏鸽一直由双亲哺喂鸽乳，到 28 日龄左右才能独立生活。育雏的最初 10 天，嗉囊分泌物中含有大量蛋白质和消化酶，能满足雏鸽生长发育需要。从 10 日龄开始，父母鸽哺喂的食糜基本上是软化的饲料，所以人工育雏一般从第 15 日龄左右才开始，而前 10 天人工育雏是很难的，成活率很低。在这期间，亲鸽又开始交配，在乳鸽 2~3 周龄后，又产下一窝蛋，这一阶段需 20~30 天。在正常情况下，肉鸽的繁殖周期为 45 天，但若饲养管理技术好，繁殖周期可缩短至 30 天，饲养管理条件差的也可能达 60 天或更长时间。因此，要提高经济效益，就应不断改进饲养管理技术，缩短肉鸽的繁殖周期。

2. 提高肉鸽繁殖率的方法

① 选择优良种鸽。理想的高产种鸽年繁殖肉鸽 8~10 对（应在 6 对以上），否则获利很少。另外，种鸽的性情是否温顺，对孵化和育雏影响很大。一般性情温顺的鸽子，孵化、育雏能力也较强。

② 选体重重的种鸽配对生产。在肉鸽生产中，要求种鸽年产乳鸽 6 对以上，生产的乳鸽个体要大（4 周龄体重达到 600 g 以上）。一般体重重的种鸽，生产的乳鸽体重也较重。因此，要生产出符合要求的乳鸽，应选体重较重的种鸽配对。

③ 加强饲养管理。在饲养管理中，饲料、保健沙的营养要全面，并充分供给；保证供给清洁、充足的饮水；保证鸽舍安静，少惊动孵蛋鸽，以降低损耗率和雏鸽的死亡率。

④ 缩短换羽期。应注意选择换羽期短或换羽期持续产蛋的鸽留种，这是提高繁育的有效措施。

3. 鸽蛋孵化与保姆鸽使用

① 自然孵化。孵蛋和哺育仔鸽是鸽子的天性，自然孵化是鸽子繁殖后代的本能。正常情况下，鸽子在产下第二枚蛋后便开始孵化，公、母鸽轮流孵蛋，直至仔鸽出壳。孵化期间，亲鸽注意力特别集中，对外界的警戒心特别高，所以一般不要去摸蛋或偷看孵蛋，禁止外人进鸽舍参观；保持鸽舍环境安静，让亲鸽安心孵蛋。

② 人工孵化。a. 取蛋。应在每天晚上 8:00 以后，对所有种鸽所产的蛋全部取出，并把蛋窝一起取走，以免种鸽恋巢抱窝，影响下一轮产蛋。取蛋时，给种蛋做记录并建立档案。鸽蛋取出后，可先暂存也可以直接放入孵化机。鸽蛋保存温度为 5~10 ℃，保持空气流通，如有条件，可将种蛋放在恒温 18 ℃的保温箱中保存。b. 孵化。孵化温度全程控制在 38.3~38.8 ℃，比孵化鸡蛋高 0.5~1 ℃，相对湿度为 50%~55%，每天翻蛋 4~6 次。孵化到第 12 天后，要每天抽出蛋盘 1 次，凉蛋至 30 ℃后放回孵化机。c. 照蛋。鸽蛋孵化到 5 天后，进行第一次照蛋，目的是把无精蛋和死胚蛋及时取出。到第 10 天进行第 2 次照蛋。孵化到第 16 天时，进行第 3 次照蛋，及时取走死胚蛋。孵化到 17~18 天，雏鸽开始出壳。

③ 保姆鸽的使用。将需要代孵的蛋或代哺的乳鸽拿在手里，手背向上，以防产鸽啄破蛋或啄伤、啄死仔鸽，趁保姆鸽不注意时轻轻将蛋或乳鸽放进巢中，这样，保姆鸽就会把放入的蛋或乳鸽当作自己的而继续孵化和哺育。

二、肉鸽的年龄鉴别

肉鸽的年龄鉴别见表 7-1。

表 7-1　肉鸽的年龄鉴别

部位	成年鸽	幼龄鸽
喙	喙末端钝、硬而圆滑	喙末端软而尖
嘴角结痂	结痂大，有茧子	结痂小，无茧子
鼻瘤	鼻瘤大，粗糙无光	鼻瘤小，柔软有光泽
眼圈裸皮皱纹	皱纹多	皱纹少
脚及趾甲	脚粗壮，颜色暗淡，趾甲硬钝	脚细，颜色鲜艳，脚趾软而尖
鳞片	脚胫上鳞片硬而粗糙，鳞纹界限明显	鳞片软而平滑，鳞纹界限不明显
脚垫	厚、坚硬、粗糙、侧偏	软而滑，不侧偏

三、肉鸽的雌雄鉴别

肉鸽的雌雄鉴别见表 7-2。

表 7-2　肉鸽的雌雄鉴别

项目	雄鸽	雌鸽
胚胎血管	粗而疏，左右对称，呈蜘蛛网状	细而密，左右不对称
同窝乳鸽	生长快，身体粗壮，争先受喂，两眼间距宽	生长慢，身体娇细，受喂被动，两眼间距窄
体形特征	体大而长，颈粗短，头顶隆起呈四方	体小而短圆，颈细小，头顶平
眼部	眼睑及瞬膜开闭速度快而有神	开闭速度迟缓，眼神差
鼻瘤	大而宽，中央很少有白色内线	小而窄，中央多数有白色内线
颈和嗉囊	较粗而光亮，金属光泽强	较细而暗淡，金属光泽差
发情求偶表现	追逐雌鸽，鼓颈扬羽，围雌鸽打转，尾羽展，发出“咕咕”呼唤，主动求偶交配	安静少动，交配时发出“咕嘟噜”的回声，交配被动
骨盆、耻骨间距	骨盆窄，两耻骨相距约一手指宽	骨盆宽，两耻骨相距约两手指宽
肛门形态	从侧面看，下喙短，并受上喙覆盖，从后面稍微向上	从侧面看，上喙短，并受下喙覆盖，从后面两端稍微下降

续表

项目	雄鸽	雌鸽
触压肛门	右手食指触压肛门，尾羽向下压	尾羽向上竖起或平展
主翼羽	7~10 根，末端较尖	7~10 根，末端较钝
尾脂腺	多数不开叉	多数开叉
鸣叫	叫声长而清脆	叫声短而尖
脚胫	粗壮	细小
性情	驱赶同性生鸽，喜欢啄斗厮打	温柔文雅，避让生鸽

四、肉鸽的选种

① 外形。选择前胸匀称开阔，整个身体呈现较好流线型的；羽毛摸起来要柔滑细腻，上手后还要有较好的上浮感；上手之后看龙骨的强壮和结实程度，是否厚实，有没有尖锐感，优质上等种鸽的龙骨胸部有收起的弧形，与耻骨紧密结合。

② 眼睛。鸽子眼睛里面的“五个圆”一定要层次分明，并且还要有很明显的阶梯层次。第一层次的瞳孔一定要灵活，其他的几个圆更要近距离观察。

③ 体况。选择健康的、很少生病的、抗病能力强的肉鸽。

④ 选择身体恢复快的鸽子。例如，育雏的时候稍微消瘦，后期很快就恢复，状态依然很好，这样的鸽身体恢复能力就很好。

五、肉鸽的繁殖

1. 配对

肉鸽出生至发育完全，约需 4 个月时间，有的早熟品种仅需 3 个月。这时，鸽子变得活跃，情绪不稳，凌晨叫声比寻常嘹亮。若公、母鸽放在一起，则相互撩拨，以啄相吻，说明鸽子已经性成熟，应及时放对交配。肉鸽繁殖有自然配对法和强制配对法。自然配对法就是让成群的鸽各自找对象，双双成对。这种方法易造成同胞交配，使品种退化，不利于取得优质后代。强制配对法是按配种计划将公、母鸽强制放入笼中，可起到严防近亲繁殖的作用。实施人工配对时，可以人为地将选择好的公、母鸽放在一个笼中，在笼的中间先用铁丝网隔开；经过隔网相望，互相熟悉；12 天左右后，公、母鸽亲近时，抽去隔网即配成对。配对成功后套上脚号移至种鸽舍的舍笼中。一般实行年长公鸽或母鸽与年轻的母鸽或公鸽配对，其后裔遗传品质较好。

2. 筑巢

配对后的肉鸽会迅速开始筑巢。一般由公鸽衔草筑巢（也可由鸽主事先筑巢）。笼饲时可设塑制巢盆，上铺一麻袋片。公鸽开始严厉限制母鸽行动，或紧追母鸽，至产出第二枚鸽蛋时停止上述跟踪活动。

3. 交配

在正式交配前，鸽均有一些求偶行为，以公鸽为主动。表现为头颈伸长，颈羽矗立，颈部气囊膨胀，尾羽展开成扇状，频频点头，发出“咕咕”声，跟在母鸽后亦步亦趋；或以母鸽为中心，做出画圈步伐，逐渐靠拢母鸽。如母鸽愿意，会将头靠近公鸽颈部，有时还从公鸽嗉囊中吃一点食物，表示亲热。经一番追逐、逗、调情、接近后，便行交配。

4. 产蛋

一般每窝连产 2 枚蛋。第一天下午产下第一枚蛋，第二天停产，第三天中午产下第二枚蛋。

5. 孵化

孵化多在产蛋后开始，公、母鸽轮流孵蛋。公鸽在上午 9 时左右替换母鸽出来吃料、饮水，然后下午 4 时左右再由母鸽进去孵蛋，直至第二天上午由公鸽接替。

任务三　肉鸽的饲养管理技术

一、肉鸽养殖场的建设

1. 选址

针对鸽子的五怕：怕湿、怕闷、怕暗、怕脏、怕天敌，建舍要求地势高燥，通风良好，阳光充足，清洁卫生，能防天敌，坐北朝南，偏东 5°~10°为好。

2. 鸽舍

鸽舍分两种：① 种鸽舍，又称生产鸽舍。可利用普通房屋，也可专门建造简易列式鸽舍，舍内放置立体式多层鸽笼。② 青年鸽鸽舍。可利用旧房，以小群群养为好，最好每间 10~15 m^2，舍高 2~2.2 m。鸽舍最好连接运动场，运动场用铅丝网或尼龙网围住。青年鸽鸽舍内不设鸽笼，只设一些栖架，过集体生活。

3. 鸽笼、鸽具

① 鸽笼。生产鸽以笼养为好，多采用 3 层为主，单笼饲养，每个单笼宽 50 cm、深 50 cm、高 45 cm。笼内设巢盆架和巢盆，笼边挂食槽、饮水器、保健沙杯。一般 6 个单笼成一组，可为竹木结构，也可为铅丝及三角铁结构。

② 鸽具。鸽具包括鸽巢、食槽、保健沙杯、饮水器、栖架、脚环等。鸽巢可用木条、塑料水果盘，直径 18~22 cm、边高 4~5 cm，内底用软干草等作垫料，巢盆供生产鸽孵化育雏用。脚环高约 1 cm，戒指状，孔径 8~9 mm，有塑料、铅制两种，打印编号，便于记录。一般作种用的雏鸽，均应在 7~10 日龄时就套上脚环。

二、肉鸽的饲养标准

肉鸽的饲养标准见表 7-3。

表 7-3 肉鸽的饲养标准

项目	青年鸽	非育雏期种鸽	育雏期种鸽
代谢能/(MJ/kg)	3.3	3.5	3.6
粗蛋白占比/%	13~14	14~15	17~18
粗脂肪占比/%	2.7	3	3~3.2
粗纤维占比/%	3.5	3.2	2.8~3.2
钙占比/%	1	2	2
磷占比/%	0.65	0.85	0.85

三、保健沙的配制和使用

1. 保健沙的作用

肉鸽一般为笼养或者舍养，不能放飞，不能在野外自由觅食获取矿物质和微量元素，为弥补其生长发育所需，使用保健沙可以增强肉鸽体质，保证鸽体健康，促进生长发育，提高其繁殖能力。

2. 保健沙配制

保健沙的配方很多，每个鸽场都有自己的配方，而且互相保密，其中的成分有的10多种，有的仅几种，每种成分在配方中的百分比差异很大。参考配方一：贝壳粉37%，熟石灰7%，木炭1%，盐5%（冬季4%，夏季5%~6%），细沙30%，黄泥20%。参考配方二：贝壳粉30%，熟石灰15%，木炭1%，盐5%，细沙23%，黄泥26%，另加龙胆草25 g，甘草25 g，氧化铁红50 g。参考配方三：贝壳粉30%，熟石灰2%，砖末2%，木炭粉3.5%，食盐4%，生长素2%，龙胆草0.7%，二氧化铁0.2%，多种维生素0.2%，赖氨酸1.5%，大麦粉0.6%，微量元素0.5%，红土20%，细沙32.8%，另加氧化铁红50 g。按配方中的百分比分别称取各种原料放在一起，充分搅拌均匀后制成不同的类型即可使用。

3. 保健沙类型

① 粉型。按比例称取各种原料，堆放在一起，充分搅拌混匀即可。

② 球型。把所有原料称好后，按料水比例5：1加水，搅拌调和，使所有的粉料都均匀湿透后，用手捏成重200 g左右的圆球，放在室内阴干2~3天后备用。

③ 湿型。在配制时，暂不加入食盐，先把其他原料称好拌匀，再把应加的食盐溶化成盐水倒入粉状保健沙中，拌匀即可。

4. 保健沙的使用

保健沙应每天定时定量供给。上午喂料后再喂给保健沙1次。每对种鸽每次供给15~20 g，育雏期种鸽多给些，青年鸽和非育雏期种鸽少给些。10日龄以上的乳鸽每日约采食15 g。

5. 注意事项

使用土霉素、四环素治疗鸽胃肠道疾病时，要禁用保健沙。因为保健沙中的石粉、骨粉、贝壳粉和蛋壳粉等钙制剂会影响铁的吸收，从而降低药效。饲喂菠菜时，不能再喂保健沙。因菠菜中含有草酸，易与消化道中含钙添加剂的钙离子结合为不溶性草酸钙，阻碍鸽机体对钙离子的吸收。饲喂保健沙时，还可加入维生素、氨基酸等，或得病时拌入药物进行群体预防治疗。但应注意鸽群数量，控制饲喂量，并保持新鲜，现配现用。

四、肉鸽的饲养管理技术

1. 日常管理

① 饲喂。每天要定时定量给肉鸽投喂饲料。每天投喂 2 次，即上午 8 时和下午 4 时各投喂 1 次。每次每对种鸽投喂 45 g，育雏鸽中午应多投喂 1 次。投喂量视乳鸽大小而定，一般乳鸽 10 日龄以上的上午和下午各喂 70 g，中午喂 30 g。

② 饮水。全天供给充足清洁的饮水。肉鸽通常是先吃饲料后饮水，没有饮过水的亲鸽是不会哺育雏鸽的。一对种鸽日饮水量约 300 mL，育雏种鸽的饮水量会增加 1 倍以上，热天饮水量也相应增多。因此，应整天供给肉鸽清洁卫生的饮水，让其自由饮用。

③ 清洁卫生。群养鸽每天都要清扫粪便，笼养种鸽每 3~4 天清粪 1 次。

④ 勤于观察。对肉鸽的采食、饮水、排粪等认真观察，做好每天的查蛋、照蛋、并蛋和并雏工作，并做好必要的记录。

⑤ 定时洗浴。天气暖和时每天洗浴 1 次，炎热时每天 2 次；天气寒冷时，每周 1~2 次。单笼笼养的种鸽洗浴较困难，洗浴次数可少些，可每年安排 1~2 次专门洗浴，并在水中加入敌百虫等药物，以预防和杀灭体外寄生虫。洗浴前必须让鸽子饮足清水，以防鸽子饮用洗浴用药水。

⑥ 定期消毒。水槽、饲槽除每天清洁外，每周应消毒 1 次。鸽舍、鸽笼及用具在进鸽前可用 2∶1 的甲醛和高锰酸钾熏蒸消毒；舍外阴沟每月用生石灰、漂白粉或敌敌畏等消毒并清理；乳鸽离开亲鸽后，应清洁消毒巢盘备用。

⑦ 保持鸽舍环境安静。谢绝外来人员参观，工作人员进出饲养舍、打扫卫生和投喂饲料等操作时，动作要轻，并严禁其他动物进入鸽舍。

⑧ 保持鸽舍环境干燥。经常保持鸽舍干燥，尤其是在梅雨季节，更要做好除湿防潮工作。保持鸽舍内通风透气。在梅雨季节或回潮季节要关闭门窗，并在舍内放置生石灰吸湿。

⑨ 严格实行卫生防疫制度。定期检疫，并根据本地区及本场的实际情况，对常见鸽病发生的年龄及流行季节等制定疫病预防措施，发现病鸽及时隔离治疗。

2. 乳鸽饲养管理

① 留种乳鸽及时戴上脚环。当乳鸽达到 1 周龄时，如果需要留种，就需要给乳鸽戴上脚环，脚环上标注出生日期、戴环时的体重及编号。

② 加强种鸽的饲喂。乳鸽出壳后宜喂小粒饲料以利于消化，如绿豆、糙米、小粒玉米、小麦、芝麻、油菜籽等。饲料要清洁不霉变。要增加种鸽的饲喂次数，延长每次的饲喂时间，使亲鸽有充足的采食时间和哺喂时间。

③ 加强乳鸽护理。保持 2 只乳鸽均匀生长。一对乳鸽一大一小，应给较小乳鸽喂一些保健沙以加强胃的吸收能力。或者及时将大的那只乳鸽暂时隔离，让弱小的那只获得较多的哺喂料；也可以把 2 只乳鸽的栖位调换。经过几天，两鸽体重相近时就不必再特殊照顾。另外，注意不要让粪便污染乳鸽。

④ 加强单仔鸽的调整。一对乳鸽中途死亡 1 只，可将乳鸽放到相同日龄或相近日龄的另一窝单仔窝里。这一过程应在夜间进行，以防被啄伤。乳鸽出壳 3 日内不要惊动种鸽，以防踩死乳鸽。

⑤ 注意饮水的清洁。每天早晨清扫鸽舍后将饮水槽洗净，盛上洁净饮水。每隔 4~5 天将饮水槽用 0.2%高锰酸钾水溶液清洗消毒，经常用 0.1%高锰酸钾水溶液供种鸽饮用，可预防乳鸽胃肠炎和嗉囊炎。

⑥ 及时出售商品乳鸽。25~28 日龄的商品乳鸽即可上市销售。

3. 童鸽饲养管理

童鸽是乳鸽离开亲鸽的照料，自己独立生活的鸽，对新环境有一个适应过程，身体的机能也会发生较大的变化，因此，童鸽的管理更需要认真细心。

① 小群饲养。刚离开亲鸽的童鸽，生活能力还不强，有的采食还不熟练，因此，童鸽最好采用小群饲养，防止相互争食打斗，确保弱小的童鸽吃足、吃到蛋白饲料。有条件的养殖场可建设专用的童鸽舍和网笼，一般群养密度为 6 只/m^2，也有的养殖场将童鸽养殖在鸽笼内，每笼 3~4 只。

② 供给较高营养水平的饲料。当童鸽刚刚被转移到新鸽舍时，有些对新的环境不适应，情绪不稳，不思饮食。对于此种情况，可先停止饲喂几个小时至十几个小时，让它见到其他鸽在饲料槽中得到食物，激发童鸽的“从众”行为，使之跟着采食饲料。童鸽应尽量供给颗粒较细的、质量好的饲料。最初几天可用开水将饲料颗粒浸泡软化后饲喂，以便于童鸽消化吸收。由于童鸽采食量较小，饲料中蛋白质饲料的比例应稍高，以满足其生长发育需要。童鸽期饲料供应可以不限量，但应注意少添勤喂。

③ 帮助消化。童鸽消化机能较差，有的童鸽吃得太饱容易引起积食，可灌服酵母片帮助消化。一般每只童鸽每天供应保健沙 5 g 左右，需定时供应。保健沙颗粒不宜过大，可添加适量酵母粉和中草药粉，既帮助消化，又增强抵抗力。

④ 营造舒适的环境。舍内环境温度一般控制在 25 ℃左右，避免强风直吹，冬季

可用红外线灯泡加热增温。夏季控制蚊子叮咬，最好用纱窗阻挡，也可用灭蚊剂喷洒驱除，但要注意避免童鸽大量吸入药剂而中毒。每周至少进行 1 次环境消毒，每周可在饮水中加入维生素 B 水溶液，每 2 周可用高锰酸钾溶液或百毒杀稀释药液饮水消毒，预防病害发生。

⑤ 第二次选种。对于留种用的童鸽，在 45 日龄后适当增加运动量，可通过引逗让童鸽多运动。在 55 日龄左右，童鸽开始更换主翼羽，这时再进行一次选留种。根据个体发育情况，对不符合种用条件的童鸽予以淘汰。对留种用的青年鸽接种新城疫、禽流感疫苗。

4. 青年鸽饲养管理

进入 2 月龄阶段的青年鸽，仍处于迅速生长发育阶段。随着羽毛不断更换，生理代谢机能逐步健全与完善，青年鸽新陈代谢相对较旺盛，易因采食过多而过肥，导致早产、产无精蛋及畸形蛋等不良后果，从而影响其种用价值。同时，由于性器官发育显著，第二性征逐渐明显，易出现爱飞好斗、争夺栖架、早配等情况，这将直接影响生长发育。在饲养管理上应做好如下工作：

① 及时调整日粮构成，促进青年鸽换羽。2 月龄的青年鸽由于正处在换羽高峰，对能量饲料需求增加，为此，要提高配方中能量饲料的比例，使之占 85%左右。

② 挑选育成鸽并对公、母分群饲喂。育成鸽由于第二性征出现，活动能力越来越强，此时，可进行选优去劣，公、母分开饲喂，以保证鸽子均匀发育。

③ 及时转群，加强青年鸽体质训练。青年鸽活泼好动，是鸽子一生中生命力最旺盛的阶段，这时应及时转入离地网养或地面平养，力求让鸽多晒太阳，增加运动量，以增强体质。

④ 做好限饲和控光工作，防止鸽子过肥、早熟。青年鸽代谢旺盛，易采食过量，导致过肥，影响种用价值，应做好限饲工作。每天可喂料 3 次，每次喂料量以半小时吃完为宜。但保健沙应充足供应，每天用量为 3~4 g。为了防止青年鸽早熟，除限饲外，还应加强光照管理，避免此期光照时间和强度的增加。应据当地自然光照时间，采用减少或维持恒定的办法控制光照。

⑤ 加强卫生防疫及驱虫工作。由于青年鸽多群养，接触地面和粪便的机会多，易感染体内外寄生虫及其他疫病，应及时对青年鸽进行免疫接种及驱虫。同时，还要加强舍内卫生消毒工作。在保健沙中要适当增加龙胆草等药用量，饮水中有计划地加入抗生素，并对鸽子按免疫程序及时做好各种免疫接种工作。鸽舍应隔周带鸽消毒 1 次，食槽、水槽应 3~5 天消毒 1 次，以确保鸽群健康无病。

⑥ 选优去劣，做好配对工作。6 月龄的青年鸽大多已成熟，其主羽翼大部分更换到最后一根，这时应结合配对，选优去劣，做好配对工作。

5. 种鸽饲养管理

① 配对期种鸽的管理。在 6 个半月龄配对较好。要选择体形、体重相似，毛色

一致的公、母配对。配对后经常产无精蛋的应重配。配对后不产蛋的可对公鸽肌注丙酸睾丸酮5 mg，3~5天后再注射1次；或口服维生素E，每只1粒。配对后不融洽、常打架的也应重配，重配后要把双方隔离到互相看不见的地方。

② 孵化期种鸽的管理。肉鸽配对后10~15天开始产蛋，产蛋前2天在蛋巢中放上麻袋片或短稻草、松针草。孵蛋期间防止雨水浸入，种蛋如经水泡或沾了水，胚胎就会死亡。要防止垫料污湿，若污湿，则应及时更换。注意种蛋不要离开亲鸽腹羽，天热时减少垫草，多开窗户，用凉水冲地或喷雾降温；天冷时增加垫料，注意保暖，6 ℃以下须加温保暖。孵化后第5天和第12天时各照蛋1次，及时取出无精蛋和死胚蛋；第17~18天时检查出雏情况，对出壳困难的要人工剥壳助产，并且只剥1/3以下的蛋壳。

③ 育雏期种鸽的管理。育雏期应给予营养较高的饲料，要求饲料蛋白质含量达18%，日喂5~6次。对不会哺育仔鸽的种鸽要进行调教；及时诊治有病的种鸽；如果亲鸽有病不能哺育或因故死亡时，应将其乳鸽合并到其他日龄相同或相近的窝中；在乳鸽15日龄左右时，应将其从巢盘中移到笼底的垫片上，并清洗、消毒巢盘后放回原处。

④ 换羽期种鸽的管理。在此期间，除高产种鸽继续产蛋外，其他普遍停产。此时，可降低饲料的蛋白质含量，并减少给料量，促进鸽群在短时间内换羽。换羽后期应及时恢复充分的饲料供应，并提高饲料的蛋白质含量，促使种鸽尽快产蛋。淘汰生产性能较差、体弱有病及老龄少产的种鸽，补充优良的种鸽。同时，对鸽笼及鸽舍内外环境进行一次全面的清洁消毒，创造一个清新的生产环境。

任务四　肉鸽常见疾病的防治

一、黄曲霉毒素中毒

【病因】 鸽子摄入含黄曲霉毒素的饲料、饮用水和其他被黄曲霉毒素污染的食物均可引起黄曲霉毒素中毒。

【临床症状】 病鸽羽毛松乱，无光泽，容易脱落；精神沉郁，食欲下降；下痢，粪便呈黄白色或黄绿色，消瘦、衰弱。种鸽产蛋率及受精率下降。死前出现角弓反张。剖检病变为心肌充血，肝肿大，肝脂肪变性，肝表面有大量弥漫性黄白色结节样坏死灶。

【预防】 预防该病的关键是不用被霉菌污染的原料（如玉米等）来配制和加工饲料。不用霉变垫草，并及时清除更换潮湿的垫料，搞好环境卫生。注意笼舍内的温度、湿度，保持空气流通，做好防潮保温工作。食槽、饮水器、鸽舍和育雏箱应定期消毒。平时的药物预防可用制霉菌素或硫酸铜拌料。每吨饲料中加入50 g制霉菌素或1 000 g硫酸铜拌料，每月喂1周。

【治疗】 该病目前尚无特效疗法。发现后应立即撤换可疑含毒饲料、食物、饮水；采取强心、护肝、补充维生素、加速排出毒素等对症疗法。对病鸽可用制霉菌素5 000 IU/只，每天2次混于饲料中喂给，连用6天，并在饮水中加入0.02%碘化钾让其自由饮用，连用6天。

二、鸽痘

【病因】 本病是由鸽痘病毒引起的一种接触性传染病，蚊子是主要的传染媒介，夏秋两季多发。

【临床症状】 该病症状可表现为皮肤型或白喉型，也可为以上两种的混合型。皮肤型表现为鸽的眼周、鼻瘤、嘴角、肛周、翅下、脚等无毛或少毛处出现痘疹。痘疹初期为小肿块，之后露出易出血的肉芽，变成黄白色的硬结节。结节破裂形成暗褐色疣状结节，结节大的可结痂，致使完全闭合，引起鸽子失明而影响采食，使鸽体饥饿消瘦。此型若不继发细菌感染，一般预后良好。白喉型表现为咽喉部黏膜表面形成白色、不透明、稍突起的小结；小结迅速增大，融合成黄色、干酪样坏死的伪白喉或白喉样膜；剥掉假膜，可见出血性糜烂或溃疡。此时继发细菌感染可使病势加重，甚至蔓延到眶下窦（引起肿胀）。此时常因痘疹在咽喉部出现而堵塞咽喉，引起鸽吞咽及呼吸困难。混合型表现为病鸽的皮肤及黏膜处均出现痘疹。

【预防】 鸽痘的预防措施主要是接种鸽痘弱毒疫苗。接种时，用灭菌生理盐水将疫苗稀释、摇匀后，用刺种针蘸取疫苗在鸽翅内侧无血管处皮下刺种2针。若无刺种针，可用钢笔尖代替，但需要消毒后使用。接种3~4天，刺种部位微肿发红，7~10天结痂，2~3周后痂块脱落，10~14天产生免疫力。鸽痘疫苗的免疫期可达5个月左右。同时，加强管理，防止鸽体表皮肤及黏膜外伤；做好防蚊灭虫工作，搞好鸽舍、运动场地的清洁卫生。

【治疗】 鸽痘无特异性治疗方法。治疗原则是对症治疗和防止继发感染，可口服四环素每天每只鸽1片（50万IU），分2~3次喂服，同时将四环素片研磨成粉状，以适量植物油调成药膏后，涂抹患部痘疹，连续内服外涂3~5天；也可采用白霉素，每只幼鸽500 IU，每天注射2次。同时，可在饮用水中加入维生素A 500 IU/100 mL水。眼部有脓液或干酪样物应除去，用2%硼酸溶液冲洗干净，再滴入一些5%的蛋白银溶液。局部治疗的同时，还可用中草药金银花、板蓝根、大青叶各20 g，煎水饮服或喂服，每次每只鸽3~6 mL，服2次。

三、肝肿病

【病因】 肝肿病主要是饮水污染、饲料腐败变质所致。

【临床症状】 病鸽表现为食欲缺乏，无精打采，排泄稀便，身体迅速消瘦。病情严重时，腹部肝脏肿大明显，呼吸急促。

【预防】 注意饮水的清洁及饲料的新鲜，尤其是夏季，饲料最好现喂现配。

【治疗】 对于发病的肉鸽，采用环丙沙星或恩诺沙星及多维饮水，连饮 3~5 天；口服牛黄消炎片 1~2 片，每天 2 次，连用 2~3 天。

四、肠胃炎

【病因】 肠胃炎的主要病因是：鸽子吃了腐败发霉的变质饲料，或是被粪便污染的饲料；饮水不够清洁卫生，或是饮水器被粪便或病原微生物污染；饲料突然更换或饲料配合不当，保健沙投喂不正常，保健沙变质，保健沙缺少微量元素、维生素等使鸽的胃肠不能适应。另外，环境不好、天气突变、抵抗力下降均可导致胃肠炎的发生，鸽副伤寒、球虫病、衣原体病等疾病也可继发本病。

【临床症状】 病鸽表现为食欲减退，消瘦，羽毛松乱，不喜活动，经常饮水，初期拉白色稀粪，严重时变成墨绿色或红褐色粪便，病鸽肛门周围羽毛常被粪便污染。青年鸽易患胃肠炎，病情往往比成年鸽严重。剖检病死鸽，可见腺胃有出血点或溃烂，肌胃角质膜很易剥离，角质层有充血或出血点；十二指肠有炎症、充血、出血和坏死灶；大肠的肠道胀大，呈灰白色，也有出血点，内容物呈浅绿色，有臭味，严重的呈黑褐色，肠道内充满气体，肠壁变薄。

【预防】 以预防为主，供给鸽群新鲜饲料和清洁的饮水。

【治疗】 治疗时以 0.9%食盐、0.1%高锰酸钾溶液代替饮用水，每只口服小檗碱半片，每天 3 次，连服 3 天。若亲鸽发病，在治疗亲鸽的同时，还应对其哺育的雏鸽进行预防和治疗。

五、鸽霍乱

【病因】 鸽霍乱又称出血性败血症，是由多杀性巴氏杆菌引起的一种急性败血性疾病。该病为条件性传染病，饲养管理环境突变，如密度过大、通风不良、天气酷热及长途运输均可诱使鸽群暴发本病。被病鸽污染的饲料、外寄生虫和外来人员均可成为本病的传播媒介。本病夏末秋初多发。传播途径主要是呼吸道、消化道和创伤。

【临床症状】 该病分最急性型、急性型和慢性型 3 种。最急性型表现为：突然发病，几乎看不到任何症状，迅速死亡。死前均有乱跳、拍翼等挣扎动作。通常在比较肥壮、高产的鸽群中流行。急性型表现为：精神沉郁，羽毛脏乱，食欲减退或废绝，渴欲增加，体温高达 42 ℃以上，嗉囊胀大，口腔黏液增多，流出黄色黏稠液体。病鸽常缩颈闭眼，弓背垂翼，离群呆立，不爱活动；结膜发炎，鼻瘤灰白，喙、眼、鼻瘤潮湿污浊；下痢，粪便恶臭，呈铜绿色、黄绿色或棕绿色。病程常在 1~3 天。倒提时口流带泡沫的黏液，最后衰竭、昏迷而死。慢性型表现为：机体消瘦，精神萎靡，贫血，关节发炎肿胀，跛行，伴有慢性呼吸道炎症、慢性直肠炎、持续腹泻、肢体关节肿大及垂翅等慢性症状，病程长的可达 1 个月左右。

【预防】 最好自繁自养，若从外场引进鸽只，必须隔离观察 15 天，对确认无病者，才能混群饲养。发生疫情，应及时采取封锁、隔离、治疗、消毒等措施，尽快扑灭疫情或消除疫点，对病死鸽深埋或烧毁，彻底消毒鸽舍、笼具。鸽群绝不能与鸡、鸭等家禽混养，还要远离其他禽及鸟类。每年进行 1~2 次禽霍乱疫苗注射。40 日龄以上每只注射 2 mL。

【治疗】 ① 肌肉注射 20%磺胺嘧啶钠注射液 1 mL，每天 2 次，连注 2~3 天。

② 口服链霉素水溶液，每天 2 次，每只每次 10 万 IU，连服 2~3 天。

③ 大蒜 3 份，花生油 2 份，硫黄 1 份，捣碎混合，每只鸽灌服黄豆大 1 粒，每天 2 次，连喂 1~2 天。

④ 对病鸽隔离治疗，并用 20%石灰乳或 5%甲酚皂消毒液对鸽舍、用具及周围环境消毒。

六、副伤寒

【病因】 副伤寒是由沙门杆菌感染引起的一种传染病。

【临床症状】 病鸽精神沉郁，闭目呆立，翅膀下垂，食欲减退或消失，饮水增加，拉稀，粪便呈黄绿色，体形消瘦，关节肿大，关节液增多。部分鸽出现头颈弯曲，运动失调等神经症状。

【预防】 隔离病鸽，消毒鸽场，改善饲养管理。

【治疗】 全群鸽饮水中加环丙沙星，用氯霉素拌料。病鸽采用环丙沙星针剂肌肉注射。

复习思考

1. 简述肉鸽雌雄鉴别技术。
2. 简述肉鸽的饲养管理要点。
3. 简述保健沙的作用。

项目八 鹌鹑的养殖技术

学习目标

1. 了解鹌鹑的品种、生物学特性和经济价值。
2. 掌握鹌鹑的饲养管理技术和孵化技术。
3. 能够实施鹌鹑的人工孵化。

任务一 鹌鹑的品种及生物学特性

一、鹌鹑的品种

1. 蛋用鹌鹑

（1）中国白羽鹌鹑

中国白羽鹌鹑是采用朝鲜鹌鹑的突变个体——隐性白色鹌鹑，由北京市种鹑场、南京农业大学、中国农业大学等单位经反交、筛选、提纯、纯繁等工作培育而成。其体形略大于朝鲜鹌鹑。初孵出时体羽呈浅黄色，背部有深黄条斑；初级换羽后即变为纯白色，其背线及两翼有浅黄色条斑。该品种具有自别雌雄的特点，将其作为杂交父本，褐色鹑作为杂交母本，杂种一代有良好的生产性能。成年公鹌鹑体重 145 g，母鹌鹑平均产蛋率 80%~85%，年产蛋量 265~300 枚，蛋重 11.5~13.5 g。此品种有抗病力强、自然淘汰率低、性情温顺等诸多优点。

（2）日本鹌鹑

日本鹌鹑是利用中国野生鹌鹑改良培育而成的，主要分布在日本、朝鲜、中国及印度一带。日本鹌鹑体形较小，成年鹌鹑全身羽毛多呈栗褐色，夹杂黄黑相间的条纹，头部黑褐色，头顶有 3 条淡色直纹，腹部色泽较浅。公鹌鹑胸部羽毛呈红褐色，其上缀有少许不太清晰的小黑斑点；母鹌鹑胸部为淡黄色，其上密缀着黑色细小斑点。初生雏鹌鹑重 6~7 g，成年公鹌鹑平均重 110 g，母鹌鹑平均重 130 g。35~40 日龄开产，年产蛋量 250~300 枚，平均蛋重 10.5 g。蛋壳上有深褐色斑块，有光泽；呈青紫色细斑点或斑块，壳表为粉状且无光泽。

（3）黄羽鹌鹑

黄羽鹌鹑是由南京农业大学发现并培育成的隐性黄羽新品系。体羽黄色，体形与朝鲜鹌鹑相似。成年母鹌鹑体重平均为144 g，50日龄开产，年产蛋285枚左右，平均蛋重11.43 g，料蛋比为2.7∶1。该品种具有伴性遗传特性，为自别雌雄配套系的父本。

（4）自别雌雄配套系鹌鹑

自别雌雄配套系鹌鹑是利用伴性遗传的原理，由北京市种鹑场与南京农业大学合作培育而成的。鹌鹑白羽纯系含有隐性基因，且具有伴性遗传的特性。以白羽公鹑与栗羽朝鲜母鹑配种时，其子一代羽色性状分离，可根据羽色判断雌雄。羽色为浅黄色者（初级羽换后为白色）均为雌性，而栗羽者均为雄性。这种自别雌雄配套系的产生，在生产、科研和教学上都有很大的价值。

2. 肉用鹌鹑

（1）法国巨型肉鹌鹑

法国巨型肉鹌鹑由法国迪法克公司育成，我国于1986年引进。该鹌鹑体形大，体羽呈黑褐色，混杂有红棕色的直纹羽毛，头部黑褐色，头顶有3条淡黄色直纹，尾羽短。公鹌鹑胸羽呈红棕色，母鹌鹑胸羽为灰白色，并缀有黑色斑点。种鹌鹑42日龄开产，平均产蛋率70%~75%，蛋重13~14.5 g；35日龄平均体重200 g，料重比2.13∶1，成年体重300~350 g。

（2）莎维麦特肉鹌鹑

莎维麦特肉鹌鹑由法国莎维麦特公司育成，我国1992年引进。该鹌鹑体形硕大，生长发育与生产性能在某些方面已超法国巨型肉鹌鹑。种鹌鹑35~45日龄开产，年产蛋250枚以上，蛋重13.5~14.5 g；公、母配比为1∶2.5时，种蛋受精率可达90%以上，孵化率超过85%；35日龄平均体重超过220 g，料重比为2.4∶1，成年鹌鹑最大体重超过450 g。

（3）美国法老肉鹌鹑

该品种是由美国育成的肉用型品种。成年鹌鹑体重300 g左右，仔鹌鹑经育肥后35日龄平均体重达250~300 g。此品种生长发育快，屠宰率高，肉品质好。

二、鹌鹑的形态特征

鹌鹑体形较小，羽色多较暗淡，通常雌雄相差不大。嘴粗短，上嘴前端微向下曲，但不具钩；鼻孔不为羽毛所掩盖；翅稍短圆；尾长短不一，尾羽或呈扁平状，或呈侧扁状；跗跖裸出，或仅上部被羽；趾完全裸出，后趾位置高于其他趾。母鹌鹑咽喉部呈黄白色，颈部、胸部有暗褐色斑点，脸部毛色浅。公鹌鹑头顶到颈部呈暗褐色，脸部毛色呈褐色，胸腹部毛色呈黄褐色，无斑点。

三、鹌鹑的生活习性

① 喜干怕湿。鹌鹑喜欢干燥的生活环境，对潮湿的环境较为敏感。湿度较大的生活环境容易引起疾病，一般要求鹌鹑舍的空气相对湿度在50%~60%。

② 喜温怕寒。鹌鹑的生长和产蛋均需较高的温度，它们喜欢生活在温暖的环境，对寒冷的环境适应能力较差。成年鹌鹑生长最适温度范围为20~25 ℃。环境温度低于10 ℃时，产蛋率剧降，甚至停产与脱毛；温度高于30 ℃时，鹌鹑食欲减退，产蛋率下降，蛋壳变薄。雏鹌鹑生长最适温度范围为35~37 ℃。

③ 怕暗。鹌鹑喜欢光线充足的环境，黑暗的环境不利于生长发育和繁殖。

④ 胆小怕惊。鹌鹑（尤其是5日龄前的鹌鹑）较为神经质，对光照强度、时间、色泽、气温等周围任何刺激的反应均很敏感，其应激反应迅速而激烈，容易发生骚动、惊群、啄癖等，要求保持安静的环境。

⑤ 抗病力强。鹌鹑的抗病力强，在正常情况下很少生病，因而成活率较高。

⑥ 食性较杂。鹌鹑食谱极广，以谷物籽实为主食，喜食颗粒状饲料、昆虫及青饲料；善于连续采食，黄昏时采食特别积极；有明显的味觉嗜好，对饲料成分的改变非常敏感。

⑦ 消化力强。鹌鹑新陈代谢旺盛，成年鹌鹑正常体温高达41~42 ℃，雏鹌鹑体温略低。在人工饲养条件下，鹌鹑每天不停采食，每小时排粪2~4次。

⑧ 自然换羽。鹌鹑有自然换羽的特性，每年春秋两季换羽。

⑨ 善于啼鸣。公鹌鹑善于啼鸣，声音高亢；母鹌鹑叫声尖细低回。

⑩ 择偶严格。公、母鹌鹑均有较强的择偶性，且交配多为强制性行为。公鹌鹑精液少但精子密度大。

任务二　鹌鹑的繁育技术

一、鹌鹑的选种

1. 鹌鹑的雌雄鉴别

（1）在鹌鹑刚出壳的24 h内

可以进行翻肛鉴别。具体方法是：在100 W的白炽灯下，用左手将雏鹌鹑的头朝下，背紧贴手掌心，并轻握固定；再以左手的拇指、食指和中指捏住鹌鹑体，接着用右手的食指和拇指将雏鹌鹑的泄殖腔上下轻轻拨开。如果泄殖腔的黏膜呈黄赤色且下壁的中央有一小的生殖突，即为雄性；反之，如果呈淡黑色且无生殖突，则为雌性。

（2）鹌鹑出壳超过24 h

依据下列特征对鹌鹑进行雌雄鉴别。

① 公鹌鹑体形紧凑，体重较小；母鹌鹑体形宽松，体重较大。

② 公鹌鹑的胸部和面颊部羽毛为红褐色，而母鹌鹑的胸部和面颊部羽毛为灰色带黑色斑点。

③ 公鹌鹑的鸣叫声短促高朗，母鹌鹑的鸣叫声细小低微。

④ 公鹌鹑的肛门上方有红色膨大的性腺，而母鹌鹑的肛门上方无膨大部。

⑤ 公鹌鹑粪便往往有白色泡沫状附着物，而母鹌鹑的粪便中无泡沫状附着物。

2. 种鹌鹑的选择

（1）优良种鹑的标准

选留的公鹌鹑应体质健壮，头大，喙色深而有光泽；眼大有神，叫声高亢响亮；趾爪伸展正常，爪尖锐；羽毛覆盖完整而紧密，颜色深而有光泽；肛门呈深红色，以手轻轻挤压，有白色泡沫状物出现；体重达 115~300 g。选留的母鹌鹑应体大，头小而圆，喙短而结实；眼大有神，活泼好动，颈细长，体态匀称，羽毛色彩光亮；胸肌发达，皮薄腹软，觅食力强；耻骨与胸骨末端的间距 3 指宽，左右耻骨 2~3 指宽；体重达到 130~150 g。如有条件，可统计开产后 3 个月的平均产蛋率，以达到 85%以上者为选留标准。

（2）选种方法

种鹌鹑从出雏到利用必须经过 3 次选择。第一次选择：出雏完成后，淘汰弱雏及病雏。第二次选择：在 20 日龄左右进行，挑选后公、母分开饲养。公鹌鹑特征明显的可留作后备种用。第三次选择：在 50 日龄进行，这时公、母鹑都已发育成熟，品种特征已完全显现，发育良好的公鹌鹑叫声洪亮，眼大有神，尾下部红球大而呈紫红，用手挤压有丰富的泡沫。需把那些发育不良、体质差、体重过大或过小的公鹌鹑选出淘汰。种用母鹌鹑在选择过程中，保留符合品种特征、肛门松软、有光泽、有弹性，趾间可容二指的个体；坚决淘汰身体瘦小，带白痢病的个体和两性鹌鹑。两性鹌鹑的特征是体大、肉肥、毛亮、脚黄、肛门收缩、触摸无弹性、趾间距窄，外观既有公鹌鹑特征，又有母鹌鹑特征。

二、鹌鹑的繁殖技术

1. 配种时间

公鹌鹑出壳后 30 天开始鸣叫，逐渐达到性成熟。母鹌鹑出壳后 40~50 天开产，并可配种。过早配种会影响公鹌鹑的发育和母鹌鹑产蛋，一般种公鹌鹑 90 日龄，种母鹌鹑在开产 20 天之后开始配种较适宜。配种后 7 天开始留种蛋，受精率较高。利用期限为种公鹌鹑 4~6 月龄，种母鹌鹑 3~12 月龄。

2. 配种方式

根据生产目的不同，可分别采用单配（1 雄，1 雌）或轮配（1 雄，4 雌，每天在人工控制下进行间隔交配）、小群配种（2 雄，5~7 雌）、大群配种（10 雄，30 雌）。生产证明，小群配种优于大群配种，小群配种公鹌鹑斗架较少，母鹌鹑的伤残率低，受精率高。入笼时，应先放入公鹌鹑，使其先熟悉环境，占据笼位顺序优势，数日后再放入母鹌鹑，这样可防止众多母鹌鹑欺负公鹌鹑，是防止受精率低的措施之一。鹌鹑的配种以春、秋季为佳，此时气候温和，种鹌鹑的受精率和孵化率均较高，也有利于雏鹌鹑的生长发育。若具备一定的温度条件，可常年交配。

三、种蛋的孵化技术

1. 种蛋的收集与贮存

种蛋在每天晚上 9 时—10 时收集，禁止种蛋在饲养室过夜。收集种蛋时应轻拿轻放，并淘汰畸形蛋、黑壳蛋、白壳蛋、破壳蛋和被粪便污染的蛋。种蛋收集完毕后用甲醛熏蒸消毒，然后储入种蛋存放室，室温保持在 20～22 ℃。种蛋在产出后 1 周之内人工孵化效果较好。种蛋存放时间不宜超过 2 周，否则会严重影响孵化率。

2. 种蛋的孵化

① 准备孵化用具。孵化前一周，备齐孵化用具，包括普通温度计、干湿球温湿度计、纱布、验蛋器、消毒剂、易损电器元件及发电机等。

② 孵化器检修、消毒、试机。校正孵化用温度计与水银导电温度计，了解其误差情况，便于如实记录温湿度。一般可采用体温计来校正所用的温度计，将待校正温度计放入 36～38 ℃温水中，恒定后，记录差数。当差数达 0.5 ℃时，最好更换温度计。检查各控制系统运转是否正常。对孵化器进行彻底的清洁与消毒，清水擦洗后用新洁尔灭擦洗孵化器内表面，按每立方米空间用福尔马林 30 mL、高锰酸钾 15 g，在温度 24 ℃、湿度 75%条件下，密闭熏蒸 1 h。然后打开通风机，驱除甲醛味道。所有蛋盘、出雏盘等洗刷后，用 0.1%～0.2%的次氯酸钠溶液浸泡 1 h 以上，之后用清水洗净，晾晒干后备用或放入孵化器内一并进行熏蒸消毒。空机运转 1～2 天，控温仪、报警器、控湿系统、翻蛋系统、风扇运转等均无异常后，才可正式入孵。

③ 孵化室清洁、消毒。孵化室彻底清扫后，用 0.3%的过氧乙酸（30 mL/m^3）喷洒地面、墙面，并按每立方米空间用福尔马林 30 mL、高锰酸钾 15 g，密闭熏蒸 24 h。

④ 种蛋的预温。对刚从蛋库内取出的种蛋，应置于 22～25 ℃环境中放置 6～12 h，让胚蛋从静止状态逐渐“苏醒”。此外，通过预温，可消除蛋表面的凝水，以便入孵后能立刻对种蛋进行消毒处理。

⑤ 入孵。先将胚蛋码在孵化盘中，然后将孵化盘置于蛋架上。码盘时注意蛋大头向上放置。开机孵化前，对孵化器和种蛋进行再次熏蒸消毒。用高锰酸钾 15 g、福尔马林 30 mL，关闭机门熏蒸 15～30 min。之后开机门通风，异味散失后方可开机孵化。

⑥ 翻蛋。翻蛋分机械翻蛋和人工翻蛋。入孵后 12 h 内不翻蛋，之后至 18 天内，每 2 h 翻蛋一次并做记录。翻蛋时注意动作平稳，角度要够。

⑦ 移盘。胚胎发育至第 19 天，最后一次验蛋同时将胚蛋从孵化机移入出雏机内。此后调节出雏机内温度为 37.3 ℃，湿度为 65%~75%，并将通风孔型开启到最大，停止翻蛋操作，保持出雏器内黑暗、安静，等待雏鸡出壳。

⑧ 捡雏。出雏期间不要经常开机门，以保证温度和湿度平稳。拣雏可根据出壳情况而定，一般拣雏 2~3 次，拣雏动作快、轻。同时拣出空蛋壳，以防蛋壳套在其他胚蛋上，将胚胎闷死。拣出雏禽放入箱内，箱内温度 32 ℃，置于 25 ℃室温内存放。待其安静存放 4~5 h 后，可进行雌雄鉴别和免疫接种。

⑨ 扫摊。捡雏结束后，彻底清扫孵化废弃物（死胚蛋、蛋壳、死雏、残雏、绒毛等），并送到指定地点进行无害化处理。对孵化设备及用具等进行彻底清洁消毒。

⑩ 填写孵化记录表，统计孵化成绩。

任务三　鹌鹑的饲养管理技术

一、鹌鹑养殖场的建造

家庭饲养鹌鹑的场地可因地制宜，因陋就简。规模养殖场地最好选择在背风向阳、排水方便、地势高燥、坐北朝南、光线微暗、通风良好的地方。

1. 鹌鹑舍

鹌鹑舍顶棚宜高，北墙宜厚，窗户大小适中且设有铁丝网罩。一般小型鹌鹑舍的正面宽 3.6 m，进深 1.8 m，前墙高 2.4 m，后墙高 2.1 m，屋顶为单坡式，可饲养 500~800 只鹌鹑。中型鹌鹑舍的正面宽 5.4 m，进深 3.6 m，可饲养 1 000~3 000 只鹌鹑。大型鹌鹑舍的正面宽 7.2 m，进深 4.5 m，可饲养 5 000~6 000 只鹌鹑。

2. 鹌鹑笼

根据鹌鹑生长发育的要求，鹌鹑笼可分为以下 3 种。

（1）雏鹌鹑笼

供饲养 0~3 周龄的雏鹌鹑。多采用 5 层叠层式，每层高度约20 cm。顶网用网眼 10 mm×10 mm 的塑料网或塑料窗纱，侧网用 10 mm×15 mm 的铜板网，底网用 10 mm×10 mm的金属丝网，下配白铁皮或玻璃钢粪盘。门在育雏笼的两侧，供喂料、供水、免疫等饲养操作。饮水器和料槽放置在笼内。笼的热源可用电热丝或电热管、红外线灯泡等。

（2）种鹌鹑笼

应能适应配种，不破蛋，饲料不溅出；不损伤鹌鹑头，且便于安装和操作。结构有整装式、拼装式、叠式、全阶梯式、半阶梯式等。以叠式多用，每层双列 4 单元结构，层宽 60 cm，长 100 cm；中高 24 cm，两侧 28 cm；笼底方形，网眼 2 cm×2 cm；盒槽和水槽安放在笼外集蛋槽上方，食槽和水槽的间隔以 2.7 cm 为宜，以便于鹌鹑伸头采食。每单元养公鹌鹑 2 只、母鹌鹑 5~7 只或产蛋鹌鹑 10 只。

（3）产蛋鹌鹑笼

专供饲养产蛋鹌鹑之用。产蛋鹌鹑笼与种鹌鹑笼的不同之处是：① 由于不需放养种公鹑，中间的隔栅可以取消，做成一个大间（60 cm×100 cm）。② 每层笼的高度可降低到 20 cm 之内。③ 料槽与集蛋槽同在一边，水槽设在另一边。水槽与料槽因鹌鹑的生长发育不同，可分为育雏及成鹌鹑 2 种规格。

a. 育雏阶段。育雏阶段的水槽和料槽都要放入育雏笼内，因常拿进拿出，必须做得小巧耐用，易换水、换料，又便于冲洗消毒。一般可用白铁皮或木板制作，要求宽 7. 5 cm，四边高 2 cm，长度可自由选择。放入饲料后，槽内最好还放置一块 1. 5 cm×1. 5 cm 的铁丝网罩，防止雏鹌鹑把饲料扒到槽外，造成浪费。水槽总长为料槽的1/2，可采用白铁皮制作。如不用水槽，可用市售饮水器，不仅可避免雏鹑淹死，还保证了饮水清洁。

b. 成鹌鹑阶段。雏鹌鹑 10 日龄后喂水、喂料都可在笼外进行。水槽、料槽可用塑料、白铁皮等制成，其长短的截取基本与笼体的长度相等。由于成鹌鹑吃食时有钩食甩头的习惯，易造成饲料的浪费，因此，制作成鹌鹑料槽时要从结构上考虑，克服或减少饲料的浪费。

二、鹌鹑的引种

1. 雏鹌鹑的选购技术

从信誉好、设备好、技术服务好的专门孵化场引种雏鹌鹑，切不可到既孵鸡又孵鹌鹑的孵化场引种。选择雏鹌鹑标准是符合品种要求，活泼健康，羽毛光亮，眼大有神，脐部愈合良好，腹部柔软有弹性，平均体重约 7. 5 g。

2. 雏鹌鹑的运输技术

雏鹌鹑既可使用专用运输箱装运，也可用箱盖和箱壁有通气孔的纸板箱或木板箱等装运。在运输过程中应做好保温、通气、防震与防倾斜等措施。选择适宜的温度及时间进行运输。运输过程中，要经常检查雏鹌鹑盒内的温度。最简单的方法就是把手伸进包装盒内感觉雏鹌鹑温度的高低。若有温暖感，则说明温度正好；若有潮湿感，则说明温度过高，需要通风换气；若感到发凉，则说明温度较低，需要采取保温措施。雏鹌鹑应在出雏后 24 h 内运抵目的地，运抵后应立即置于保温育雏设备内。

三、饲养阶段划分

根据鹌鹑的生长发育与生理特点，蛋用型鹌鹑大致可以划分为 3 个饲养阶段。

① 育雏期。出壳至 4 周龄阶段，此阶段的鹌鹑称为雏鹌鹑。

② 育成期。5~6 周龄阶段，此阶段的鹌鹑称为仔鹌鹑。

③ 产蛋期。7~57 周龄阶段，此阶段的鹌鹑称为成年鹌鹑。

四、鹌鹑的饲养管理技术

1. 雏鹌鹑的饲养管理

鹌鹑的育雏期为4周龄。初生鹌鹑毛干后就可以放入育雏器中饲养。

(1) 育雏前的准备

对育雏室及笼具清洗消毒，然后以每立方米空间用40%福尔马林溶液28 mL和高锰酸钾14 g混合进行熏蒸，密闭24 h；对保温设施、照明、排气等设备进行检查维修；接雏前，将笼舍内温度升到35 ℃，并使其均匀、稳定；将育雏的饲料药品准备好。

(2) 饲喂

雏鹌鹑放进育雏笼或保温箱后，先让其休息2 h，再开始喂水。1~7日龄的饮水采用凉开水。100 kg凉开水加50 g速溶多维、30 g维生素C、10 kg白糖或葡萄糖配制成的保健水可供饮用。1~7日龄每天饮用2次青霉素和链霉素，每次每只鹌鹑饮用链霉素和青霉素各500 IU。8~14日龄方法同上，但糖的添加量应减少一半。为防止疫病发生，8~14日龄每天饮用5%的恩诺沙星饮水剂，1 mL药品加1 kg水混匀即可。每50~100只鹌鹑共用1个饮水器。管理人员站立在笼旁观察，每只鹌鹑都应喝到水，对没有喝上水的要用手抓起来将喙放到饮水器内蘸一下，让其将水咽下学会饮水。对于没有饮水欲望的个别雏鹌鹑可用滴管向其口中滴水。开始喂水后的前3天要加强管理，饮水器中不断水，让鹌鹑自由饮水。饮水后约1 h可喂第一次饲料（开食）。开食饲料最好用碎玉米、碎大米，2日后用全价配合饲料。用手拌和均匀撒在布片或开食盘上，放在热源（灯泡）附近温暖的地方，让其自由采食。在粉料中添加0.1%土霉素粉，可防白痢发生。5日后用专用育雏料塔饲喂。10日前每天投喂6~8次，10日后每天喂4~5次。均采用昼夜自由采食，保持不断水，不断料。

(3) 管理

① 控制适宜温度。育雏前2天温度应保持35~38 ℃，而后降至34~35 ℃，保持1周，以后逐步降低到正常水平。育雏器内温度和室温相同时，即可脱温。室内温度保持在20~24 ℃为宜。温度控制不仅仅依靠温度计，更主要的是观察雏鹌鹑的状态，看鹌鹑施温。温度适宜时，雏鹌鹑活跃，饮水和采食正常，休息时分布较均匀；温度过低时，雏鹌鹑往往堆挤在热源下，鸣叫、拉稀；温度过高时，雏鹌鹑张口喘气，饮水量增加。另外，还应根据天气变化控温，冬季稍高些，夏季稍低些；阴雨天稍高些，晴天稍低些；晚上稍高些，白天稍低些。

② 增加光照时间。育雏期间的合理光照有促进生长发育的作用，光线不足会推迟开产时间。一般第一周采用24 h光照，以后保持每天14~16 h光照，光照强度以10 lx为宜。自然光照不足部分可在天黑后用白炽灯补光。

③ 保持通风及适宜的湿度。通风的目的是排出舍内有害气体，换入新鲜空气。

育雏的前阶段（1 周龄），相对湿度保持在 60%～65%，以人不感到干燥为宜。稍后（2 周龄）由于体温增加，呼吸量及排粪量增加，育雏室内容易潮湿，因而要及时清除粪便，相对湿度以 55%～60%为宜。

④ 掌握合理的饲养密度。饲养密度过大，会造成成活率降低，雏鹌鹑生长缓慢，长势不好；密度过小，育雏成本过高，不利于保温。因此，应合理安排饲养密度。每平方米面积 1 周龄鹌鹑 250～300 只，2 周龄鹌鹑 100 只左右，3 周龄鹌鹑 75～100 只（蛋鹌鹑 100 只，肉鹌鹑 75 只）。冬季密度可适当增大，夏季则相应减小。同时，应结合鹌鹑的大小，结合分群适当调整饲养密度。

⑤ 保持清洁卫生。育雏笼、料槽和水槽要保持清洁，及时清除粪便，定期消毒。

⑥ 注意观察。每天都必须观察雏鹌鹑的精神，出现病症时及时查找原因，并采取相应措施。

2. 仔鹌鹑（育成鹌鹑）的饲养管理

（1）转群

将雏鹌鹑转移到成鹌鹑笼内的过程，称为转群。转群前对笼具彻底消毒。转群前后舍内温度相同。选择在晴朗无风的白天进行转群。转群前后提供充足的饲料和饮水，可在水中加入适量的抗生素类药物。注意要按照体质分群饲养。凡发育差的雏鹌鹑，转入育肥笼，作为肉用鹌鹑强化饲养后上市。留作种用的仔鹌鹑继续地面平养或放入雏鹌鹑笼饲养。

（2）饲养管理

室温保持在 18～25 ℃，每天光照时间不宜超过 12 h，光照采用暗光（10 lx）；保持环境安静，防止惊群；勤检查与调整室内温度、湿度、通风光照；注意通风换气；保证饲料与饮水的供应，让鹌鹑自由采食和饮水。饮水每天更换 1 次，使饮水始终保持清洁，供水不可间断。每天清扫承粪盘 1～2 次，清洗饮水器 1～2 次。每天早晨要观察鹌鹑的动态，如精神状态是否良好，采食、饮水是否正常，发现问题，及时找出原因，并立即采取措施。鹌鹑舍要通风、干燥、清洁，定期用 3%～5%甲酚皂溶液进行消毒，发现病雏，及时隔离。为预防疾病，适时进行免疫接种或驱虫，防止传染病和寄生虫病的流行与传播。

3. 产蛋与种鹌鹑的饲养管理

（1）转群

先对产蛋鹌鹑舍及笼具进行清洗消毒，然后将 40 日龄的仔鹌鹑转入产蛋鹌鹑笼，可结合转群进行适当的选择与淘汰。

（2）饲喂

产蛋鹌鹑的日粮配方必须依据季节和产蛋率情况而定。每只产蛋鹌鹑每天耗料 25～30 g。一般每天投喂 4 次，即早晨 6:00—7:00，第一次喂料；上午 11:00—12:00，第二次喂料；下午 5:00—6:00，第三次喂料；晚上 9:00—9:30，第四次补喂。对吃光的料槽再适当少补充一点。每次喂料应定时、定量，少喂勤添。为了饲喂方便、节省时间，可直接饲喂干粉料，不必加水拌湿。此外，必须保证饮水不中断。饲料更换应采取逐渐过渡的办法，否则会引起产蛋率下降。

（3）产蛋鹌鹑舍的环境控制

舍内温度维持在20~25 ℃较适宜，低于15 ℃或高于30 ℃将影响产蛋率。60%~70%相对湿度最利于生产性能的发挥。合理的光照可获得较高的产蛋率，应保持14~16 h的光照。一般做法是：天黑后补充光照3~4 h，接着整夜改用小功率白炽灯维持较弱光线，以防夜间鹌鹑易受惊扰而影响栖息。保持环境安静，以免引起应激骚动使产蛋率下降。通风换气和适宜湿度对产蛋率也有较大影响，不可忽视。

（4）加强防疫

经常清理粪便、清洗食槽是保持鹌鹑舍卫生的主要手段，清粪一般3天一次。因为鹌鹑产蛋集中在下午2点到晚上9点，所以清理粪便应在上午进行。清粪后用消毒液消毒，最后在地面撒一层熟石灰粉。另外，还应做好防鼠、防敌害工作。

（5）不同产蛋期的饲养管理

产蛋期可分为产蛋初期、产蛋高峰期和产蛋后期。产蛋初期为35~60日龄，产蛋率60%~80%；产蛋高峰期为60~240日龄，产蛋率85%~95%；产蛋后期为240~360日龄，产蛋率降至80%。

① 产蛋初期的管理。鹌鹑长至35日龄后，便逐渐开产。鹌鹑开产后要使用产蛋期的饲料配方。这一时期，鹌鹑虽已开产但其身体及生殖系统往往还没有完全发育成熟，刚开产的鹌鹑其蛋重较小，一般在8~9 g，并且畸形蛋、白壳蛋、软壳蛋较多。随着日龄的增长，蛋重逐渐增大，畸形蛋、软壳蛋逐渐减少。这一时期的管理要点是防止鹌鹑过肥和脱肛，饲料中的蛋白质水平不可太高，达到20%即可。另外，还需注意光照强度的合理性，光照强度太大，时间过长，鹌鹑活动量就大，体重相对较轻，这样整个产蛋期平均蛋重就轻。这一时期，光照时间应掌握在自然光照加人工补光14 h为宜。人工补光用25 W白炽灯照明即可。

② 产蛋高峰期的管理。这一时期鹌鹑产蛋率达到85%~90%，需要从日粮中摄取大量的蛋白质、能量及各种营养物质。这一时期饲料中的蛋白质含量要达到22%以上，但不能高于24%，每天饲喂要达到4次，即早、中、晚各1次，熄灯前1 h再喂1次。光照时间以自然光照加人工补光达到16 h为宜。人工补光用40 W白炽灯照明即可。

③ 产蛋后期的管理。这一时期产蛋率逐渐降低到80%，并且有一部分鹌鹑（约占3%）已经停产。对于停产的鹌鹑要提前淘汰。停产的鹌鹑肛门已严重收缩、干燥、无光泽、无弹性。随着日龄的不断增加，鹌鹑体质下降，抗病力降低，自然淘汰逐渐增加。若平时不注意预防，日淘汰率可达到1/4以上。鹌鹑到了后期，产蛋率下降，日消耗量增加，蛋料比降低。这一时期，日粮中蛋白质水平保持在20%~21%即

可，饲料或饮水中定期加一些预防大肠杆菌的药物，如环丙沙星、诺氟沙星等。这样可显著降低自然淘汰率，提高产蛋率。添加药物时要采用逐级混配的方法。随着鹌鹑吸收能力的下降，蛋壳逐渐变薄、韧性降低，要注意在饲料中添加钙质和维生素 D。

任务四　鹌鹑常见疾病的防治

一、雏白痢

【病因】 本病是由白痢沙门菌引起的一种以拉白痢为主要特征的烈性传染病。

【临床症状】 病鹌鹑虚弱，怕冷聚堆，闭目垂头，两腿叉开，双翅下垂，食欲减退，拉白色稀粪，黏附于肛门周围。剖检可见十二指肠出血严重，小肠、盲肠有灰白色坏死灶，泄殖腔内有白色恶臭稀粪；严重者卵巢变为绿色，输卵管被白色坚硬物充满，黏膜肿胀充血。

【预防】 应对种鹌鹑进行检疫，凡检出阳性的鹌鹑一律淘汰，防止垂直传播本病；种蛋及孵化设备、运雏箱等均要严格消毒；加强饲养管理，提倡“高温”育雏，开食料要易于消化，以免诱发白痢；饲粮应喂高温处理的碎裂料；搞好环境卫生；可应用多价油乳剂灭活苗，于 5 日龄每只皮下注射 0.2 mL。

【治疗】 ① 用青霉素按每只 1 万 IU 肌肉注射，每天 2 次。

② 链霉素按 0.05%的浓度加入饮水中，连用 20 天。

③ 青霉素按每只每天 6 mg 混料饲喂，0.03%~0.05%土霉素或 0.02%~0.04%呋喃唑酮拌料饲喂，连用 5~7 天。

二、球虫病

【病因】 本病主要是由毒力强的艾美尔球虫引起的一种急性原虫病，尤以 2~10 周龄的鹌鹑最易感染。平养鹌鹑的感染概率多于笼养鹌鹑。若发现病情较晚或治疗不当，常会引起大批死亡。球虫大多寄生在鹌鹑小肠，以前段小肠为多；寄生在盲肠和直肠较少，以盲肠球虫致病力最强。

【临床症状】 鹌鹑球虫病可分急性和慢性 2 种。急性型病程为数天到两三周。病鹌鹑精神委顿，羽毛蓬松，呆立一角，食欲减退，肛门周围羽毛被带血稀便污染，两翅下垂，饮欲增加，消瘦贫血。感染此病的鹌鹑排棕红色便，病后期发生痉挛并进入昏迷状态，很快死亡。慢性型多见于 2 月龄后的成年鹌鹑，症状较轻，病程较长，可达数周到数月。病鹌鹑逐渐消瘦，足翅常发生轻瘫，产蛋较少，间歇性下痢，但病死率不高。

【预防】 注意做好幼鹌鹑的饲养管理和环境卫生等工作，保持适宜的舍温和光照，通风良好，饲养密度适中，供应充足的维生素 A。用药预防或治疗时，为避免产生抗药性和提高药效，应交替使用多种有效药物。一旦发现病鹌鹑，要进行隔离治疗，并做好消毒工作。

【治疗】 治疗球虫病的药物很多，常用的有：敌菌净以 0.01%浓度拌入饲料，15 天为一个疗程，可连用 2~3 个疗程。克球粉以 0.012%比例拌入饲料，可连用 3~4 个疗程。磺胺二甲基嘧啶按 0.15%拌入饲料，饲喂 3~4 天，停药 2 天后再喂 3 天。

三、马立克氏病

【病因】 一种淋巴组织增生性肿瘤病，其特征为外周神经淋巴样细胞浸润和增大，引起肢（翅）麻痹，以及性腺、虹膜、脏器、肌肉和皮肤肿瘤病灶。

【临床症状】 潜伏期常为 3~4 周。一般在 50 日龄以后出现症状，70 日龄后陆续出现死亡，90 日龄以后达到高峰，很少晚至 30 周龄才出现症状。根据临床表现分为神经型、内脏型、眼型和皮肤型等四种类型。

① 神经型。该型常侵害周围神经，以坐骨神经和臂神经最易受侵害。当坐骨神经受损时，病鹌鹑一侧腿发生不全或完全麻痹，站立不稳，两腿前后伸展，呈“劈叉”姿势，为典型症状。当臂神经受损时，鹌鹑翅膀下垂；支配颈部肌肉的神经受损时，病鹌鹑低头或斜颈；迷走神经受损时，鹌鹑嗉囊麻痹或膨大，食物不能下行。一般病鹌鹑精神尚好，并有食欲，但往往由于饮不到水而脱水，吃不到饲料而衰竭，或被其他鹌鹑践踏，最后均以死亡而告终。多数情况下病鹌鹑被淘汰。

② 内脏型。该型常见于 50~70 日龄鹌鹑。病鹌鹑精神委顿，食欲减退，羽毛松乱，鹌鹑冠苍白（有的呈黑紫色）、皱缩，黄白色或黄绿色下痢，迅速消瘦，胸骨似刀锋，触诊腹部能摸到硬块。病鹌鹑先脱水、昏迷，最后死亡。

③ 眼型。在病鹌鹑群中很少见到该型，一旦出现，则表现为瞳孔缩小，严重时瞳孔仅有针尖大小；虹膜边缘不整齐，呈环状或斑点状，颜色由正常的橘红色变为弥漫性的灰白色，呈鱼眼状。轻者表现为对光线强度的反应迟钝，重者对光线失去调节能力，最终失明。

④ 皮肤型。此类病症较少见，往往在屠宰褪毛后才被发现，主要表现为毛囊肿大或皮肤出现结节。

临床上以神经型和内脏型多见，有的鹌鹑群发病以神经型为主，内脏型较少，一般病死率在 5%以下，且在鹌鹑群开产前本病流行基本平息。有的鹌鹑群发病以内脏型为主，兼有神经型，这种情况的危害大、损失严重，常造成较高的病死率。

【预防】 ① 建立无马立克氏病鹌鹑群：坚持自繁自养，防止从场外传入该病。由于幼鹌鹑易感，因而幼鹌鹑和成年鹌鹑应分群饲养。② 严格消毒。发生马立克氏病的鹌鹑场或鹌鹑群，必须检出并淘汰病鹌鹑，同时要做好检疫和消毒工作。③ 预防接种。雏鹌鹑在出壳 24 h 内接种马立克氏病火鸡疱疹疫苗。若在 2、3 日龄进行注射，免疫效果较差。连年使用本疫苗免疫的鹌鹑场，必须加大免疫剂量。④ 加强管理。要加强对传染性马立克氏病及其他疾病的防治，使鹌鹑群保持健全的免疫功能和良好的体质。

【治疗】 本病目前尚无特效治疗药物，主要是做好预防工作。

四、大肠杆菌病

【病因】 本病是由大肠杆菌引起的一种传染病，包括急性败血症、脐炎、气囊炎、肝周炎、肠炎、关节炎、肉芽肿和卵黄性腹膜炎等。该病是一种条件性疾病，改善环境是预防该病发生的有效措施。大肠杆菌主要通过消化道、呼吸道、脐部和皮肤创口感染。

【临床症状】 鹌鹑出现脐部感染变红、大肚子、腹水症、眼炎、呼吸声音异常、败血症、精神委顿、羽毛散乱、脱肛、拉稀便、关节炎等症状。

【预防】 改善舍内通风条件，保证舍内空气新鲜；合理饲养，饲养密度适中。杜绝使用腐败变质和受霉菌、大肠杆菌污染的饲料。加强饲养管理，勤刷洗水槽及饮水器具，使用优质饲料，增强抗病力。

【治疗】 饲料中添加0.4%的土霉素原粉，饮水中添加氧氟沙星，连用7天，有良好的疗效。此外，还可用大观霉素、速灭沙星、恩诺沙星、诺氟沙星和庆大霉素等饮水或拌料。5%的恩诺沙星饮水剂100 mL加65 kg水连续饮用5天，或每天每只给予庆大霉素5 000 IU，连续饮用5天，都可收到良好的治疗效果。

五、新城疫

【病因】 本病是由新城疫病毒引起的一种烈性传染病。这种病毒可通过空气、昆虫、人员和饲料，经呼吸道和消化道感染鹌鹑体且迅速传播。不同日龄的鹌鹑均可发病，病死率高达50%。随着日龄的增加，机体对该病的抵抗力增强，发病率降低，病死率在10%左右。

【临床症状】 病鹌鹑食欲减退，精神不振，缩头呆卧。产蛋率下降，蛋壳颜色变白，软壳蛋增多，拉绿色或白色稀便。成年鹌鹑出现扭头、歪颈、转圈、瘫痪、观星、张口伸颈等神经症状。有时会出现不明症状的突然死亡，病死率高，但成活的鹌鹑精神状态不错。雏鹌鹑表现为头向后转，偏瘫，呼吸声音异常，一般2~6天死亡，慢性的可存活10~30天，也有的个体能存活更长时间。

【预防】 按照防疫程序进行预防接种，并搞好环境控制和饲养管理。于5~7日龄用新城疫Ⅳ系，或新城疫Ⅱ系滴鼻、点眼；于28~30日龄，加强免疫1次，同时用复合强化新城疫和传染性支气管炎二联苗0.5 mL胸部肌肉注射；190~210日龄再用复合强化新城疫和传染性支气管炎二联苗接种1次。

【治疗】 本病无特效治疗药物。可用抗新城疫高免血清肌肉注射，每只0.5~1 mL；也可用抗新城疫高免蛋黄，每只1 mL，均有较好的治疗效果。用抗新城疫高免血清和高免蛋黄治愈的鹌鹑，第7天用新城疫Ⅳ系苗饮水或滴鼻、点眼。

复习思考

1. 简述鹌鹑的生活习性。
2. 简述鹌鹑的饲养管理要点。
3. 简述鹌鹑常见疾病的防治办法。

项目九 乌鸡的养殖技术

学习目标

1. 了解乌鸡的品种及经济价值。
2. 掌握乌鸡的饲养管理要点。
3. 掌握乌鸡的繁育技术。
4. 能够做到科学饲养乌鸡。

任务一 乌鸡的品种及生物学特性

一、乌鸡的品种及形态特征

乌鸡主要因骨骼乌黑而得名，与家鸡同类同属，形态基本相同，但体躯短矮而小，头也较小，头颈比较短，耳叶的颜色较特殊，呈绿色略带紫蓝色。由于我国环境条件多样，选择目标、饲养条件不一，因此形成了很多不同类型的地方乌鸡品种，以羽色分有白、黑、杂花3色，以羽状分有丝羽、平羽、翻羽3种，也有以乌肉、白肉而分的。最常见的乌鸡，遍身羽毛洁白，有“乌鸡白凤”的美称，除两翅羽毛以外，其他部位的毛都如绒丝状，头上还有一撮细毛高突蓬起，骨骼乌黑，连嘴、皮肉都是黑色的。

1. 泰和乌鸡

泰和乌鸡性情温顺，体躯短矮，骨骼纤细，头长且小，颈短，具有显著而独特的外貌特征，极易与其他品种区别。泰和乌鸡的十大特征，民间称为“十全”：① 丝毛。全身披白色丝状绒毛。② 缨头。头的顶端有一撮白色直立细绒毛，公鸡尤为明显。③ 丛冠。素有“凤冠”之称，公鸡多为玫瑰冠形，母鸡多为草莓冠形及桑葚冠形。④ 绿耳。耳呈孔雀绿色。⑤ 胡须。下颌长有较长的细毛，形似胡须。⑥ 毛腿。两腿部外侧长有丛状绒羽，多少不等，俗称裙裤。⑦ 五爪。两只脚各有五爪。⑧ 乌皮。全身皮肤、眼、嘴、爪均为黑色。⑨ 乌骨。骨质及骨髓为浅黑色，骨表层的骨膜为黑色。⑩ 乌肉。全身肌肉、内脏及腹内脂肪均呈黑色，胸肌和腿肌为浅黑色。泰和乌鸡是中国特有的禽类种质资源，除西藏自治区外，各地都有一定规模的泰和乌鸡饲养。而泰和乌鸡质弱体轻，胆小怕惊，喜走善动，就巢性强，繁殖能力较低。离开原产地饲养，易产生变异、退化。成年公鸡体重 1.4～1.8 kg，母鸡体重 1.2～1.4 kg，母鸡年产蛋量 80～100 枚，蛋重 38～42 g，蛋形指数 1.2～1.3，蛋壳以浅褐色和浅白色为主，种蛋受精率 89%，受精蛋孵化率 85%～88%。母鸡就巢性强，在自然情况下，一般每产 10～12 枚蛋便就巢，每次就巢在 15 天以上。种蛋孵化期为 21 天。

2. 盐津乌鸡

盐津乌鸡主要产于云南省昭通地区所属的盐津境内，故称为盐津乌鸡。该鸡的特征是冠、肉垂、眼睑、全身皮肤皆为乌黑色，喙、胫、趾为乌色且有光泽。除羽毛外，肌肤、骨骼和大部分内脏也为黑色。黑羽是主要羽色，其次为黄羽、杂羽和白羽。不论哪种毛色，肉质均细嫩、鲜美。成年公鸡体重为 2.75～3.6 kg，母鸡为 1.35～3 kg，是目前我国体形较大的乌鸡。盐津乌鸡性成熟中等，公鸡 180 日龄啼鸣，母鸡 180～230 天开产，年产蛋量 120～190 枚，蛋重 55～65 g，蛋壳有浅褐色、白色 2 种；蛋以浅褐色居多。母鸡开产后一般 40 天左右就巢，自然状态下 20 天左右醒抱。醒抱后 1 周恢复产蛋。盐津当地养殖户对乌鸡选种有丰富经验，对公鸡要求全身毛色一致，体大背宽，行走有神，体重在 3.5 kg 以上；对母鸡要求 2.5 kg 以上，毛色要求不严，但耳垂的要求甚严，乌鸡的耳垂乌得越明显越优。

3. 腾冲雪鸡

腾冲雪鸡全身扁羽，羽色雪白无斑，皮肤、肌肉、骨质均为黑色，内脏及脂肪浅黑色；体形中等，结实紧凑；头小清秀，少数有缨头；冠多为单冠，也有少数玫瑰冠，冠齿 6 至 7 个；公鸡冠和肉垂红色，母鸡冠紫黑色，多呈“Z”形折叠；眼大有神，虹彩黄色，瞳孔黑色，耳叶绿色；喙、胫、趾黑色，四趾。公鸡 120 至 165 日龄开啼，母鸡 150 日龄左右开产，年产蛋 110～150 枚，蛋重 40～42 g，蛋壳呈浅褐色。母鸡就巢性强，年就巢至少 2 次，一般产 18～21 枚蛋后自然孵化，平均受精蛋孵化率 88%。

4. 黑凤鸡

黑凤鸡也具有十全特征，即全身被有黑色丝状绒毛、乌皮、乌肉、乌骨、丛冠、缨头、绿耳、五爪、毛腿、胡须。此外，其舌、内脏、脂肪、血液均为黑色。该鸡抗病力较强，不善飞跃，食性广杂。成年公鸡体重 1.25～1.50 kg，母鸡 0.9～1.18 kg，母鸡年产蛋 140～160 枚，蛋壳多为棕褐色。

5. 江山白羽乌鸡

江山白羽乌鸡体形中等，呈三角形，全身羽毛为纯白片羽，体态清秀，呈元宝形，眼圆大凸出；乌皮、乌肉、乌骨、乌喙、乌脚，耳垂为雀绿色，单冠呈绛色，肠系膜和腹膜等内脏均呈现不同程度的紫色。趾部多数有毛，具四趾。按羽毛着生方式的不同，该鸡种可分平羽和反羽两个类型，且以平羽型占多数。平羽型全身羽毛平直紧贴，公鸡尾羽不够发达，母鸡尾羽上翘。反羽型全身羽毛沿轴向外、向上或向前反生或卷曲，主翼羽粗硬无光泽而末端重叠，鞍羽卷曲成菊花瓣状。

二、乌鸡的生活习性

① 适应性好。大部分品种的成年乌鸡对环境的适应性强，患病较少，但幼雏体小，体质弱，抗逆性差。乌鸡耐热性较强，但怕冷怕湿，饲养中应特别注意。

② 胆小怕惊。乌鸡胆小，一有异常动静便会造成鸡群受惊，影响生长发育，甚至挤死、压死。因此，应创造一个较为安静的生活环境。

③ 群居性强。乌鸡性情极为温和、不争斗，但饲养时最好公、母分开。

④ 就巢性强。乌鸡性成熟早，母鸡就巢性强，有的产 6~8 枚蛋便开始就巢，一般每年就巢 6~7 次。所以，一般家庭养殖可采用母鸡进行自然孵化，一次可孵蛋 20 枚左右。大中型养殖场多采用人工孵化。

⑤ 食性杂。乌鸡属杂食性动物，一般玉米、稻谷、大小麦、高粱、糠麸、青绿饲料均能饲喂，但饲料配合应全价，以利于乌鸡的生长发育和取得较高的经济效益。

三、乌鸡的经济价值

1. 肉用价值

乌鸡肉质纤细，赖氨酸、缬氨酸组成比例高于其他鸡种，所以乌鸡被誉为“营养佳品”是有科学依据的。

2. 药用价值

对于乌鸡的药用价值，《本草纲目》一书中就有记载：乌鸡甘、平、无毒，补虚劳羸弱……驰名中外的“乌鸡白凤丸”和“乌鸡酒”等，就是以乌鸡作为主要原料。乌鸡能补气养血，调经止带，平胆祛风，益肾养阴。以一只乌鸡配以杜仲叶和六月雪一起煮烂，分次食其肉汁，对慢性肾炎有一定疗效；配以黄芩、川乌一起煮烂，分次食其肉汁，对关节炎有较好的疗效；配以天麻一起煮烂，分次食其肉汁，对偏头痛有显著疗效。乌鸡配以香附和山药，能行气止痛，补益脾胃，加强脾胃吸收功能。另外，乌鸡体内铁的含量较高，病后或产后贫血的人食之，对恢复健康效果显著。

3. 观赏价值

乌鸡是驰名中外的观赏鸡种。1951 年，乌鸡曾作为中国特有名贵鸡种在巴拿马万国博览会展出，荣获巴拿马国际博览会金奖，并在世界上被公认为观赏鸡种。

任务二　乌鸡的繁育技术

一、种乌鸡的选择

选种时，首先进行外貌鉴定，然后根据个体生产性能及其系谱资料确定。选种一般分 4 次进行，第一次在 2 月龄初选，主要根据乌鸡的生长发育和健康状况进行选留与淘汰，选留品种特征齐全、生长发育好、体重超过平均值的健康雏鸡；第二次筛选在 5 月龄时结合转群进行，这次选种是进一步淘汰外貌特征和体重不符合品种要求的个体；第三次筛选在 35~40 周龄时进行，主要根据种公鸡和种母鸡的交配能力、精液品质和产蛋性能进行选择；第四次筛选在种鸡休产前 2~3 周进行，主要根据全年生产性能进行选择，优秀的第二年继续留种。

① 种公鸡的选择。要求雄性特征明显，头高昂，啼声雄壮有力，健康无病，性欲旺盛，腹部柔软有弹性。

② 种母鸡的选择。以产蛋多、换羽快、就巢性弱的为佳。

二、乌鸡的配种

作为种用乌鸡，产蛋前进行公、母合理分群，户养公、母比例按 1∶(5~10)，养鸡场则按 1∶(8~10)，合格的受精率为 80%~85%。一般公鸡 6~7 月龄即可配种，配种能力差的公鸡要及时淘汰。母鸡以 2 年左右为好，利用年限 3~4 年，每年更换 40%~50%。

三、乌鸡的引种

1. 生产性能好

引入生产性能好的种乌鸡是提高乌鸡生产效益的基本条件。生产性能要从多方面来衡量，如体重、生长速度、成活率、产蛋量、蛋重、饲料转化率等。

2. 对本地自然条件要有良好的适应性

各地的自然环境条件、生产技术水平千差万别，不同乌鸡品种在不同地区的适应性表现也会存在明显差异。引种时应充分了解所引乌鸡种对当地不利自然条件的适应能力，如耐热性、抗病力、在低温下的性能表现等；也可参考本地区其他养鸡场的引种及引种后生产性能表现情况引种。

3. 要考虑引种途径

引种的途径要方便，这样既可减少引种费用，也容易引种成功。

4. 引进品种数量要适当

同一个养鸡场在同一时期内引进的品种不宜过多，因为各品种都有自己特有的饲养管理和卫生防疫要求。若饲养的品种多，则很难满足它们各自的要求，也就难以充分发挥其生产潜力，影响生产效益。通常一个养鸡场最好在一个时期内仅饲养 1 个品种；若条件比较好，也可饲养 2 个品种。要根据本场的经济和设备条件、房屋设备利用率、种鸡群供种能力大小、自身的生产技术和管理水平等情况来确定具体引种数量。严格执行检疫制度，只有证明了要引的乌鸡品种无特有的传染病才能引进。引进的鸡群要在经过严格消毒后的隔离舍内饲养，经过一段时期观察并确认健康方可转入正常饲养。

任务三　乌鸡的饲养管理技术

一、乌鸡场建设

1. 选址

选择地势高燥、背风向阳、水源充足、排水良好、交通便利的地方，土质以沙壤土为好；各种房舍应分区，工作区和生活区安排在地势较高和上风口处，后依次为生产管理区、鸡群区。各种房舍的平面位置安排，应以生产流程中的关键环节为中心并兼顾防疫等统筹规划。鸡舍间距取房檐高度的 3~5 倍。鸡舍朝向应与常年主导风向成 30°~60°角。

2. 鸡舍的类型和结构

（1）鸡舍的类型

① 育雏舍。育雏舍用于饲养 60 日龄以内的雏鸡，要求房舍较矮，墙较厚，地面和墙壁整洁光滑，跨度 6 m，高度 2~2.5 m，保温和通风性能良好，温度要求保持在 20~25 ℃，屋顶多采用双坡式。育雏室每小间面积以 12~24 m^2 为宜，一般采用网上育雏或电热育雏笼育雏。② 育成舍。育成舍用于饲养 60~150 日龄的青年鸡。平养时要求采光良好，空气新鲜，有运动场，易于保温或降温，有遮光设施。多采用网上养殖或笼养模式，鸡和粪便分离，可有效降低发病率。③ 种鸡舍。种鸡舍用于饲养 150 日龄以上的乌鸡。笼养鸡舍多采用 2 层或 3 层种鸡笼，每只小笼可养 2 只母鸡。

（2）鸡舍的结构

① 鸡舍面积可根据饲养方式和饲养密度确定。若采用平养方式，各鸡种的饲养密度分别为雏鸡 20 只/m^2，育成鸡8~10 只/m^2，种鸡 4~6 只/m^2。② 鸡舍的跨度和长度。一般有窗能自然通风的鸡舍跨度 6~9 m，机械通风鸡舍跨度可达 12 m；鸡舍长度以 50~60 m 为宜。③ 鸡舍高度。一般地面到屋檐的高度以 2~2.5 m 为宜。④ 墙壁和地面壁宜厚，地面应高出舍外地表。

二、乌鸡的饲养管理

1. 育雏期的饲养管理

（1）育雏方式

① 笼式育雏。一般采用 3~5 层叠层式育雏笼。

② 平面育雏。在铺有垫料或者金属网的平面上育雏。

（2）饲养管理

在0～60天的这段时间为育雏期。育雏期饲养管理总的要求是：第一，乌鸡舍要求保温干燥、光亮适度，空气流通良好，不污浊。第二，应实行全进全出，禁止不同日龄的乌鸡混养或成鸡与雏鸡混养。第三，根据雏鸡生理特点和生活习性，采用科学的饲养管理措施，创造良好的环境以满足乌鸡的生理要求，严防各种疾病的发生。

① 育雏前的准备。引进雏鸡前应将鸡舍打扫干净，包括屋顶、墙壁、地面，然后用清水清洗干净。育雏所用器具也必须按照清水冲洗→消毒药水清洗→清水冲洗的顺序清洗后，放入鸡舍内，然后按每立方米空间用40%甲醛溶液30 mL+高锰酸钾15 g混合密闭熏蒸24 h。

② 育雏温度。刚出壳的幼雏体形小，绒毛稀短，散热快，体温调节能力差，对环境的适应能力也较弱。外界温度与幼雏的体温调节、运动、采食、饮水及饲料消化吸收等密切相关，因此，育雏期间要特别注意雏鸡的防寒保暖。进雏前1～2天育雏舍必须加温，使舍内温度达到雏鸡所需要的温度后，才能进雏。雏鸡出壳后8 h内，应送进保温室育雏伞下保温，小规模家庭饲养可用红外线灯保温，每个100 W灯泡保温50～100只雏鸡；若是母鸡孵化，可由母鸡自由保温。温度计应放在距热源50 cm、垫料5 cm的地方，每2 h检查室内温度，防止温度突变。要求0～3日龄的雏鸡所需温度稍高，应保持在35～37 ℃。温度随雏鸡日龄增加而渐减，按每周降1～2 ℃进行调节，直至降到27 ℃止。温度控制的原则是：初期宜高，后期宜低；小群宜高，大群宜低；弱雏宜高，强雏宜低；阴天宜高，晴天宜低；商品鸡宜高，种用鸡宜低。雏鸡在室内分布均匀，说明温度适宜；若雏鸡扎堆或靠近热源，并发出“唧唧”叫声，则表明温度偏低；若雏鸡远离热源，伸颈呼吸，两翅张开下垂，并不断饮水，则表明温度偏高。温度切忌忽高忽低。

③ 育雏湿度。由于乌鸡怕潮，室内相对湿度为：第1周龄65%～70%，以后55%～60%。湿度小，鸡体失水多，易患呼吸道疾病；湿度大，体表散热困难，食欲下降，抗病力低。湿度大时，中午可开通风窗，雨天多垫干草，室内过道可放些生石灰；湿度小时，可在室内放水盆，在炉上开盖烧开水。湿度切勿忽大忽小。

④ 密度。若密度过大，鸡群拥挤，则采食不均，个体发育不整齐，易感染疾病，出现啄癖，增加死亡数。密度过小，既不经济也不利于保温。合理的密度为1～10日龄60只/m^2，11～20日龄40只/m^2，21～40日龄30只/m^2，41～60日龄18只/m^2，以后12只/m^2。

⑤ 光照。光照可增强雏鸡的活动，帮助觅食和消化，提高新陈代谢。开放式鸡舍以自然光照为主，人工补充光照为辅。一般1～3日龄24 h光照，3日龄以后每天18 h光照，以后每周减0.5 h，逐步接近自然光照。光的强度以弱光为宜，采用每平方米1～1.5 W灯泡，使鸡能看见饮水和饲料即可，鸡食后也能安静休息，又可防止

啄食癖。光照灯泡离地面 2 m 为宜。如用红外线灯育雏，可满足光照要求，不必人工补光。

⑥ 通风。在不影响保暖的前提下，尽量增加通风换气量，把有害气体降到最低水平，氨气不应超过 15.2 mg/m^3，以人进入舍内不感到气闷为宜。

⑦ 饮水。开食前先饮水。1~2 日龄雏鸡最好饮用温开水。在饮水中添加 0.1%维生素 C 和 1%~5%葡萄糖，再加 0.1%的水溶性诺氟沙星等有针对性的药物，有助于排出胎粪、促进食欲、减少应激、预防和控制肠道疾病，提高机体抗病力及生长发育等效果较好。对不会饮水的雏鸡，应人工喂几滴淡糖水。有条件的地方每 100 只雏鸡可给0.5~0.75 kg的鲜奶。每 100 只小鸡应备有 2 个 4.5 L 大小的塔式饮水器，并均匀分布在育雏室内。每隔 10 天，定期在饮水中加入水溶性维生素 E 等，每次连用 3 天，促进雏鸡的生长发育，提高抗逆性。水槽的高度应随雏鸡的体高而逐周调整，始终保持比鸡背低 2.5 cm。

⑧ 开食。出壳后，将雏鸡放在暗光下（以 15 W 电灯为宜）安静休息 4 h，再给予较强的光（以 45 W 电灯为宜）刺激开食。出壳后的雏鸡，腹内还有未吸收完的卵黄。一般开食时间在出壳后 24~36 h 内。由于刚出壳的雏鸡消化机能不健全，所以开食料一定要新鲜、易消化。

⑨ 做好疾病的防治工作。具体措施：a. 1 日龄颈部皮下注射马立克氏冻干苗，7 日龄用新传支 H12 二联苗点眼滴鼻 1~2 滴，14 日龄用法氏囊病中等毒力疫苗饮水或滴鼻，25~30 日龄用鸡痘疫苗 0.2 mL 刺种左翼膜。b. 从 1 日龄开始，用 0.02%~0.03%呋喃唑酮拌料预防雏鸡白痢杆菌病，连喂 5~7 天。如已发病，可用加倍量呋喃唑酮拌料治疗。c. 15~45 日龄是雏鸡球虫病的高发期，应在 7 日龄时用氯苯胍 30~60 mg/L 的剂量混料进行预防或治疗。连续用药 1 周，停药 5 天，再连续用药 1 周，效果较好。经常喂食切碎的新鲜韭菜叶或葱叶等。如发现病鸡，要及时隔离和治疗，以免造成大面积感染和传播。

⑩ 断喙。由于雏鸡喜欢到处啄，特别是湿度较大、光照过强时，很容易引起雏鸡相互之间啄肛、啄羽。饲养雏鸡期间，最好断喙 1 次。断喙时间以 10~14 日龄为好，在鸡群正发病或接种疫苗等情况下应缓断。断喙前 1 天和后 1 天的饮水或饲料中最好加维生素 K3（5 mg/kg）。

⑪ 乌鸡胆小易惊，应避免异常声响，以免引起惊恐，造成应激扎堆。另外，还应严防兽害、鼠害。

2. 育成期的饲养管理

育成鸡即 61~150 日龄的鸡。乌鸡进入育成期后逐渐开始性成熟，全身羽毛已经丰满，消化机能已经健全，采食量大增，生长发育极快。育成鸡饲养培育的目的：一是尽快达到商品鸡的体重，尽快投放市场；二是选择优秀个体进入种群。育成期乌鸡的饲养管理应注意以下几方面。

① 转栏。雏鸡 6~8 周龄进入育成期。转栏后要保持光照环境，做好脱温工作。采取白天停止给温，夜间仍继续给温的方式，经 1 周左右雏鸡习惯自然温度后，停止给温。脱温时间要根据季节、天气情况而定，室外气温低、昼夜温差大，应适当延长给温时间；一般昼夜气温达到 18 ℃以上即可脱温。寒冷季节，应选择晴天中午转栏，转栏时按公母、强弱分群，同时饮水中加入维生素、抗生素，防止发生应激反应，另在饲料中拌入防治球虫病的药物。

② 密度。一般乌鸡平养密度为 2~3 月龄 12~15 只/m^2，3~4 月龄 10~12 只/m^2，4~6 月龄 8~10 只/m^2。有条件的可以采用散养方式，散养的优点是投资少、省料、成本低。如作为商品鸡出售，在 3~4 月龄时应控制运动量，以减少饲料消耗，尽快上市。

③ 温度。育成期温度以 15~20 ℃最适宜，若气温在 30 ℃以上，则应人工降温，以免温度过高造成患病或死亡。

④ 湿度。育成期的相对湿度以 55%~60%为宜。每年春夏之交南方多雨季节，舍内应降低湿度，保持干燥，勤换垫料；北方干旱季节，应增加舍内湿度。

⑤ 饮水。育成鸡的饮水应保持充足、干净，饮水器具也应经常清洗消毒。

⑥ 饲料。育成期的饲料应根据饲养的乌鸡是种用还是作为商品鸡出售来决定。如果作为种用，则应控制体重，使其骨骼发育良好，不过肥也不过瘦，饲料的能量水平和蛋白质水平可稍微低一些；如果是作为商品鸡出售，则不得限制其采食量，饲料的营养成分可适当高些。如果不需要尽快上市，可采用放养的方式，每天只给补 1~2 次饲料，其他时间则任其采食青绿饲料或野生草籽、蚯蚓等，这样虽然饲养时间长一些，但成本低，一般农户可普遍采用。乌鸡一般 3 月龄进入成年期，开始性成熟，进入产蛋期，此时要改喂蛋鸡料。

⑦ 通风。育成鸡舍也应注意通风换气，以减少有害气体对鸡的毒害，特别是夏季，更不能将门窗关闭。

⑧ 光照。作为商品鸡用途的育成鸡可不必增加光照，种用的鸡群应从育成后期开始每周增加 0.5~1 h 光照，直至每天 16 h。

⑨ 卫生防疫。按照免疫程序进行疫龄内免疫接种。可在饲料中加入土霉素或呋喃唑酮防治，在饲料中加入氯苯胍或敌菌净防治球虫，效果良好。在管理上应搞好舍内卫生，保持清洁。消毒池的消毒剂也应定期更换，防止传染病病原由外界带入。

⑩ 日常管理。成年乌鸡要定期检查体重变化，产蛋情况及健康情况，早晚观察乌鸡的食欲情况及粪便变化，发现问题应及时采取有效措施。

⑪ 搞好灭鼠工作。鼠害是育成期较严重的一种危害。老鼠不仅会偷食鸡饲料，而且会咬伤育成鸡，有时一只老鼠一天会咬死 10 多只育成鸡，还会传播疾病，因此，在育成期一定要搞好灭鼠工作。

⑫ 其他。有些品种的乌鸡喜动、善飞翔、喜干净、怕湿，故鸡舍应建在地势高

的地方。圈舍要做到冬暖夏凉，空气新鲜，阳光充足。运动场围墙要求高 2 m 以上，以防鸡飞逃。

3. 产蛋期的饲养管理

饲养产蛋鸡的目标是提高种蛋的产量、质量及受精率、孵化率，获得高产优质的种蛋。小规模饲养可以采用地面平养或网上平养、公、母混合笼养和人工授精。采用人工授精时，公、母比例一般以 1∶（20~25）为宜。种乌鸡体形较小，在采用笼养时以选用轻型蛋鸡笼为宜。小群饲养公、母比例以 1∶12 为宜，大群饲养以 1∶10 为宜。选留公鸡开始时可多留几只，然后根据种蛋受精率确定公鸡的选留和淘汰。种公鸡可以利用 3 年，种母鸡通常利用 2~3 年。产蛋高峰期鸡饲料配方为：玉米 58%、麸皮 5%、糠 10%、豆饼 11%、鱼粉 8%、贝壳粉 6%、骨粉 1%，其他 1%。除此之外，还要加上适量的多种维生素和微量元素添加剂等。每天每只鸡平均投喂 150 g，日喂 3~4 次，晚上最好适当增加粒料（特别是冬季），青绿饲料应切碎拌在料中喂，可提高适口性。麦子、谷子通过浸泡后发芽达 1 cm 时，含维生素 E 较多，若加入饲料中，可提高鸡的产蛋量。母鸡产蛋应及时拣出，每次捡蛋间隔时间为 1 h，否则有的母鸡会啄食鸡蛋，形成恶癖。鸡舍要清洁干燥，冬暖夏凉，室温保持在 18~22 ℃最有利于鸡产蛋。开放式鸡舍早晚补充光照，光照亮度一般以 3 W/m^2 为宜，光照需均匀。灯泡高度距鸡背 2 m，每盏灯瓦数不宜过大，应多安几盏。光照过强会造成鸡啄羽、啄肛、吃毛、泄殖腔外翻和神经质等恶癖。产蛋的乌鸡对外界环境极为敏感，如声、光、色等的突然变化极易造成鸡群的惊吓应激，因此，在管理上必须消除各种应激，以免带来严重损失。鸡舍密度过大、通风不良、氨气过浓均易诱发鸡的啄癖、球虫病、呼吸道疾病等。就巢性强是饲养乌鸡的一个不利点。母鸡一旦就巢，就停止产蛋，造成年度产蛋量减少。因此产蛋期应经常观察鸡群，一旦发现，必须及时醒抱。具体方法是：用 1/2 支丙酸睾丸素注射就巢鸡，2~4 天即可醒抱；或每天喂 1~2 片（每片 0.12 g）盐酸奎宁，连喂 2~3 天；或每天灌服食醋 5~10 mL，连灌 3 天。醒抱后，一般隔 1~3 周就可恢复产蛋。要经常观察鸡群的精神状态、饮水及采食情况、粪便的颜色状态、鸡只的死亡情况。如果出现数只乌鸡精神不好并有死亡，应及时剖检，做到有病及早治疗。另外，捡蛋时还应观察鸡蛋的质量，发现异常应及时分析原因并采取措施。新开产的母鸡及人工授精的母鸡很容易脱肛，从而引发啄肛现象。如果发现啄肛现象，应立即分开饲养，并进行伤口消毒，肌注或喂服消炎药物。

4. 肉用仔乌鸡的饲养管理

乌鸡在 2~3 月龄时增重速度比较快，可利用这一生长特点，生产肉用仔鸡，以满足市场的需要。饲养期分为生长期和育肥期。生长期是从出壳至 5 周龄，这段时间日粮中蛋白质含量应较高，以促进仔鸡的生长。而在育肥期，也即 5~10 周龄，日粮中蛋白质含量应比前期低，而能量要高，以积蓄脂肪，增加体重。所以在肉用仔鸡饲养后期，能量饲料可占日粮的 75%，动物性和植物性蛋白质饲料可各占 10%，矿物质和维生素添加剂等占5%。乌鸡的饲料与一般家鸡的饲料相同，可参考家鸡的饲料配方。青饲料应不超过日粮的30%，因为青饲料过多会妨碍生长。饲养过程中，要严格控制饲养密度，一般15只/m^2左右。舍内要保持清洁干燥，空气新鲜，饮水清洁。1月龄以上的鸡可在晴天放入运动场活动。

任务四　乌鸡常见疾病的防治

一、马立克氏病

【病因】 病鸡和带毒鸡是传染源，尤其是这类鸡的羽毛囊上皮内存在大量完整的病毒，随皮肤代谢脱落后污染环境，成为在自然条件下最主要的传染来源。本病主要通过空气传染，病毒经呼吸道进入体内。被污染的饲料、饮水和人员也可带毒传播。孵房污染能使刚出壳雏鸡的感染率明显增加。

【临床症状】 临床上以神经型和内脏型多见。有的鸡群发病以神经型为主，内脏型较少，一般病死率在5%以下，且当鸡群开产前本病流行基本平息；有的鸡群发病以内脏型为主，兼有神经型，危害大、损失严重，常造成较高的病死率。

① 神经型。病毒常侵害周围神经，以坐骨神经和臂神经最易受侵害。当坐骨神经受损时，病鸡一侧腿发生不全或完全麻痹，站立不稳，两腿前后伸展，呈“劈叉”姿势，为典型症状。当臂神经受损时，病鸡翅膀下垂；支配颈部肌肉的神经受损时，病鸡低头或斜颈；迷走神经受损时，鸡嗉囊麻痹或膨大，食物不能下行。一般病鸡精神尚好，并有食欲，但往往由于饮不到水而脱水，吃不到饲料而衰竭，或被其他鸡只践踏，最后均以死亡而告终。多数情况下病鸡被淘汰。

② 内脏型。常见于50~70日龄的鸡。病鸡精神委顿，食欲减退，羽毛松乱，鸡冠苍白（有的呈黑紫色）、皱缩，黄白色或黄绿色下痢，迅速消瘦，胸骨似刀锋，触诊腹部能摸到硬块。病鸡先脱水、昏迷，最后死亡。

【预防】 ① 加强养鸡环境卫生与消毒工作，尤其是孵化卫生与育雏鸡舍的消毒，防止雏鸡的早期感染。这是非常重要的，否则即使出壳后即刻接种有效疫苗，也难防止发病。

② 加强饲养管理，改善鸡群的生活条件，增强鸡体的抵抗力，对预防本病有很大的作用。饲养管理不善，环境条件差或某些传染病（如球虫病）等常是重要的诱发马立克氏病的因素。

③ 坚持自繁自养，防止因购入鸡苗的同时将病毒带入鸡舍。采用全进全出的饲养制度，防止不同日龄的鸡混养于同一鸡舍。

④ 一旦发生本病，在感染的场地清除所有的鸡，将鸡舍清洁消毒后，空置数周再引进新雏鸡。一旦开始育雏，中途不得补充新鸡。

⑤ 可以通过注射疫苗达到预防的效果。

【治疗】目前本病没有较好的治疗办法。

二、禽流感

【病因】 本病是由A型禽流感病毒引起的一种从呼吸系统到全身败血性的急性、高度致死性传染病。

【临床症状】 病鸡精神沉郁，采食量下降，有呼吸道症状；肿头、流泪、流涕，眼睑水肿，冠、肉垂肿胀、出血、坏死，冠紫，肢鳞呈蓝紫色；头颈出现抽搐、震颤等神经症状；有的病毒主要感染产蛋鸡，雏鸡、育成鸡一般不表现临床症状，产蛋率下降20%~50%，蛋壳粗糙，软皮蛋、褪色蛋增多；腹泻。

【预防】 减少疾病侵入鸡群并防止已患病鸡群将疾病传播于其他鸡群；禽流感的主要传播途径是通过粪便污染服装、鞋、设备、鸡筐等，所以减少粪便扩散的任何措施都能降低禽流感的发生危险；接种疫苗。

【治疗】 ① 金刚烷胺或病毒唑（利巴韦林）、病毒灵（吗啉胍）等抗病毒药。

② 普瑞肽生素饮水：补充维生素的同时补充氨基酸。

③ 将恩诺沙星或其他抗生素加入饮水中。

④ 用大青叶、板蓝根、黄连、黄芪煎水服用。

三、鸡新城疫

【病因】 该病一年四季都会发生，尤以春季多发。各种日龄阶段的鸡都会感染。病鸡的粪便、口水等排泄物，死鸡尸体，鸡只的买卖、输送和频繁的流动，都是鸡新城疫流行的重要因素。

【临床症状】 初发病时，病鸡精神沉郁，不吃食，发高烧（42~44 ℃），羽毛蓬松，张口呼吸，头颈蜷缩，闭眼呆立，排出黄绿色或白色恶臭稀粪；后期出现转圈扭脖、行走不便和局部瘫痪。

【预防】 搞好鸡舍环境卫生，定期做好预防注射，是防止鸡新城疫发生的关键措施。7~10日龄时，用鸡新城疫Ⅱ系疫苗稀释10倍后给小鸡滴鼻或点眼（稀释时可用灭菌的生理盐水，也可用普通的凉开水），每只小鸡滴1~2滴即可。2~3月龄以后，用鸡新城疫Ⅰ系疫苗稀释1 000倍后给每只青年鸡注射1 mL，3天后即可产生免疫力，免疫期为1年。

【治疗】 一旦在鸡群中发现本病，应对周围的健康鸡或未出现症状的鸡进行紧急预防接种。1月龄左右的鸡使用鸡新城疫Ⅱ系20倍的稀释疫苗，每只鸡滴鼻1~2滴（或肌肉注射0.2 mL），2月龄以上的鸡使用鸡新城疫Ⅰ系500倍稀释疫苗，每只鸡肌肉注射5 mL，即能产生良好的免疫效果。

四、传染性支气管炎

【病因】 传染性支气管炎病毒属于尼多病毒目、冠状病毒科、冠状病毒属、冠状病毒Ⅲ群的成员。本病毒对环境的抵抗力不强，对普通消毒药过敏，对低温有一定的抵抗力。传染性支气管炎病毒具有很强的变异性，目前世界上已分离出 30 多个血清型。这些毒株大多能使气管产生特异性病变，也有些毒株能引起肾脏病变和生殖道病变。本病主要通过空气传播，也可以通过饲料、饮水、垫料等传播。饲养密度过大、过热、过冷、通风不良等均可诱发本病。

【临床症状】 本病自然感染的潜伏期为 36 h 或更长。本病的发病率高，雏鸡的病死率可达 25%以上，但 6 周龄以上的病死率一般不高，病程多为 1~2 周，雏鸡、产蛋鸡的症状不尽相同，现分述如下。

雏鸡：无前驱症状，全群几乎同时突然发病。最初表现为呼吸道症状，如流鼻涕、流泪、鼻肿胀、咳嗽、打喷嚏、伸颈张口喘气。夜间听到明显嘶哑的叫声。随着病情发展，症状加重，出现缩头闭目、垂翅挤堆、食欲缺乏、饮欲增加等表现。如治疗不及时，有个别死亡现象。

产蛋鸡：表现为轻微的呼吸困难、咳嗽、气管啰音，有“呼噜”声。精神不振、减食、拉黄色稀粪，症状不很严重，有极少数死亡。发病第 2 天产蛋率开始下降，1~2 周下降到最低点，有时产蛋率可降到一半，并产软蛋和畸形蛋，蛋清变稀，蛋清与蛋黄分离，种蛋的孵化率也降低。产蛋量回升情况与鸡的日龄有关。产蛋高峰的成年母鸡，如果饲养管理较好，经两个月基本可恢复到原来水平；但老龄母鸡发生此病后，产蛋量大幅下降，很难恢复到原来的水平，可考虑及早淘汰。

【预防】 本病预防应考虑减少诱发因素，提高鸡只的免疫力。清洗和消毒鸡舍后，引进无传染性支气管炎病疫情鸡场的鸡苗，搞好雏鸡饲养管理。鸡舍注意通风换气，注意保温，防止过于拥挤，适当补充雏鸡日粮中的维生素和矿物质，制定合理的免疫程序。疫苗接种是目前预防传染性支气管炎的一项主要措施。目前用于预防传染性支气管炎的疫苗种类很多，可分为灭活苗和弱毒苗两类。

① 灭活苗。采用本地分离的病毒毒株制备灭活苗是一种很有效的方法，但由于生产条件的限制，目前未被广泛应用。

② 弱毒苗。目前应用较为广泛的单价弱毒苗是从荷兰引进的 H120、H52 株。H120 对 14 日龄雏鸡安全有效，免疫 3 周保护率达 90%；H52 会使 14 日龄以下的鸡出现严重反应，不宜使用。故目前 H120 常用于雏鸡，H52 常用于 1 月龄以上鸡。H120 免疫后的雏鸡 1~2 月龄须用 H52 疫苗加强免疫。

【治疗】 对于传染性支气管炎，目前尚无有效的治疗方法，人们常用中西医结合的对症疗法。由于实际生产中鸡群常并发细菌性疾病，故采用一些抗菌药物有时显得有效。对肾病变型传染性支气管炎的病鸡，采用补液盐、0.5%碳酸氢钠、维生素

C 等药物投喂能起到一定的效果。另有部分治疗方法：① 用咳喘康开水煎汁半小时后，加入冷开水 20~25 kg 作饮水，连服 5~7 天。同时，每 25 kg 饲料或 50 kg 水中再加入盐酸吗啉胍原粉 50 g，效果更佳。② 每克多西环素原粉加水 10~20 kg 任其自饮，连服 3~5 天。③ 每千克饲料拌入吗啉胍 1.5 g、板蓝根冲剂 30 g，任雏鸡自由采食，少数病重鸡单独饲养，并辅以少量雪梨糖浆，连服 3~5 天，可收到良好效果。④ 咳喘敏、阿奇喘定等也有特效。

五、鸡痘

【病因】 鸡痘是鸡的一种急性、接触性传染病。

【临床症状】 鸡痘通常分为三种类型：① 干燥型（皮肤型）。在鸡冠、脸和肉垂等部位，有小疱疹及痂皮。② 潮湿型。感染口腔和喉头黏膜，引起口疮或黄色假膜。皮肤型鸡痘较普遍，潮湿型鸡痘病死率较高（可达 50%，但通常不会这样高）。③ 混合型。上述两种类型可能发生即为混合型。任何鸡龄都可受到鸡痘的侵袭，但它通常于夏秋两季侵袭成鸡及育成鸡。本病可持续 2~4 周。通常病死率并不高，但患病后产卵率会降低，持续达数周。

【预防】 ① 免疫接种痘苗，适用于 7 日龄以上各种年龄的鸡。盐水或冷开水稀释10~50 倍后，用钢笔尖（或大针尖）蘸取疫苗在鸡翅膀内侧无血管处皮下刺种。接种 7 天左右，刺中部位呈现红肿、起疱，以后逐渐干燥结痂而脱落，可免疫 5 个月。

② 搞好环境卫生，消灭蚊、蠓和鸡虱、鸡螨等。

③ 及时隔离、淘汰病鸡，并彻底消毒场地和用具。

【治疗】 鸡痘现暂无特效药治疗。如果是大规模鸡群患病，可用抗病毒药物在饲料中搅拌喂食，连续 3~5 天即可治愈，还可加入适量的清热解毒药物，防止继发感染。对于病情较重的鸡，皮肤型的可将痘痂用镊子剥离，然后在伤口处涂抹消毒药水；而潮湿型的，则将假膜剥离取出，再撒一些解毒药物，连续 2~3 天即可痊愈。如果是长在眼部，影响鸡的视力的，可采取注射方法治疗，注射解毒的药剂即可。

六、传染性法氏囊病

【病因】 鸡传染性法氏囊病（IBD）又称甘波罗病，是传染性法氏囊病毒引起的一种急性、高度传染性疾病。

【临床症状】 雏鸡群突然大批发病，2~3 天内可波及 60%~70%的鸡，发病后3~4 天死亡达到高峰，7~8 天后死亡停止。病初精神沉郁，采食量减少，饮水增多，有些自啄肛门，排白色水样稀粪，重者脱水，卧地不起，极度虚弱，最后死亡。康复的雏鸡贫血消瘦，生长缓慢。剖检可见：法氏囊发生特征性病变，呈黄色胶冻样水肿、质硬，黏膜上覆盖有奶油色纤维素性渗出物。有时法氏囊黏膜严重发炎，出血，坏死，萎缩。另外，病死鸡表现为脱水，腿和胸部肌肉常有出血，颜色暗红。肾肿胀，肾小管和输尿管充满白色尿酸盐。脾脏及腺胃和肌胃交界处黏膜出血。

【预防】 ① 加强管理，搞好卫生消毒工作。防止从场外传入该病。一旦发生本病，及时处理病鸡，进行彻底消毒。消毒可选用聚维酮碘喷洒。下批鸡进鸡舍前烟熏消毒，消毒液宜用复合酚溶液，每 2~3 周换一次，也可用癸甲溴铵，每周换一次。

② 预防接种是预防鸡传染性法氏囊病的一种有效措施。目前我国批准生产的疫苗有弱毒苗和灭活苗。

【治疗】 ① 鸡传染性法氏囊病高免血清注射液。3~7 周龄鸡，每只肌注 0.4 mL；大鸡酌加剂量；成鸡注射 0.6 mL，注射一次即可，疗效显著。

② 鸡传染性法氏囊病高免蛋黄注射液。每千克体重 1 mL 肌肉注射，有较好的治疗作用。

③ 复方炔诺酮。每千克体重每天 1.2 g，口服，连用 2~3 天。

④ 丙酸睾丸酮。3~7 周龄的鸡每只肌注 5 mg，只注射 1 次。

⑤ 速效管囊散。每千克体重 0.25 g，混于饲料中或直接口服，服药后 8 h 即可见效，连喂 3 天，治愈率较高。

⑥ 盐酸吗啉胍。0.8 g，拌料 1 kg，板蓝根冲剂 15 g，溶于饮水中，供 20~25 羽鸡一日饮用，3 天为一疗程。

⑦ 中药治疗。药方：蒲公英 200 g、大青叶 200 g、板蓝根 200 g、双花 100 g、黄芩 100 g、黄柏 100 g、甘草 100 g、藿香 50 g、生石膏 50 g。水煎 2 次，合并药汁得 3 000~5 000 mL，为 300~500 羽鸡一日用量，每天一剂，每鸡每天 5~10 mL，分 4 次灌服，连用 3~4 天。为提高治疗效果，在选用以上治疗方法的同时，应给予辅助治疗和一些特殊管理。例如，给予口服补盐液，每 100 g 加水 6 000 mL 溶化，让鸡自由饮用 3 天，可以缓解鸡群脱水及电解质平衡问题；或以 0.1%~1% 小苏打水饮用 3 天，可以保护肾脏。如有细菌感染，可投服对症的抗生素，但不能用磺胺类药物。饲料中蛋白质含量降低到 15%左右，维持一周，可以保护肾脏，防止尿酸盐沉积。

复习思考

1. 简述乌鸡的品种及生活习性。
2. 简述乌鸡的饲养管理要点。
3. 简述乌鸡常见疾病的防治办法。

项目十 孔雀的养殖技术

学习目标

1. 了解孔雀的品种及经济价值。
2. 掌握孔雀的饲养管理要点。
3. 掌握孔雀常见疾病的防治技术。

任务一　孔雀的品种及生物学特性

一、孔雀的品种及形态特征

1. 蓝孔雀

蓝孔雀体长91~228 cm，体重2.7~6 kg。雄鸟头上有冠羽，眼睛的上方和下方各有一条白色的斑纹；头顶、颈部和胸部为蓝色，翅膀上的覆羽为黑褐色，飞羽为黄褐色；腹部为深绿色或黑色；尾上的覆羽形成尾屏。雌鸟头上有冠羽，头顶、颈的上部为栗褐色，羽缘带有绿色；眼眉、脸部和喉部为白色；颈下部、上背和上胸部为绿色；上体其余部分为土褐色；翅膀有白色的边缘；下胸部暗褐色，腹部暗黄色；虹膜褐色；腿、脚褐色；无尾屏。蓝孔雀羽片上缀有眼状斑，这种眼状斑是由紫、蓝、黄、红等颜色构成的。开屏时光彩夺目，尾羽上反光的蓝色“眼睛”可以用来吓退天敌。蓝孔雀还会抖动其尾羽，发出“沙沙”声。雌性蓝孔雀比较容易受“眼睛”多的雄性的吸引。雌性孔雀小于雄性，其身长仅约1 m，重2.7~4 kg。幼孔雀的冠羽簇为棕色，颈部背面为深蓝绿色，羽毛松软，有时出现棕黄色。

2. 绿孔雀

绿孔雀，体形大，体长180~230 cm。雄鸟体羽为翠蓝绿色，头顶有一簇直立的冠羽，下背翠绿色而具紫铜色光泽；体后拖着长达1 m以上的尾上覆羽，羽端具光泽绚丽的眼状斑，形成华丽的尾屏，极为醒目。雌鸟不及雄鸟艳丽，亦无尾屏，体羽主要为翠金属绿色，背浓褐色，头顶亦有一簇直立羽冠；雌鸟外形和雄鸟相似，亦甚醒目，中国还未见有与之相似种类，常栖于沿河的低山林地及灌丛，野外容易识别。晨昏时立于栖木，发出洪亮如长号般的 kay yaw，kay yaw 的叫声。

3. 刚果孔雀

刚果孔雀体形较小，雄性体长 64~70 cm，体重约 1.5 kg；雌性体长 60~63 cm，体重约 1.2 kg。

雄性装饰着精美的色彩，通体底色黑色，泛深绿的青铜色光泽，背后有一些较深的羽毛，胸部和尾巴的羽毛呈紫蓝色，颈部裸露出鲜红色的皮肤。雄鸟还拥有一个长而浓密的白色鬃毛羽冠，虽没有蓝孔雀和绿孔雀那样漂亮修长的尾羽，但在尾巴打开展示时，仍有一个令人印象深刻的扇面。

雌鸟比雄鸟略小，只有一个短而突起的顶冠，呈红褐色，背部的翡翠色羽毛能发出金属般的光泽，杂以黑色斑纹，下体主要为暗褐色，腹部黑色。

刚果孔雀虹膜褐色，嘴、腿、脚蓝灰色。有违鸟类世界一般规律的生理特征是，雌性比雄性更漂亮，而且相貌和它们的亚洲亲戚差异较大。

二、孔雀的生活习性

① 集群性强。在野生或家养条件下，自然选择配偶，一雄多雌（1∶3~5），家庭式活动；在一定活动范围内，集体采食与栖息，极少个别活动，一旦丢失一只会吵闹不休；对另群的个体不予采纳。

② 杂食性。以植物性饲料为主，喜欢吃梨、黄泡、稻谷、芽苗、草籽等，也吃蝗虫、蟋蟀、蛾、白蚁、蛙、蜥蜴等动物。在圈养情况下，以玉米、小麦、糠麸、高粱、大豆及大豆饼和青草为主，再加上鱼粉、骨粉、食盐、沙砾、多维素、微量元素、氨基酸、添加剂等，具体可根据饲养情况而定。

③ 活动。双翼不发达，不善飞行，而脚强壮有力，行动敏捷，善疾走奔跑，在逃窜时多为大步飞奔。一般在清晨和黄昏觅食。清晨来到溪边喝水、清洗羽毛，然后一起去树林中觅食。炎热的正午则在荫凉的林中休息，黄昏再次采食。晚间飞上树枝休息。在繁殖期间，公孔雀有求偶行为并“开屏”，母孔雀也能用喙吻公孔雀的头、脸部。

④ 殴斗性。在繁殖期间，公孔雀间常因争偶而发生剧烈殴斗，也常伤及母孔雀。

⑤ 叫声。公孔雀叫时发出“哇——哇”声，声拖腔长，似老鸦，甚不悦耳。

⑥ 生长周期。性成熟迟，22 周龄开始性成熟；寿命长，孔雀的寿命为 20~25 年。

三、孔雀的经济价值

1. 观赏价值

孔雀被视为百鸟之王，是最美丽的观赏品，是吉祥、善良、美丽、华贵的象征，有着特殊的观赏价值。其羽毛可用来制作多种工艺品。

2. 药用价值

肉的功效及主治：解药物及虫蛇毒。血的功效及主治：生血饮用，可解虫毒。屎的功效及主治：内服可治疗妇女白带过多，小便不利，外敷可治疗疮疸。

任务二 孔雀的繁育技术

一、孔雀的繁殖

1. 繁殖期

繁殖期为6—12月份，此时雄鸟的羽毛特别绮丽。营巢于郁密的灌木丛、林薮等的高草丛间。巢异常简陋，仅在地面上稍挖成凹窝，并衬以杂草、枯枝、落叶、残羽等。

2. 发情与求偶

成年的孔雀，特别是公孔雀常常追逐母孔雀，并将华丽夺目的舵羽上的覆羽（200根以上）通过皮肌的收缩，展开如扇状，俗称“开屏”，并且不断抖动，沙沙作响；可多次开屏，每次长达5~7 min之久，且左顾右转，翎羽上的眼状斑反射着光彩，引得母孔雀频频接近公孔雀。在群养情况下，为争配偶常引起剧烈殴斗，有时已发情的母孔雀会被公孔雀追致受伤。

3. 产蛋

孔雀22月龄开始产蛋。产蛋一般在4月中旬到9月中旬，年产30~40枚。雌鸟每隔一日产一枚，多在黎明产下。蛋呈钝卵圆形，壳厚而坚实，并微有光泽；呈乳白色、棕色或乳黄色，不具斑点。

二、种蛋的孵化

孔雀种蛋的孵化分为自然孵化与人工孵化两大类。

1. 自然孵化

最好利用抱性强烈的乌鸡及土种草鸡来代孵，并用醒抱药催醒有抱性的母孔雀。一般体形小的抱鸡每次只能抱孵4~6个孔雀蛋。在孵化期间，将抱鸡每天上午、下午定时放出或抱出2次，进行排粪，同时供应饮水和谷粒，约15 min后抱回继续孵化。孔雀的孵化期为26~28天，分别于第7、14和21天验蛋。

2. 人工孵化

凡孵禽的电孵机，只要将孵化盘按孔雀蛋的尺寸改制后即可孵化。应按常规方式消毒种蛋与孵化设备。孵化工艺与家禽的基本相同。

① 温度。平面孵化器内温度为38.5~39.5 ℃，立体孵化机内温度为37.5~38 ℃。孵化室内温度维持在24~27 ℃。出雏期温度下降0.5 ℃，至于采取恒温孵化

（分期入孵）还是变温孵化（一次入孵），由入孵者据生产需要而定。

② 湿度。相对湿度维持在60%～65%，出雏期最好采用70%，孵化室相对湿度保持在65%～70%。

③ 翻蛋。头7天最好每隔0.5～1 h翻蛋1次，第2周1～2 h翻蛋1次，以后每3 h翻1次。出雏前3天落盘后停止翻蛋。

④ 晾蛋。一般不超温可不晾蛋，中后期每天可晾蛋15～20 min，晾至30 ℃时（眼皮感觉不热）为止。由于孔雀蛋蛋壳较厚，头几天温度与湿度不能偏低，后期通风与湿度也应高些，才能正常出雏。

任务三　孔雀的饲养管理技术

一、孔雀养殖场的建设

养殖场应选建在地势平坦或略有坡度（3°～5°）的沙质上或沙壤土的地区，以保证排水通畅，场舍无积水。孔雀在自然生活条件下，喜欢在温暖的地方生活，故养殖场区应避风雨、向阳、采光良好。为避免烈日照射，可在养殖场内外种植树木。根据孔雀要求安静的环境和卫生防疫需要，养殖场应尽量远离城镇、主要公路、铁路和其他禽畜饲养场。交通条件是保证对外业务联系、运送饲料、出售种鸟和种蛋等生产的必备条件，应在建场时予以考虑。孔雀的日常饮水、饲养器械清洗消毒、种蛋孵化等均需要多量的用水，因此，充足及符合卫生条件的水源是养殖场建立时所必备的条件之一。孔雀的饲养管理用电量不大，但较大的养殖场还需饲料加工、种蛋孵化、育雏和场区照明等，用电量将会增高。为保证生产，建场时应完成电力建设并根据需要配备发电机组。为避免孔雀出现传染性疾病、寄生虫和中毒性疾病，养殖场应建在土壤、水源、空气环境未受污染的地区。此外，考虑到养殖场的发展，在选址建场时，应结合资金等情况，留有一定范围的扩展空间。

二、孔雀的四季管理

1. 春季管理

在繁殖季节，活动量大，采食量也大，应及时调整饲粮，注意补充蛋白质、维生素、矿物质饲料。在角落处设产蛋箱（铺垫沙子或软草）。

2. 夏季管理

夏季气温高、多雨、湿度大，孔雀采食量顿减，产蛋量下降，并逐渐停产。应多喂精料，增加青绿饲料，防止饲料霉变，并做好清洁卫生和防暑降温工作。

3. 秋季管理

秋季虽秋高气爽，但气温下降，光照缩短，又值孔雀正常生理换羽期，饲粮中要减少或停止油料饲料。应在换羽期间采取强制性换羽，这样可以有效地缩短自然换羽

天数，另外可以获得优质价高的羽翎。可通过对水、饲料和光照的适当控制，并调整其生活环境条件，以达到整齐换羽的目的；也可在不限制饲喂的条件下，酌喂氧化锌添加剂（当含锌量达20 000~50 000 mg/kg时，应先个别做试验后再采用），使孔雀7~10天后加速换羽。夜间可试拔主翼羽、覆尾羽，如能轻易拔除则拔羽，拔不动则不要拔，当50%羽毛脱落或拔除时，应停喂锌添加剂。另外，也可肌注2 500~5 000 IU睾丸酮和5~10 mg的甲状腺素。被肌注后，母孔雀有时会变得迟钝，不爱活动，个别还出现“企鹅”姿势，经3~4天后症状消失。一般于注射后第2天停产，5~7天后旧羽几乎全部脱落，并开始迅速长出新羽束。此方法同样要做一些活体试验后才能应用。在饲粮中要注意增加动植物蛋白质、维生素、矿物质和微量元素的含量，以促进羽毛生长。同时，做好越冬准备工作。

4. 冬季管理

冬季天气寒冷，除做好御寒保暖工作外，还应在饲粮中适当增加谷粒和油料种子量。地面可铺些垫料，保暖的同时注意通风。在休产季节进行防疫与防治寄生虫病工作。

三、孔雀的饲养管理技术

1. 育雏期的饲养管理

育雏期约2个月。初生孔雀羽毛为黄褐色绒羽，头顶及背部略深，腹部色浅，飞羽为黑褐色。一般采用人工育雏法，1~20日龄采用网养或笼养。每个网架长250 cm，宽200 cm，底网高60 cm，室内外均设栖架。应提倡笼育，可利用雏鸡笼。

笼育雏温度与湿度：1~10日龄34~38 ℃，11~20日龄26~28 ℃，21~30日龄24~26 ℃。以后羽毛增多，可以与室温相同。相对湿度控制在60%~70%。

饲喂次数：初生时，每天4次，主要饲料为熟鸡蛋、粉料、青绿饲料、面包虫、补充饲料；11~30日龄，每天3次，主要饲料为熟鸡蛋、肉末、粉料、青绿饲料、面包虫、补充饲料；31~60日龄，每天2~3次，主要饲料与上阶段相同，再加玉米渣、高粱等。

饲养密度：每群饲养量以40~50只为宜，随日龄增加而降低饲养密度。

2. 育成期的饲养管理

育成期是指61日龄至成年（2年）前的生长阶段。育成舍的室内约占1/3面积，运动场网高5 m，室内外设栖架，饲养密度为20只/100 m^2。饲料以纯合颗粒料最好，每天喂2次，青绿饲料喂2次，应定期称体重。

3. 成年期的饲养管理

孔雀成年期是指2年以上产蛋期的孔雀或休产期的孔雀。种孔雀舍每栏公、母配比为1∶(3~5)，栏舍面积为5 m×10 m，室内外各半；网高5 m，网孔大小为1.5 cm×2.5 cm。运动场上应种植遮阴植物。饲喂定时定量，保持安静，注意清洁卫生。

任务四　孔雀常见疾病的防治

一、金黄色葡萄球菌病

【病因】 孔雀金黄色葡萄球菌病是由金黄色葡萄球菌引起的一种疾病。

【临床症状】 急性病例不见明显症状即突然死亡。病程稍长的出现精神不振，不愿走动，缩颈、闭眼昏睡；食欲减退或废绝，羽毛松乱无光，两翅下垂，常蹲伏或呆立一处；有的眼睑肿胀，有分泌物；有的下痢，排灰白色或绿色粪便；大部分在胸腹、大腿和两翅膀出现浮肿、出血、炎性坏死及皮肤脱毛现象，外观呈紫色或紫黑色；有极少数出现跖关节、趾关节肿大，并表现为跛行。以上症状一般持续 2~5 天，最后瘫痪倒地，衰竭死亡。

【预防】 对未发病的孔雀进行预防性用药，选用药物恩诺沙星配制成 50 mg/kg 浓度的饮水预防，每天 2 次，连用 5 天。

【治疗】 对病雏进行隔离，加强舍内通风，并用 3% 的过氧乙酸进行室内彻底消毒，周围环境用 3% 的热火碱水喷洒消毒，每天 1 次；对病孔雀选用阿米卡星每只 5 000 IU 肌肉注射，每天 2 次，连用 3~5 天；同时用 100 mg/kg 浓度的恩诺沙星进行全天饮水治疗，连用 5 天。

二、禽痘

【病因】 禽痘是由禽痘病毒引起的家禽和鸟类（如鸡、火鸡、鸽、麻雀和鹌鹑等）易患的一种病毒性疾病。

【临床症状】 依患病部位不同，临床上可分为皮肤型、白喉型（黏膜型）及混合型。

① 皮肤型。在孔雀身体的无羽毛处（肉髯、眼睑、腿部、泄殖腔等）皮肤上形成一种结节样（痘样）病变。最初痘疹为细小的灰白色小点，随后体积迅速增大，形成豌豆大灰白或灰黄色结节。结节坚硬而干燥，表面凸凹不平，有时几个结节相互融合成大的痂块，痘痂的形成至脱落需 3~4 周。一般无明显的全身症状。

② 白喉型。病初，在口腔、食道或气管黏膜上出现溃疡或白喉型淡黄色病变，然后逐渐形成一层黄白色的假膜（由坏死的黏膜组织和炎症渗出物凝固而成）；随着假膜的扩大和增厚，口腔和喉部受到阻塞，病孔雀出现吞咽和呼吸困难，严重时窒息死亡。

③ 混合型。即以上两种病型均有。

【预防】 国内用于鸡痘预防的疫苗主要是鹌鹑化弱毒株。种孔雀一般免疫两次。第一次免疫于 5 周龄进行，第二次免疫在开产前，即 4 个月左右进行（二免也可用传染性脑脊髓炎和鸡痘二联苗）。接种方法一般是在翅内无血管区刺种。刺种后

4~6天，检查孔雀刺种部位的反应，如刺种部位出现红肿、水疱和结痂等反应，则证明免疫是成功的。一般在疫苗接种后10~14天产生免疫力，免疫期为4~5个月。

【治疗】 ①本病无特异性治疗方法。需加强饲养和环境卫生管理，减少环境不良因素的应激，妥善护理病鸡。对皮肤痘可用1%高锰酸钾液冲洗，用镊子小心剥离痘痂，创面用碘酊涂抹。

②对大群病孔雀，为防止并发感染，可在饲料中添加抗生素。康复的孔雀可获得终身免疫。实践证明，用疫苗接种可控制本病。

三、白痢

【病因】 本病是由白痢沙门菌引起的一种传染病，各种年龄孔雀均可发生。传播途径一般是由病孔雀和带菌孔雀经过消化道传染。此病四季均有可能发生。

【临床症状】 本病多发生于2~3周龄，死亡高峰是在第2周，即7~14日龄，第3周死亡迅速减少。经蛋感染的雏孔雀，常在孵化过程中死亡；有的孵出弱雏，出壳后不久即死亡。出壳后感染的雏孔雀，一般经4~5天的潜伏期后开始出现症状。病雏聚堆，不食，羽毛松乱，两翅下垂，低头缩颈，闭目昏睡，排白色糊样粪便，肛门周围被粪便污染。有的病雏出现盲眼或肢关节肿胀，肺部有病变时则出现呼吸困难，伸颈张口呼吸。病程短者1天，一般为4~7天；病死率一般为40%~70%，3周龄以上发病者，病死率较低。病愈后生长发育不良，长成后有较高的带菌率。成孔雀感染本病后，一般无明显症状，成为隐性带菌孔雀，雌孔雀的产蛋率和孵化率降低。

【预防】 目前尚无有效的疫苗，只能靠检疫清除带菌孔雀的方法消灭本病。同时，采取综合防疫措施；种孔雀场必须适时进行全群检疫；孵化过程中的卫生防疫措施要规范化、制度化；要加强饲养管理；适时投服药物，进行药物预防。

【治疗】 ①抗生素类：如庆大霉素、土霉素等。土霉素按0.05%~0.1%拌料，庆大霉素每只孔雀按1 000~2 000 IU量饮水。

②磺胺类：磺胺甲基嘧啶与磺胺二甲基嘧啶，两者等量，混合在饲料中，浓度为0.2%~0.4%，连用3天。

③生物制剂：如促菌生、调痢生也有一定效果。在使用生物制剂时，不能同时使用抗生素类药和消毒药。

四、禽流感

【病因】 禽流感是由A型流感病毒引起的。

【临床症状】 患病孔雀精神沉郁，食欲缺乏、消瘦，雌孔雀产蛋率下降；可见有轻度到重度的呼吸道症状，如打喷嚏、咳嗽、呼吸啰音、流眼泪等；有时表现为窦炎、头部水肿、皮肤和冠发绀、神经紊乱和腹泻等。

【预防】 本病的病原易发生变异且各血清型毒株之间缺乏交叉免疫性，因此至今仍无有效的疫苗用于本病的免疫。控制本病最主要的是加强对孔雀群的卫生管理，防止野外禽类进入，严格进行检疫。一旦发生疫情，应严加封锁，控制孔雀群的移动，采取严格的消毒措施。

【治疗】 该病目前无有效的治疗方法。

五、蛔虫病

【病因】 蛔虫是大型线虫，雄虫长 5~7.6 cm，雌虫长 6~11.6 cm，形状如豆芽梗，淡黄白色，寄生于孔雀的小肠。虫卵呈椭圆形，随粪便排出，在外界温暖、潮湿、空气充足环境中经 10~12 天的发育即具有感染力。3~4 个月龄以内的雏禽易遭蛔虫侵害，病情也较严重。如得不到及时治疗，常常影响雏孔雀的生长发育，甚至引起大批死亡。

【临床症状】 病初大群精神良好，采食正常。个别孔雀精神沉郁，采食量减少，行动缓慢，羽毛松乱、无光；有的排黄绿色稀便，有的排白色尿酸盐样粪便；逐渐消瘦；有的出现神经症状，头颈歪斜，出现神经症状后很快死亡。

【预防】 改善环境卫生，粪便、垫料要经高温发酵处理，使蛔虫卵在体外无法生存。饲槽和饮水器应每隔 1~2 周消毒一次；加强饲养管理，提高孔雀自身免疫力；将发病孔雀与大群隔离饲养，以免排出的虫卵污染环境和器具。禁止孔雀食用污染的水和饲料，减少循环感染的发生；定期对孔雀群进行驱虫，每年 2~3 次。对患禽随时进行治疗性驱虫。

【治疗】 ① 用左旋咪唑按每千克体重 25 mg 空腹时投服，每天 1 次，连用 3 天。间隔一星期后再投服一次。

② 饲料中添加优质多维（200 mg/kg）和维生素 C 纯粉（200 mg/kg）。

③ 用药期间，每天更换一次垫料，并用 0.15%敌百虫溶液喷洒地面进行消毒，注意不要让孔雀饮用到敌百虫溶液，以防中毒。

六、新城疫

【病因】 孔雀新城疫是由新城疫病毒引起的一种急性、烈性、败血性传染病。各龄期孔雀一年四季均可发病，危害极大。本病具有很高的发病率，病死率极高（可达 90%以上）。

【临床症状】 病初，孔雀表现为精神委顿，垂头缩颈，闭目垂翅，食欲下降而渴欲增强，体温升高至 43 ℃以上，离群呆立，不上架，成年孔雀不开屏。随着病情的发展，病孔雀食欲废绝，口流黏液，下痢，排黄白色或黄绿色稀粪。多数出现头颈震颤、转圈等神经症状，少数呼吸困难。病后期，孔雀衰弱死亡。病程通常为 2~4 天。

【预防】 加强饲养场卫生防疫制度，防止病毒或传染源与孔雀群接触。定期做

好疫苗接种，增强孔雀群特异免疫力。孔雀 7~10 日龄首免，用新城疫克隆 30 活疫苗或Ⅱ系疫苗加灭菌生理盐水，按 1∶10 稀释，每只 1 羽份滴鼻或点眼；28~30 日龄二免，用Ⅱ系疫苗或新城疫克隆 30 活疫苗，按 1∶50 稀释，每只 2 羽份肌注；3 月龄三免，用新城疫Ⅰ系疫苗按 1∶500 稀释，每只 1 羽份肌注。种孔雀每年冬季或春季用新城疫Ⅰ系疫苗加强免疫 1 次。规模较大的饲养场可用饮水免疫法，即用新城疫Ⅳ系疫苗加清洁井水按 1∶1 000 稀释，并加 1%脱脂奶粉，以保护活病毒。首免 1 羽份饮水，二免 3 羽份饮水，三免用新城疫Ⅰ系疫苗按 1∶500 稀释，每只 1 羽份肌注。

【治疗】 对发病孔雀群采用新城疫克隆 30 活疫苗大剂量（3~5 羽份/只）肌注，并用 0.1%菌毒净对孔雀消毒，饮用含适量多维、10%葡萄糖水等，可收到较好治疗效果。另外，使用新城疫Ⅳ系疫苗 4 倍量饮水免疫，再结合新城疫油乳剂灭活疫苗肌注，每只 0.5 mL，并辅以对症治疗，也有较好疗效。

复习思考

1. 简述孔雀的品种及生活习性。
2. 简述孔雀的经济价值。
3. 简述孔雀的饲养管理要点。
4. 简述孔雀常见疾病的防治办法。

药用动物养殖技术

项目十一
茸鹿的养殖技术

学习目标

1. 了解茸鹿的品种及生物学特性。
2. 了解鹿茸的加工技术。
3. 掌握茸鹿的饲养管理技术和繁殖特点。

任务一　茸鹿的品种及生物学特性

一、茸鹿的品种及形态特征

1. 梅花鹿

梅花鹿属中型鹿类，头部略圆，颜面部较长，鼻端裸露，眼大而圆，眶下腺呈裂缝状，泪窝明显，耳长且直立，颈部长，四肢细长，主蹄狭而尖，侧蹄小，尾较短。毛色随季节的改变而改变。夏季体毛为棕黄色或栗红色，无绒毛，在背脊两旁和体侧下缘缀有许多排列有序的白色斑点，状似梅花，因而得名。冬季体毛呈烟褐色，白斑不明显，与枯茅草的颜色类似；颈部和耳背呈灰棕色，一条黑色的背中线从耳尖贯穿到尾的基部，腹部为白色，臀部有白色斑块，其周围有黑色毛圈；尾背面呈黑色，腹面为白色。

雌鹿无角，雄鹿的头上具有一对雄伟的实角。角上共有 4 个叉，眉叉和主干成一个钝角，在近基部向前伸出，次叉和眉叉距离较大，位置较高，常被误以为没有次叉，主干在其末端再次分成两个小枝。主干一般向两侧弯曲，略呈半弧形，眉叉向前上方横抱，角尖稍向内弯曲，非常锐利。每年 4 月，雄鹿的老鹿角会脱落，新鹿角就会开始生长。新生的鹿角表面由一层棕黄色的天鹅绒状的皮包裹着，皮里密布着血管。进入 9 月时，鹿角开始逐渐骨化，表皮彻底脱落，硬而光滑的鹿角完全露出。

2. 马鹿

马鹿是大型鹿类，体长 180 cm 左右，肩高 110~130 cm，成年雄性体重约 200 kg，

雌性约 150 kg。马鹿在全世界共有 24 个亚种，形态各有一些差异。中国的马鹿有 7~9 个亚种，大多是中国的特产亚种。雌鹿比雄鹿要小一些。头与面部较长，有眶下腺，耳大，呈圆锥形；鼻端裸露，其两侧和唇部为纯褐色；额部和头顶为深褐色，颊部为浅褐色；颈部较长，四肢也长；蹄子很大，尾巴较短。

马鹿的角很大，只有雄鹿才有，而且体重越大的个体，角也越大。雌鹿仅在相应部位有隆起的嵴突。雄性的角一般分为 6 或 8 个叉，个别可达 9~10 叉。在基部即生出眉叉，斜向前伸，与主干几乎成直角；主干较长，向后倾斜，第二叉紧靠眉叉，因为距离极短，称为“对门叉”。此有别于梅花鹿和白唇鹿的角。第三叉与第二叉的间距较大，以后主干再分出 2~3 叉。各分叉的基部较扁，主干表面有密布的小突起和少数浅槽纹。

夏毛短，没有绒毛，通体呈赤褐色；背面较深，腹面较浅，故有“赤鹿”之称；冬毛厚密，有绒毛，毛色灰棕。臀斑较大，呈褐色、黄赭色或白色。马鹿川西亚种，背纹黑色，臀部有大面积的黄白色斑，几乎覆盖整个臀部，与马鹿其他亚种不同，故亦称“白臀鹿”。

3. 东北马鹿

东北马鹿属大型的茸用鹿，成年公鹿的肩高 130~140 cm，体长 135~145 cm，体重 230~320 kg；成年母鹿的肩高 115~130 cm，体长 118~132 cm，体重 110~135 kg。头较大，呈楔形，眶下腺发达，泪窝明显；四肢较长，后肢更健壮，有较强的奔跑能力。东北马鹿夏毛为红棕色或栗色，冬毛厚密呈灰褐色，腹部及股内侧为白色。臀斑大，呈浅黄色，尾毛较短，其毛色同臀斑。颈部鬣毛较长，冬季髯毛黑长。初生仔鹿体躯两侧有明显的白色斑花，待换冬毛时斑花消失。东北马鹿茸角的分生点较低，为双门桩（单门桩率很低），眉、冰枝的间距很近，主干和眉枝较短，茸质较结实，茸毛为黑褐色。成角最多可分 5~6 叉。

二、茸鹿的生活习性

1. 野性

茸鹿由于驯养的时间较短，仍保留野生习性，听觉、视觉发达，胆小易惊，一有异常动静便迅速逃跑。一般公鹿比母鹿好斗（公鹿仅在生茸期行动谨慎），尤其在配种期更是如此。仔鹿在生后几十分钟就能站立，生后几天就能跑，1 月龄左右若不加以驯化，则很难捕捉。

2. 草食性

鹿有 4 个胃，具有反刍的生理机能。常年以各种植物为食。夏、秋季采食各种植物的嫩绿部分，而早春和冬季主要吃各种乔灌木枝条、枯叶、浆果及浆干果等，春季常到盐碱地吃盐。鹿的嗅觉非常灵敏，能鉴别各种有毒植物。另外，鹿还会采食各种中草药。在人工饲养条件下，以豆饼、玉米、麸皮、米糠、青草、各种树叶及农作物的茎秆等为主要饲料。

3. 群居性

鹿在自然条件下，大部分时间成群活动，少则十几头，多则几十头。可利用这一特性进行驯养和放牧。

4. 换毛季节性

鹿的被毛每年更换 2 次，春夏之交脱去冬毛换夏毛，秋冬之交换上冬毛。夏毛稀短，毛色鲜艳，有光泽；冬毛密长，毛色灰褐，无光泽。

5. 繁殖季节性

茸鹿为季节性发情动物，9—11 月份发情配种，第二年春末夏初产仔。

任务二　茸鹿的繁育技术

一、茸鹿的选种

1. 种公鹿的选择

① 体质外貌选择。体质结实，结构匀称，强壮雄悍，性欲旺盛，肥度为中上等。

② 年龄选择。种公鹿应在 4~7 岁的壮年公鹿群中选择。

③ 生产力选择。根据个体的茸产量与质量来评定公鹿的种用价值。一般选用的公鹿产茸量高于本场同龄公鹿平均单产 20%以上，同时鹿茸的角向、茸形、皮色及毛地等应优于同龄鹿群。

④ 遗传力选择。根据系谱资料，选择父母生产力高、性状优良、遗传力强的后代作为种公鹿。

2. 种母鹿的选择

健康体大，体况良好，四肢强壮有力；皮肤紧凑，被毛光亮，气质安静温和，母性强，不扒仔伤人；乳房及乳头结构良好，泌乳性能好，无难产史和流产史。年龄以 5~10 岁为宜。

二、茸鹿的繁殖

1. 性成熟

茸鹿的性成熟与品种、类型、性别、遗传状况、营养情况等因素有关。梅花鹿比马鹿早；雌性早于雄性；同一品种鹿营养状况好和个体发育快的性成熟也相对较早。一般性成熟期：母梅花鹿为 16 月龄，公梅花鹿为 20 月龄左右；马鹿为 28 月龄。

2. 初配年龄

适宜的初配年龄，母梅花鹿为 16 月龄，公梅花鹿为 40 月龄；母马鹿为 28 月龄，公马鹿为 40 月龄。

3. 发情

（1）发情时间

茸鹿是季节性多次发情动物，在我国的北方（北纬40°以北地区），茸鹿发情季节为9—12月份。在发情季节，母鹿表现为周期性多次发情，发情周期平均12天左右，每次发情持续时间1~2天。在开始发情的12 h以后配种容易受孕。成年公鹿的性活动也是季节性的。

（2）发情鉴定

① 种公鹿发情鉴定。公鹿的发情表现为争斗、磨角、卷唇、扒地、颈围增粗、顶人或物、长声吼叫、食欲减退、边抽动阴茎边淋尿。

② 种母鹿发情鉴定。母鹿的发情表现，初期为兴奋不安、游走、吧嗒嘴，有时鸣叫，愿意接近公鹿但拒配；发情盛期表现为站立不动、举尾拱腰、接受爬跨，常常表现为泪窝开张、摆尾尿频、阴门肿胀、流出蛋清样黏液、嗯嗯低呻，或头蹭公鹿，摆出交配的姿势接受公鹿交配；发情末期母鹿变得安稳、拒配，阴门的黏液由蛋清样变为橙黄，最后为红褐色，并且干涸在阴毛上。

根据鹿的表现可以判断是否发情。近年来，马鹿采用像牛、马那样触摸卵巢的方法判定发情状况，也可用试情法来判定母鹿的发情。试情的具体操作方法为：选一只同品种的公鹿，将其输精管结扎或阴茎移位手术或戴上试情布，然后放入母鹿群。如果母鹿站立不动、接受爬跨，则说明该母鹿已接近排卵。此时赶出试情公鹿，放入种公鹿或人工授精，可基本保证母鹿受孕。

4. 配种

（1）配种准备工作

首先，应根据历年的产茸情况、种用能力及育种方向选择好种公鹿。年龄3~7岁、精力充沛、性欲旺盛、精液品质好、产茸量高的公鹿可作为种公鹿。产茸量要求：公鹿鲜茸平均单产为3.2 kg以上，鹿茸优质率为80%以上。从7月中旬后加强种公鹿的饲养。对繁殖母鹿应于8月中旬断奶，并按年龄、体况及育种规划组成配种群（梅花鹿15~18头/群、马鹿10~12头/群）。对母鹿也应加强饲养，进入配种期应达到中上等膘情，但不宜过肥。合理地安排好公、母鹿舍，准备好配种记录。

（2）配种方法

茸鹿的配种方法有群公群母配种法、单公群母配种法（又分为一配到底和中间替换2种）、试情配种法、定时放对配种法和人工授精法。目前常用的方法是单公群母一配到底法。具体方法是：梅花鹿应于9月10日、马鹿于9月5日前后将1头种公鹿放入母鹿群内，如公鹿没有特殊情况，直至配种结束时分出。在优良种公鹿较少的时候，可以采用试情配种法或定时放对配种法。具体方法是：将种公鹿和试情公鹿单独饲养在小圈内，于每天4—6时、16—18时，定时将试情公鹿或种公鹿放入母鹿舍内寻找发情母鹿，然后进行配种，待每次确认没有发情母鹿时再将公鹿赶回小圈内，结束试情放对。这种方法可以最大限度地发挥优良种公鹿的种用性能。每头种公鹿在一个配种期可配 35 头左右的母鹿，这样后代系谱清楚，但工作量较大。

（3）茸鹿配种工作应注意的问题

在选配时防止近亲交配，防止有相同性状缺陷的种公、母鹿交配；初配公、母鹿也不应交配；中间替换出的种公鹿应单独饲养，否则因其带有发情母鹿的气味易遭到其他公鹿的攻击；配种结束时，选择晴天，于早晨 8 点前将公鹿从母鹿群中分出，并委派专人看护，防止相互间强烈的殴斗，造成损失。

（4）妊娠

母鹿经过交配以后不再发情，一般可以认为其受孕了。另外，从外观上可见受孕鹿食欲增加，膘情愈来愈好，毛色光亮，性情变得温顺，行动谨慎、安稳，到次年 3—4 月份在进食前见腹部明显增大者可有 90%以上的为妊娠。茸鹿的妊娠期长短与茸鹿的种类、胎儿的性别和数量、饲养方式及营养水平等因素有关。梅花鹿的妊娠期平均为 229 天±6 天，怀公羔的 231 天±5 天，怀母羔的 228 天±6 天，怀双胎者 224 天±6 天（比单胎的短 5 天左右）；各类马鹿的妊娠期基本相同，如东北马鹿 243 天±6 天，天山马鹿 244 天±7 天，其中怀公羔的 245 天±4 天，怀母羔的 241 天±5 天。

（5）分娩

梅花鹿和马鹿的产仔期基本相同，一般在 5 月初至 7 月初，产仔旺期在 5 月 25 日—6 月 15 日。但是，产仔期也与鹿的年龄、所处的地域或饲养条件等因素有关。预测产仔期的公式主要根据配种日期和妊娠天数推算。通常梅花鹿的产仔期是受配的月份减 4、日数减 13；马鹿的产仔期是受配的月份减 4、日数加 1。分娩前乳房膨大，从开始膨大到分娩的时间一般为 26 天±6 天，临产前 1~2 天减食或废食，寻找分娩地点，个别鹿边跃边鸣叫，肷窝凹陷，频尿；临产时从阴道口流出蛋清样黏液，反复地趴卧、站立，接着排出淡黄色的水泡，最后产出胎儿。个别的初产鹿或恶癖鹿看见水泡后惊恐万状，急切地转圈或奔跑。须注意观察母鹿，一旦发现有临时症状，应及时拨入产仔圈，以便顺利产仔。产仔时母鹿呈躺卧或站立姿势，随着子宫阵缩不断加强，胎儿进入产道，羊膜外露，破水后随即产出。大部分仔鹿出生时都是头和两前肢先露出，少部分鹿两后肢和臀先露出，也为正产。除上述两种胎位外都属于异常胎位，需要助产。正常产程为经产母鹿 0. 5~2 h，初产母鹿 3~4 h。母鹿产后即用舌舔舐仔鹿，胎盘在产后 0. 5~1 h 即可排出，多由母鹿自己吃掉。

（6）产后仔鹿的护理

及时清除仔鹿鼻腔附近的黏液；在距仔鹿腹壁 8~10 cm 处用消毒过的粗线结扎脐带，在剪断处涂以碘酒；应及早使仔鹿吃到初乳；对母性不强或有恶癖的母鹿要加强看管，并把仔鹿放在保护栏里。及时填写登记卡片，尽早打耳号。

（7）产仔期的注意事项

产仔圈要求清洁，产仔期到来之前要彻底消毒，并垫好干净的褥草；在整个产仔期应每 10 天进行一次清洁，产仔期要保持安静，谢绝参观；产仔期要设专人看护，发现难产应及时处理；发现恶癖鹿要及时采取措施，并应密切注视产后仔鹿的各种异常情况，有病的应及时治疗；产仔哺乳期圈内应设仔鹿保护栏；应填好产仔记录。

5. 提高茸鹿繁殖成活率的技术措施

① 在做好种用公、母鹿选择的基础上做好选配工作。

选种和选配是密切关联的，它是不断改善鹿群和整个种类品质的统一过程的两个相连续的环节，选种时必须根据鹿的外貌、体质、生产性能、品种来源及后代的品质等进行全面鉴定；选配是有意识地按照人们的需要来提高鹿的品质，所以只有两者兼顾才能提高鹿的总体质量。

② 种母鹿要有一个最佳的年龄结构。

在整个母鹿群中，成年母鹿应占 77.3%、育成母鹿占 10.5%、仔母鹿占 12.2%，这样的结构对鹿群的正常发展有利，否则就会出现年龄断层和发展失调。

③ 繁殖母鹿要有一个合理的营养水平。

过肥的鹿只因卵胞发育不正常大多空怀，瘦鹿也不能正常发情、排卵，因此对种用鹿应科学合理饲养。

④ 及时、合理地淘汰种公、母鹿和后备育成鹿。

凡是生产力很低、不符合育种方向、有恶癖等的鹿应及时淘汰，否则会影响鹿业经济效益和发展。

⑤ 合理安排好配种群的公、母比。母鹿数量过大，超过公鹿配种的承受力，会出现“漏情”现象，尤其马鹿，其体大、笨重，承受不了连续配种的负担。所以，母鹿数量多，会造成受胎率低的现象。

⑥ 对妊娠母鹿应加强饲养管理，保持适当的营养水平，不要轻易地变动鹿舍，要避免突然的惊扰及鞭打、棍捶。

⑦ 应做好产仔期的各项工作，以提高仔鹿的成活率。

任务三　茸鹿的饲养管理技术

一、茸鹿养殖场的建设

1. 场址的选择

（1）地势和土壤条件

一般应选择地势高燥、北高南低（坡度在 5°左右）、沙质土或沙石土的场所。山区应选择避风、向阳、排水良好的地方。

（2）饲料条件

应选择有足够饲料来源的地方（尤其是粗饲料）建场。例如，梅花鹿每头每年平均需精饲料 400 kg、粗饲料 2 000 kg 左右；马鹿每头每年需精饲料 600 kg、粗饲料

4 000 kg 左右。如果是放牧，梅花鹿每头需要牧场 15 亩左右、马鹿需 22.5 亩左右。

（3）水源和水质

保证有足够的水源和良好的水质，应注意水中矿物质和微量元素的含量，避免饮用受污染的江河水。

（4）社会环境条件

场址应远离公路（1.0~1.5 km），距铁路 5 km 以上为宜，以利于预防疾病。同时，还应便于物质、饲料的购运及产品的发送。场址不应建在工矿区及公共设施附近。由于鹿与牛、羊均为反刍兽，有共患的传染病，所以，鹿不应与牛、羊一起饲养或共用一个牧场和饲料场，更不应在被牛、羊污染过的地方建场。

2. 鹿场的建筑布局

最好选在东西宽广的场地，按住宅区、管理区、辅助区、养鹿区依次由西向东平行排列，或向东北方向交错排列。鹿舍的布局、排列应较集中，各栋（舍）之间应有较宽敞的走廊，便于拨鹿、驯化及饲养管理。精料室和调料室应互相连接，靠近水源。粗饲料库应设在鹿舍的下风处，便于防火。为防止污染，粪场也应设在鹿舍等建筑物的下风处。

3. 鹿舍及设备

鹿舍的设计原则是防止鹿逃跑，冬御严寒，夏避酷暑，光线充足，通风良好，符合鹿的生物学特性和生长发育的需要。鹿舍包括圈棚、运动场、通道、围墙、保定圈等。

鹿舍的建筑面积因鹿的种类、性别、年龄和饲养方式的不同而有所区别。每个舍的建筑面积为：舍宽 14 m 左右，棚舍跨度 5~6 m，运动场长 20~25 m。这样大的鹿舍可养梅花鹿成年公鹿 25 头左右、成年母鹿 20 头左右、育成鹿 30 头左右；养马鹿成年公鹿 15 头左右、成年母鹿 15 头左右、育成鹿 20 头左右。

鹿舍一般为三壁式砖瓦结构的敞棚圈，“人”字形或平顶的棚盖，前面为圆形水泥结构的明柱脚；棚舍前檐离地面 2.1~2.2 m，后檐 1.8 m；每个舍的后山墙应留 2~3个小窗户。运动场围墙高 1.8~2.1 m、墙宽 37 cm，砖墙高达 1.2 m 时，墙上可装栏杆，以利于通风，墙顶应起脊或抹水泥顶。但作为鹿场的外围墙时，墙应高达 2.3 m。寝床应结实、干燥，用三合土夯实或用砖铺地。运动场的地面应铺垫大粒沙或风化沙，最好也用砖铺。每栋鹿舍应设 4 m 宽的通道，而且各通道应相通，以利于拨鹿。每个舍的圈门应设在前墙的中间，宽 1.5~1.7 m、高 1.8~2.0 m。

鹿舍应配备以下几种设备。

① 喂饮设备。饮水可用大锅或用铁板焊的水槽，北方应将其安置在锅台上，以便于冬季给水加温。喂料槽多采用较宽的水泥槽或木槽，大多固定在运动场的中央。

② 保定设备。保定设备包括吊圈、助产箱等。如果建大型鹿场，应考虑修建一个吊圈，用其进行收茸、治疗和拨鹿等工作，因为单纯靠药物保定既提高费用，又给管理带来不便。

③ 产仔设备。为了利于仔鹿的护理、治疗、补饲和管理，确保初生仔鹿的安全、成活，在母鹿舍内应设仔鹿保护栏，只能让仔鹿随意出入，成年鹿进不去。具体做法：用高 1.5 m 左右、粗 4~5 cm 的圆木杆（铁管也可），制成杆间距 13 cm 的栅栏，再用几根较粗的木杆固定在房架上。保护栏应设在靠左或右隔墙的一侧，栏的宽度 1.5 m，长度可根据仔鹿的数量而定，栏的一端设门。保护栏的地面铺上地板，上面再铺上褥草，栏内设水槽和料槽。应经常保持栏内地面的清洁干燥，定期进行消毒。

④ 其他设施。其他设施包括粗饲料棚、精饲料库、饲料加工间、调料室、产品加工室、办公室等，还有粉碎饲料、鹿产品加工及机械运输设备等。

二、茸鹿饲养管理技术

1. 一般性的饲养管理技术

(1) 鹿的标记

标记就是给鹿编号，目的在于辨认鹿只，这样利于生产管理和档案记录，对鹿的育种和生产性能的提高都十分重要。现在鹿的标记有两种方法：一种是卡耳法，即在鹿的两耳不同部位卡成豁口，然后将每个豁口所代表的数字加起来，便是该鹿的耳号。这种方法是借鉴国际上猪的卡耳号法，很有规律。左耳代表的数字大、右耳代表的数字小，且是对称的大小关系。具体言之，左耳上缘每卡一个豁口为 10、下缘每卡一个豁口为 30、耳尖一个豁口为 200、耳廓中间卡一个豁口为 800，而右耳相对应部位的一个豁口即代表 1、3、100、400。另一种是标牌法，即用工具将特制的标牌卡在鹿的耳下缘，然后用特制笔在牌上写出所需要的鹿号，永久不褪色。给鹿卡耳号和卡标牌应在仔鹿产后 3 天进行。

(2) 茸鹿的组群和布局

茸鹿应按其不同的品种、性别、年龄及健康状况分别进行合理的组群和布局，绝对不允许不分大小、公母、品种在一起混养。鹿的布局应注意，将公鹿安排在鹿场的上风头圈，以防配种期公鹿嗅到母鹿发情气味加剧其争偶，而造成伤亡事故；妊娠产仔母鹿应安排在场内较安静的圈舍，仔鹿安排在靠近场部或队部的圈舍，以利于仔鹿的管理及驯化。

(3) 饮水

可以饮顿水（定时饮水）或自由饮水（水槽内经常保持有水，鹿可随时饮用）。要求水质洁净，水量充足，冬季应饮温水，北方地区应防止水槽结冰。

(4) 保持圈舍卫生

保持圈舍卫生，每天打扫舍内的粪便、饲料残留物。冬季为了保暖，棚舍内的粪便可适当保留，并且做到圈舍经常消毒。

(5) 饲喂次数、时间

鹿一般每日饲喂 3 次，生产季节（产茸、产仔季节）以喂 4 次精饲料为佳（白

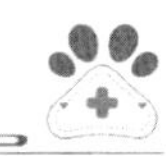

天 3 次、夜间 1 次）。饲喂时间：4 月初至 10 月末，早饲 4:00—5:00、午饲11:00、晚饲 17:00—18:00；冬季白天喂 2 次（8:00、16:00）、夜间喂 1 次（23:00左右）。鹿的饲喂次数和时间确定后，应保持相对稳定，这样才有利于鹿建立条件反射，巩固采食和消化机能。饲喂顺序是先精后粗，即先给精饲料，待鹿吃净了再给粗饲料。要求每次饲喂都应扫净饲槽内残余饲料和土等。精、粗饲料的增减和变换一定要逐渐进行，增加料量过急或突然变换饲料易造成“顶料”和拒食。

2. 仔鹿的饲养管理

初生仔鹿的护理显得十分重要。正常情况下，母鹿分娩后首先会舔干仔鹿身体，然后使仔鹿吃上初乳（仔鹿产后 10~15 min 就能站立起来找乳头），但有的为弱生仔鹿，或有的初产母鹿惧怕仔鹿，还有母性不强的母鹿不管仔鹿，这时应人工辅助使其吃上初乳。对那些实在不能接受哺乳的仔鹿，可以采取两种办法：一是用牛、羊的初乳代替，进行人工哺乳；二是用注射器强行抽取该母鹿的初乳喂新生仔鹿。3 天后可进行人工哺乳，或者找代养母鹿。代养母鹿选择性情温顺、母性强、泌乳量高的产后 1~2 天的母鹿。代养的方法是将代养仔鹿送入代养母鹿的小圈内（最好的办法是将养母产仔的胎衣或其尿液涂抹在代养仔鹿身上），如代养母鹿舔嗅代养仔，不趴打，让其哺乳，则说明代养成功，之后也应经常观察代养仔鹿是否能正常哺上乳。另外，产仔圈应设仔鹿保护栏，这样既可以保证仔鹿的休息、安全，减少疾病的发生，又可以待仔鹿产后 20 多天补料（仔鹿的精饲料配方：豆饼 50%、高粱面 10%、玉米面 30%、麸子 10%，加入适量的食盐和骨粉）。补给精料的量由少到多、次数由多到少，最后达到每天 2 次，每次投料前应清洁饲槽。产仔期，饲养人员每天要认真观察仔鹿的精神、姿势、鼻镜、粪便、哺乳、步态等，发现异常，马上诊治。

3. 离乳后育成鹿的饲养管理

① 离乳于 8 月中、下旬一次性断乳分群或分 2~3 次断乳。方法是用驯化程度较高的几头成年母鹿领入预定的鹿舍内，然后再拨出成年母鹿。如果仔鹿的数量较多，可根据仔鹿的日龄、体质情况分成若干小群，最好同时将公、母仔鹿分开管理。

② 应安排有经验的人员饲养管理，并应经常接触仔鹿，做到人鹿亲和。

③ 每天喂给 3 次精料，开始时每头鹿日量 150 g，逐渐加量，以不剩料为原则。精饲料最好熟化，如能饮用熟豆浆更好。每天投喂 4~6 次的优质粗饲料，最好饲喂青稞子或青刈大豆，再逐渐过渡到喂给柞树叶、豆吻子和玉米秸。

④ 当仔鹿群稳定后，应抓紧时机采用饲料引诱和用特定的口令进行驯化，上、下午各 1 次，每次半小时左右。

4. 成年公鹿的饲养管理技术

（1）生产时期的划分

为了便于生产管理，提高鹿的生产力，根据公鹿的生产情况，人为地将一年的生产期划分为四个时期。梅花鹿：生茸前期（1 月下旬—3 月中旬）、生茸期（3 月下旬—8月中旬)、配种期(8月中旬—11月15日)、配种恢复期(11月15日—翌年1月中旬);马鹿:生茸前期(1月中旬—2月中旬)、生茸期(2月下旬—8月上旬)、配种期(8月中旬—11月上旬)、配种恢复期(11月中旬—翌年1月上旬)。

每个时期的开始与结束因鹿种、所处的地理位置、气候条件、鹿群质量及饲养技术的好坏而有差别。如上述某些因素好些,每个时期就可能提前,否则滞后。

(2)各时期饲养管理技术

①全茸期。

a. 公鹿在生茸期不仅需要满足自身生存的营养,而且需要满足鹿茸生长所需的营养。梅花鹿三锯公鹿茸平均每天增长鲜重30.0 g±5 g、东北马鹿1~11锯鹿茸日增鲜重55.3 g±19.3 g,因此,生茸期必须有较高的营养水平。研究结果表明,头、二锯梅花公鹿生茸期日粮中的蛋白质水平应在23%左右,三锯鹿应在21%左右对增重和生茸最佳。同时还应保证矿物质和维生素的需要量。

b. 生茸期正值炎热的夏季,应保持鹿有足够的饮水。给水量为:梅花鹿每头每天7~9 kg、马鹿每头每天15~20 kg。

c. 密切注视鹿的脱盘情况,发现花盘压茸迟迟不掉的应及时将其掰掉,有趴、咬茸的恶癖鹿应及时拨出单圈饲养。

d. 生茸期应保持鹿舍的安静,谢绝参观。鹿进入生茸期之前,应清除圈舍内的墙壁、门、柱脚等处的铁钉、铁线、木桩等异物,防止划伤鹿茸。

e. 锯茸开始后,应将锯完茸的公鹿单独组群饲养,以利于管理。

② 配种期。

因公鹿性欲强,互相追逐、斗殴,吼叫,食欲差,体质下降得较快,所以应加强此期的饲养管理,否则越冬期易出现死亡、影响翌年的产茸量。

a. 将公鹿按种用、非种用、壮龄、老龄、病弱等情况单独组群,然后对种用鹿、老弱鹿应给予优饲。

b. 配种期的粗饲料应选择适口性强,糖和维生素含量较高的甜、辣、苦等饲料,例如,青刈的全株玉米、鲜嫩的树枝、瓜类、胡萝卜、大萝卜、葱、甜菜等,以增加鹿的采食量。

c. 配种期应注意保持公鹿群的相对稳定性。种用鹿最好单独用小圈管理,调换出的种公鹿不可以放入非种用公鹿群,因其带有母鹿的异味,会招来“杀身之祸”。

d. 配种期应设专人看圈,观察公鹿的种用能力,一经发现不“胜任”的种公鹿,应马上调换;同时,要制止公鹿间的斗殴。

e. 配种期要求圈舍无泥水,地面无砖瓦、石块等。

③ 越冬期(配种恢复期和生茸前期)。

该期正值严寒季节,鹿体不但要消耗部分热量御寒,还需恢复配种期的体质,为生茸积蓄“力量”,因此往往由于越冬期的饲养管理跟不上,营养不达标,常常造成

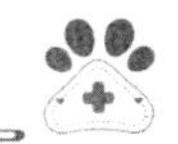

春季鹿只死亡。

a. 从营养角度，在满足能量饲料（谷物）供给的同时，逐渐增加蛋白质和维生素类饲料，促进鹿只尽快增膘复壮。

b. 冬季饲喂次数为白天2次、夜间1次，夜间最好喂热料。

c. 此阶段必须保证有足够的饮水，并应饮温水。

d. 加强舍饲茸鹿的运动。每天上、下午各半小时时间，在舍内驱赶鹿只运动。

e. 舍内应保持干燥、清洁、无积雪，棚舍的地面应有足够的褥草或干粪。

f. 应加强鹿群的管理，防止因斗殴造成鹿只的伤亡。随时将病弱鹿拨出，单独优饲。

g. 此阶段坏死杆菌病的发病率最高，应及时预防、治疗。

5. 成年母鹿的饲养管理技术

（1）生产时期的划分

根据母鹿的生产周期和饲养特点，人为地将母鹿全年的生产过程分为配种期（9月—11月15日）、妊娠期（11月—翌年5月）、产仔哺乳期（5月—8月）。当然，各期可灵活划分不应一刀切。

（2）各时期饲养管理技术

① 配种期。

母鹿离乳后，到9月中旬时，膘情必须达到中等水平，这样才能保证正常的发情、排卵。

a. 此期应供给一定量的蛋白质和丰富的维生素饲料，如豆饼、青刈大豆、切割的全株玉米及胡萝卜、大萝卜等。

b. 淘汰不育、老龄、后裔不良及有恶癖的母鹿，然后按繁殖性能、年龄、膘情及避开亲缘关系组建育种核心群和普通生产群。配种母鹿群不宜大，梅花鹿每群15~18头、马鹿每群11~12头。

c. 配种期应设专人看管。发现母鹿发情，公鹿不能“胜任”时，应立即将发情母鹿拨入公鹿可配种的舍内，并应马上调换原舍的公鹿。

d. 为了避免近亲繁殖，保证系谱清楚，一般应采用单公群母一配到底的配种方法，母鹿也不应随意调换。同时，必须确保种公鹿有较强的种用能力。

② 妊娠期。

应保证妊娠母鹿的营养需要（妊娠后期的3个月，胎儿日增重55 g±5 g），首先应满足蛋白质、维生素和矿物质的需求。妊娠初期应多给些青饲料、块根类饲料和质量良好的粗饲料；妊娠后期要求粗饲料适口性强、质量好、体积小。饲喂次数每天3次，其中夜间1次。饲料应严防酸败、结冰，饮温水。同时，妊娠期严防惊扰鹿群，过急驱赶鹿群。严禁舍内地面有积雪、结冰。

③ 产仔哺乳期。

产仔哺乳的母鹿需要大量的蛋白质、脂肪、矿物质和维生素A、维生素D等营养物质，母梅花鹿每天需泌乳 700 mL 左右，所以必须加强饲养管理，这样才能保证仔鹿的良好发育，并为离乳后母鹿的正常发情做准备。

a. 母鹿分娩后，消化道的容积和机能显著增强，饮水量也多，应保证量足、质优的青饲料，后期投给带穗全株玉米更佳。

b. 精饲料最好选择小米粥，或用豆浆拌精料，这样可提高母鹿的泌乳，进而促进仔鹿快速生长发育。

c. 要保持仔鹿圈的清洁卫生。产仔前，应将圈舍全面清扫后彻底进行一次消毒，以后也应经常消毒。

d. 产仔期要设专人看圈，防止恶癖鹿舔肛、咬尾、趴打仔鹿。被遗弃的仔鹿要找保姆鹿或采用人工哺乳。

e. 产仔圈要保持安静，谢绝参观。

f. 哺乳期要做好仔鹿的驯化工作，以利于之后的管理。

任务四　茸鹿常见疾病的防治

一、胃肠炎

【病因】 本病常由饲喂霉变酸败的精粗饲料，有刺激性和难消化的饲料，饮冰冻的水而引起。部分有毒植物或药品的刺激也可引起胃肠炎。

【临床症状】 茸鹿发病后，体温升高，精神沉郁；鼻干燥，喜饮水；腹痛，常卧地呼吸；病初，便秘，下痢，粪便恶臭，含黏液，偶有含血液黏膜组织片；后期极度衰弱，眼球凹陷，体温下降，昏迷而死。

【预防】 加强饲养管理，保证饲料和饮水的新鲜与清洁卫生。

【治疗】 病初将鹿隔离饲养。饥饿 1 天左右，饮用温水，然后喂给柔嫩的青绿饲料，以健胃正肠，促进反刍，保护肠黏膜；可用人工盐、液状石蜡、鱼石脂灌服，磺胺脒、小檗碱喂服，对症治疗。

二、仔鹿肺炎

【病因】 仔鹿患感冒易引起肺炎，圈舍、护栏潮湿泥泞、通风不良、刺激性气体吸入等也是发生肺炎的因素。

【临床症状】 咳嗽、呼吸急促；精神萎靡，离群嗜睡，食欲不佳，哺乳次数减少，体温增高，听诊肺部有干性或湿性啰音。

【预防】 经常清扫圈舍内粪便，保持清洁，防止刺激性气体产生；产房、护栏内的垫草经常更换，保持温暖、清洁、干燥。

【治疗】 青霉素 80 万~100 万 IU，链霉素 0. 5 g，均肌肉注射，每天 2 次；也可内服土霉素，25%葡萄糖 200~300 mL，静脉注射，或者肌肉注射 10%磺胺嘧啶钠。

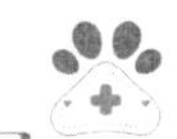

三、大肠杆菌病

【病因】 本病是由致病性大肠杆菌引起的急性肠道传染病，主要感染仔鹿和幼鹿，成年鹿少发或不发。该病的传染源主要为病鹿和带菌母鹿，它们通过粪便排出病菌，病菌散布于外界污染饲料和饮水。母鹿的乳头和皮肤区可带菌传染，当仔鹿吮乳、舐舔或饮食时，经消化道感染。妊娠期和哺乳期母鹿饲料营养不全致使仔鹿发育不良，也易发生该病。母鹿产仔圈舍不卫生、潮湿、寒冷、不消毒常常也可诱发该病。

【临床症状】 病鹿初期食欲减退，而后废绝；饮欲增强，体温升高；鼻镜干燥，精神沉郁，结膜充血。粪便初期呈黄色、灰白色、绿色，稀粥状；后期腹泻，粪便带血并混有未消化的凝块及泡沫，呈水样，暗红色并带有恶臭。病鹿脱水，眼窝下陷，全身衰弱，体温下降，四肢变凉，在昏迷状态下死亡。

【预防】 首先加强怀孕母鹿的饲养，保证营养全价。母鹿产仔圈要保证干燥和卫生，定期消毒，加强饲料和饮水的卫生管理。对病鹿要进行隔离治疗，对污染的圈舍和环境进行彻底消毒。该病流行时，妊娠母鹿可接种大肠杆菌活疫苗或灭活疫苗。

【治疗】 该病在急性期往往来不及救治。可使用经药敏试验对分离的大肠杆菌血清型有抑制作用的抗生素和磺胺类药物（如磺胺脒、磺胺甲基嘧啶、呋喃唑酮、链霉素、氯霉素、土霉素等）进行抑菌消炎，同时配合乳酶生、胃蛋白酶等健肠胃、助消化药物，必要时进行补液（常用5%葡萄糖500～1 000 mL，维生素C 200～400 mL混合滴注）。特异性疗法：可采取大肠杆菌血清或该菌免疫球蛋白进行治疗，效果良好。

四、瘤胃积食

【病因】 本病是一种因瘤胃内积滞过多的粗饲料引起的胃体积增大，瘤胃壁扩张，瘤胃正常的消化和运动机能紊乱的疾病。具体病因：过多采食容易膨胀的饲料，如豆类、谷物等；采食大量未经铡断的半干不湿的甘薯秧、花生秧、豆秸等；突然更换饲料，特别是由粗饲料换为精饲料又不限量；体弱、消化力不强，运动不足，采食大量饲料而又饮水不足。

【临床症状】 瘤胃积食发病初期，病鹿饮食、反刍、嗳气减少或停止，鼻镜干燥，表现为拱腰、回头顾腹、后腿踢腹、摇尾、卧立不安。触诊时瘤胃胀满而坚实，呈现沙袋样，并有痛感；叩诊呈浊音；听诊瘤胃蠕动音减弱，以后消失。严重时病鹿出现呼吸困难、呻吟、吐粪水等症状，有时粪水从鼻腔流出。若不及时治疗，多因脱水、中毒、衰竭或窒息而死亡。

【预防】 加强饲养管理，合理配合饲料，定时定量，防止过食，避免突然更换饲料，粗饲料要适当加工软化后再喂；注意充分饮水，适当运动，避免各种不良

刺激。

【治疗】 应及时清除瘤胃内容物，恢复瘤胃蠕动，解除酸中毒。

① 按摩疗法。在左肷部用手掌按摩瘤胃，每次 5～10 min，每隔 30 min 按摩一次。结合灌服大量的温水，效果更好。

② 腹泻疗法。硫酸镁或硫酸钠 300～500 g，加水 800 mL，液状石蜡或植物油 800 mL，给鹿灌服，加速排出瘤胃内容物。

③ 促蠕动疗法。可用兴奋瘤胃蠕动的药物，如 10%高渗氯化钠 200～400 mL，静脉注射，同时用新斯的明 20～60 mL，肌注能收到好的治疗效果。

复习思考

1. 简述种鹿的选择标准。
2. 简述茸鹿的饲养管理要点。
3. 简述茸鹿常见疾病的防治办法。

项目十二 蜜蜂的养殖技术

学习目标

1. 了解蜜蜂的品种及经济价值。
2. 掌握蜜蜂的饲养管理技术、繁育技术及病敌防治技术。
3. 能正确使用养蜂器具，能科学养蜂。

任务一 蜜蜂的品种及生物学特性

一、蜜蜂的品种

1. 东方蜜蜂

蜂王有黑色和棕色两种体色，雄蜂体黑色。工蜂体长 9.5~13.0 mm；喙长 3.0~5.6 mm；前翅长 7.0~9.0 mm，后翅中脉分叉；唇基有三角形黄斑；体色变化较大，其热带、亚热带的品种，腹部以黄色为主，高寒山区或温带地区的品种以黑色为主。东方蜜蜂现处于野生、半野生或家养状态；产卵有节，消耗省；个体耐寒性强，适应南方冬季蜜源。在自然界中，蜂群栖息在树洞、岩洞等隐蔽场所，造复脾蜂巢。雄蜂幼虫巢房有 2 层突起的封盖，内盖呈尖笠状突起，中央有气孔，蛹成熟时露出内盖。工蜂在巢口扇风时，头向外，起到鼓风机的作用。蜂群采集半径 1~2 km，维持 1~3 kg（1.5 万~3.5 万只工蜂）的群势。分蜂性强，分蜂期营造 7~15 个王台。生存受威胁时，易发生整群弃巢迁徙。此种蜜蜂对蜡螟抵抗力弱；易患囊状幼虫病和欧洲幼虫病；能抗美洲幼虫病和白垩病。东方蜜蜂为大蜂螨原寄主，但具备抗螨（大、小蜂螨）能力，而且飞行灵活，善避胡蜂捕害。

2. 西方蜜蜂

此蜂种分布广，形成众多的地理亚种，形态和生活习性变异很大。工蜂体长 12~14 mm，第 6 腹节背板上无绒毛带；后翅中脉不分叉；唇基一色；前翅长 8.0~9.5 mm；喙长 5.5~7.2 mm。西方蜜蜂现处于野生、半野生或家养状态。在自然界中，蜂群穴居，造复脾蜂巢。工蜂在巢口扇风时，头向内，起到抽气机的作用；雄蜂房突出，盖平；具采胶性能。

二、蜜蜂的形态特征

蜜蜂的一般形态特征如下：

① 成蜂体长 12~14 mm。

② 体躯分节，分别为头部、胸部和腹部三个体段。

③ 部分体节上着生成对的附肢。

④ 外骨骼的体壳支撑和保护蜜蜂的内部器官。

⑤ 成虫体被绒毛覆盖，具有护体和保温作用。

⑥ 头部和胸部的绒毛呈羽状分叉，足或腹部具有长毛组成的采集花粉器官，帮助蜜蜂采集花粉和促进植物授粉。

⑦ 口器为嚼吸式，是昆虫中独有的特征。

⑧ 体表有些空心状与神经相连的毛是蜜蜂的感觉器官。

三、蜜蜂的生活习性

一群（箱）蜜蜂通常由一只蜂王、大批的工蜂和少量的雄蜂组成。它们的形态和职能各不相同，彼此之间分工合作，互相依存。现介绍三种类型蜂蜂王、工蜂、雄蜂，以及蜂群之间的关系。

1. 蜂王

蜂王是蜂群中唯一生殖器官发育完全的雌蜂。由王台里的受精卵发育而成。蜂王的身体比工蜂长 1/4（中华蜜蜂）至 1 倍（意大利蜂）。腹部为长圆锥形，约占体长的 3/4，翅较短，仅盖着腹部的一半；螫针不像工蜂那样，长有倒刺，只在与竞争的蜂王搏斗时才使用。蜂王行动虽然显得缓慢，不慌不忙，但必要时动作非常敏捷。中华蜜蜂（中蜂）产卵蜂王体长 18~22 mm，体重 250 mg 左右。意大利蜜蜂（意蜂）初生蜂王体重 170~240 mg，产卵蜂王体长 20~25 mm，体重 250~300 mg。蜂王的职能是产卵。一只优良的蜂王在产卵期每昼夜可产卵 1500 粒左右。蜂王的品质和产卵能力，对于蜂群的强弱及其遗传性状具有决定性的作用。在生产中只有选育优良健壮的蜂王，才能使蜂群保持强大的群势和较高的生产性能。

一个蜂群一般只有一只蜂王，如果群内出现封盖王台时，蜜蜂就要分群（自然分群），两只蜂王就会互相争斗，直到剩下一只为止。但在自然交替时，老蜂王也可能与新蜂王同巢居住一段时间。

蜂群内不可没有蜂王，卫蜂通过在蜂巢内传递蜂王分泌的蜂王物质，知道本群蜂王是否存在。如果蜂王不在，经过几十分钟，蜂群中工作秩序就会受到严重影响，工蜂就会显得焦急不安。这时，只要给失去了蜂王的蜂群诱入一只蜂王或补上一个成熟

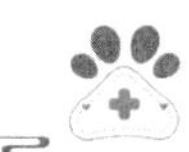

的王台，蜂群躁动不安的状况很快就会改变，恢复正常的活动。

蜂王一生得到工蜂的特别爱护，尤其在产卵时期更是受到特殊照料。通常情况下四周总有由幼年工蜂组成的侍卫蜂环护着它。侍卫工蜂面向蜂王不断用触角触摸蜂王，舐它，搬走它的排泄物。工蜂以蜂王浆饲喂蜂王。如果无工蜂，蜂王的产卵职能就无法实现。蜂王停止产卵以后，工蜂对它照料就会差些。有时为迫使蜂王停止产卵（如蜂群准备分群时期），工蜂就不再给蜂王喂蜂王浆，这时蜂王只得自己到贮蜜的巢房去取蜜。蜂王已经丧失了抚育蜂子（含卵、幼虫和蛹）的能力，因此由工蜂担负抚育蜂子的职责。

处女蜂王通常不产卵，如果20日龄以上的处女蜂王仍未交配，就会产未受精卵，因此过期未交配的处女蜂王应淘汰。

交配成功的蜂王寿命为3~5年，最长的可达8~9年。通常2年以上的蜂王其产卵能力将逐渐下降，因此生产上不使用2年以上的蜂王，随时更换衰老、残伤、产卵量下降的蜂王。

2. 工蜂

工蜂是由工蜂房里的受精卵发育而成的雌性个体，但生殖器官发育不完全，它的卵巢小，除在蜂群中出现无蜂王的异常情况外，它们一般不产卵。工蜂是蜂群中个体最小的成员，但数量占群体的绝大多数。中蜂的工蜂初生体重约80 mg，体长10~13 mm。意蜂的工蜂初生体重约110 mg，体长12~14 mm，胸宽加翅基突为4.4 mm，每10 000只约重1 kg。每只工蜂爬在巢脾上约占三个巢房的面积，一个标准巢框两面爬满工蜂约有2500只。工蜂体形小，体暗褐色，头、胸、背面密生灰黄色的细毛。头略呈三角形，有复眼一对，单眼三个，触角一对，膝状弯曲；口器发达，适于咀嚼及吮吸；足三对，股节、胫节及跗节等处均有采集花粉的构造。腹部圆锥形，背面黄褐色，1~4节有黑色环节，末端尖锐，有毒腺、螫针；腹上有蜡板四对，内有蜡腺，分泌蜡质。它们具有执行对蜂群发展所需要的各种任务的全部器官，包括花粉筐、臭腺等，因而工蜂担负着全蜂群内外的各项工作。其职能随着日龄不同而变化。这种现象被称为异龄异职现象。3日龄以内的工蜂的主要职务是清理巢房，供蜂王产卵；以后两周内，随着舌腺（营养腺、王浆腺）、蜡腺、毒腺等腺体的发育，它们分泌蜂王浆饲喂蜂王，同时从蜂王处取得蜂王素（蜂王物质，属信息素）饲喂幼虫，调制幼虫浆（蜂王浆加蜂蜜和蜂粮）饲喂大幼虫，调节巢内温湿度，使箱内空气流通，分泌蜂蜡，修筑巢脾，采集树胶涂塞蜂箱缝隙，接收花蜜酿造蜂蜜，守卫蜂巢；在蜂群繁殖旺期，尤其是即将分蜂前，工蜂也对雄蜂进行饲喂，随着职务的变化和日龄的增长，它们由蜂巢中央向蜂巢外侧转移。3周龄左右的工蜂开始巢外工作，采集花蜜、花粉、水、蜂胶等，或侦察蜜源。但是，它们的职能可根据环境条件的变化和蜂群的需要而改变，有很大的可塑性。

工蜂的寿命，夏季为4~6周，冬季为3~6个月，其寿命的长短，与工作强度、蜂群群势有很大关系。在生产季节，工蜂的寿命最短，在冬季和早春，群体中越过冬的工蜂逐渐死亡；而春末，当产生的新工蜂数量超过老工蜂死亡的数量时，群势开始增长。在繁殖旺季，一个强群中工蜂的数量能达到5万~6万只。

3. 雄蜂

雄蜂是由雄蜂房中的未受精卵发育而来的，是蜂群的雄性个体。它的体格粗壮，头和尾都几乎呈圆形，复眼大而突出，翅宽大，足粗壮，能敏捷地发现和追赶蜂王。中蜂的雄蜂体重150 mg，体长12~15 mm。意蜂的雄蜂体重220 mg，体长15~17 mm。雄蜂的品种、体质、精液数量和活动能力对培育新蜂群后代的遗传性状和品质优劣有直接影响。

雄蜂没有蜇针、毒囊、花粉篮和泌蜡器官，有从巢内贮蜜房中摄食的短舌，无工作本领，专职和处女王交配。大多数雄蜂在7~10日龄内开始飞行，8~14日龄左右性成熟，12~20日龄是交配适龄期。雄蜂飞行和交配，一般在晴天13:00—17:00进行。与蜂王交配后，因生殖器官留在雌蜂腹内，不久即死亡。

雄蜂消耗饲料量大，幼虫期为工蜂的1~2倍；成蜂消耗饲料更多，平日多在蜜脾上采食蜂蜜，繁殖季节会得到工蜂饲喂花粉、蜂粮等营养丰富的饲料。

雄蜂的寿命可达数月，但大多数夭折。在北方的秋季、南方的越夏前，蜜源稀少，在有交配过蜂王的蜂群中工蜂就不让雄蜂吃贮蜜，被工蜂逐出巢外。因为雄蜂不能采食，也不能防卫，离开群体后很快会冻死或饿死。而那些无蜂王群或处女王蜂群在花蜜逐渐稀少的季节还是继续容忍雄蜂的存在，还喂它们。雄蜂是否被驱逐出蜂巢的现象是蜜源和蜂巢内的饲料丰歉的信号。早春第一批雄蜂可贵，可暂保留，以保证蜂王得以顺利交配。

4. 蜂群之间的关系

蜜蜂虽然过着群体生活，但是蜂群与蜂群之间互不串通。为了防御外群蜜蜂和其他昆虫动物的侵袭，蜜蜂形成了守卫蜂巢的能力。螯针是它们的主要自卫器官。

在蜂巢内蜜蜂凭灵敏的嗅觉，根据气味来识别外群的蜜蜂。在巢门口担任守卫的蜜蜂不准外群蜜蜂进入巢内。如有外群入巢盗蜜的蜜蜂，守卫蜂立即与之进行搏斗，直到来者被逐出或死亡。在蜂巢外面，如花丛中或饮水处，各个不同群的蜜蜂在一起互不敌视，互不干扰。

飞出交配的蜂王，如错入外群，立刻会被工蜂团团围住刺杀。雄蜂如果错入外群，工蜂不会伤害它。这可能是蜂群为了种族生存得更好，避免近亲繁殖的生物学特性。

任务二　蜜蜂的繁育技术

一、人工分蜂

分蜂有两种，即自然分蜂和人工分蜂。当蜂群发展强大时，老蜂王带蜂群中大约一半数量的蜜蜂飞离原群，另选他处筑巢，并永不回原巢，使原蜂群一分为二，为自然分蜂。根据外界蜜粉源条件、气候和蜂群内部的具体情况，人为地将一群蜜蜂分成两群或数群，即为人工分蜂，这是增加蜂群数量的一项基本方法。

常用的人工分蜂方法是，将原群留在原址不动，从原群中提出封盖子脾和蜜粉脾共 2~3 张，并带有 2~3 框青、幼年蜂，放入一空箱内，蜂王留在原群内；然后将这个无王的小群搬至离原群较远的地方，在该小群缩小巢门，以防盗蜂；1 天后，再给这个无主的小群诱入一只刚产卵不久的新蜂王。

二、人工育王

蜂群生产力是由蜂王及该蜂王交尾的雄蜂的种性来决定的。但如果没有好的育王技术，即使是好蜂种的基因也是不可能得到充分发挥的。采用人工育王能按生产计划要求，如期培育出新蜂王，并与良种选育工作相结合。

1. 人工育王的时间

在自然分蜂季节，气候温暖，蜜源充沛，蜂群已发展到足够的群势，巢内已积累了大量的青、幼年工蜂，雄蜂也开始大量羽化出房，这个时期是人工育王的最佳时期。此时移虫育王，不但幼虫接受率高，幼虫发育好，育出的处女王质量好，交尾成功率也高。

华北地区 5 月份的刺槐花期，长江中下游流域 4 月份的油菜、紫云英花期，云、贵、川地区 2—3 月份的油菜花期都是人工育王的好时期。在主要蜜源结束早，但辅助蜜粉源较充足的地区，也可在主要采集期结束后进行人工育王。

2. 父母群的选择

在挑选父母群时，除着重考虑主要蜂产品的生产性能外，还需考虑群势发展速度，维持群势的能力、抗病性、抗逆性等方面的性状。此外，还必须注重挑选那些重要形态特征比较一致的蜂群作为父母群。

3. 雄蜂的培育

精选父群，及时培育雄蜂是育王的重要技术环节。雄蜂的培育应当在移虫育王前的 19~24 天开始。因为雄蜂由卵发育成成虫需 24 天，羽化出房后 8~14 天性成熟，可进行交尾。

蜂王由卵发育成成虫需 16 天，处女王羽化出房后 5~7 天性成熟，可以交尾。培育种用雄蜂的巢脾最好是新筑造的雄蜂脾。其哺育群的群势一定要强，并且要准备充足的饲料。由于处女王和雄蜂婚飞范围的半径为 5~7 km 甚至更远，而蜂王又具有“喜欢”与外种雄蜂交尾的生物学特性，在这种情况下，要想使处女王只与本场的雄蜂交尾，就必须采用控制交配的措施。

4. 组织育王群

在移虫前 2~3 天就应将育王群组织好。育王群应是有 10~15 框蜂的强群，具有

大量的采集蜂和哺育蜂，蜂数要密集，且蜂脾相称或蜂多于脾，巢内饲料充足。用隔王板将蜂王隔在巢箱内形成繁殖区，而将育王框放在继箱内组成育王区。育王区内放2张幼虫脾，2~3张封盖子脾，外侧放2~3张蜜粉脾，育王群接受的王台数每次不宜超过30个。若在夏季育王，应做好防暑降温工作。处女王羽化出房的前一天，将成熟王台分别诱入各个交尾群。

5. 大卵育王

蜂王初生重与产卵力之间呈明显的正相关。卵的大小与由它发育成的蜂王的质量之间有着密切的关系。用大卵孵化出的幼虫培育处女王，该处女王的初生重也大。用同一只蜂王产的卵育成的处女王，初生重大的，其卵巢管数目较多，并且其交尾成功率较高，产卵量也较高。

卵的大小与蜂王的产卵速度有关。蜂王产卵速度快时，卵的重量就会减轻，卵就会变小，因此，只要限制蜂王的产卵速度，便可获得较大的卵。在移虫前10天，用框式隔王板将母本蜂王限制在蜂巢的一侧。在该限制区内放一张蜜粉脾、一张大幼虫脾和一张小幼虫脾，每张巢脾上都几乎没有空巢房，迫使蜂王停止产卵。在移虫前4天，再往限制区内加进一张已产过1~2次卵的空巢脾，让蜂王产卵，便可获得较大的卵。

另一种方法是用蜂王产卵控制器限制蜂王产卵。在移虫前10天，将母本蜂王放入蜂王产卵控制器内，再将控制器放入蜂群中，迫使蜂王停止产卵。在移虫前4天，用一张已产过1~2次卵的空脾换出控制器内的子脾，让蜂王在这张空脾上产卵，也可产出较大的卵。

6. 移虫

先将育王框放进育王群内，让工蜂清理数小时后，再进行移虫。移虫工作最好在较大的室内进行，室温应保持在25~30 ℃，相对湿度为80%~90%。

移虫分为单式移虫和复式移虫两种。

① 单式移虫。将经工蜂清理过的育王框从蜂群中提出，拿入室内；从母群中提出事先准备好的卵虫脾（产卵后第4天的巢脾），再用移虫针将12~18 h虫龄的幼虫轻轻沿其背部挑出来，移入人工王台基内，使幼虫浮于王台基底部的王浆上，放回育王群哺育。

② 复式移虫。把育王群哺育了一天的育王框从育王群中取出，用镊子将王台中已接受的小幼虫轻轻取出来丢弃掉，重新移入母群中12~18 h虫龄的幼虫，再将育王框重新放进育王群中进行哺育。第一次移的小幼虫不一定是母群中的，但第二次复移的幼虫必须全是母群中的小幼虫。及时检查蜂王的接受和发育情况。

7. 交尾群的管理

交尾群是为处女王交尾而临时组织的群势很弱的小群。根据待诱入的成熟王台数量来组织相应数量的交尾群，并最迟于诱入王台的前一天组织好。交尾箱巢门上方蜂

箱外壁上，应分别贴以不同颜色、不同形状的纸片标志，以便蜂王在交尾回巢时能识别其交尾箱。交尾群的群势不应太弱，至少应有 1 框足蜂，否则，很难保证蜂王正常产卵。

在移虫的第 11 天（处女王羽化出房的前一天）诱入王台，每个交尾群中诱入一个，轻轻嵌在巢脾上，并夹在两块巢脾之间。王台诱入后的第 2 天，应全面检查处女王出房情况，将坏死的王台和瘦小的处女王淘汰，补入备用王台。王台诱入后 5 ~ 7 天，若天气晴好，处女王便可交尾；交尾 2 ~ 3 天后，便开始产卵。因此应在诱入王台后的第 10 天左右，全面检查交尾群，观察其交尾产卵情况。

8. 蜂王的选择

选择蜂王时，首先从王台开始，选用身体粗壮、长度适当的王台。

出房后的处女王要求身体健壮，行动灵活。产卵新王腹部要长，在巢脾上爬行稳而慢，体表绒毛鲜润，产卵整齐成片。一般 1 年左右就应更换蜂王。

任务三　蜂的饲养管理技术

一、蜜蜂养殖场的建设

1. 选址

场址宜选择地势高燥、背风向阳、前面有开阔地、环境幽静、交通相对方便、具有洁净水源，以及远离烟火、糖厂、蜜饯厂的地方；避免选择其他蜂场蜜蜂过境地作为蜜蜂养殖场（其他蜂场蜜蜂飞经的地方易出现盗蜂）。

2. 蜜粉源丰富

在蜂场周围 2 ~ 3 km 范围内，1 年中要有 2 个以上的主要蜜源和较丰富的辅助蜜粉源。例如，福建南靖中蜂基点，主要蜜粉源有春季的荔枝，夏季的山乌桕，冬季的鹅掌柴和柃，辅助蜜粉源有山苍子、漆树、千里光、红柯、枫树、水稻和多种藤本植物，蜜蜂可以定点在该基点饲养。

二、蜜蜂的饲养管理

1. 蜂箱排列

中蜂的认巢能力差，但嗅觉灵敏，当采用紧挨、横列的方式布置蜂群时，工蜂常误入邻巢，并引起格斗。因此，中蜂蜂箱应依据地形、地物尽可能分散排列，各群的巢门方向应尽可能错开。在山区，利用斜坡布置蜂群，可使各箱的巢门方向、前后高低各不相同，甚为理想。

如果放蜂场地有限，蜂群排放密集，可在蜂箱前壁涂以黄、蓝、白、青等不同颜色和设置不同图案方便蜜蜂认巢。

对于转地采蜜的中蜂群，由于场地比较小，可以 3 ~ 4 群为 1 组进行排列，组距

1~1.5 m。但2箱相靠时，其巢门应错开45°~90°。当场地小、蜂群多，需要密排时，可采取分批进场的办法，把先迁来的蜂群在全场布开，2~3天后，再把后迁入的蜂群插入前批各箱的旁侧，这样可以减少迷巢现象。

饲养少量的蜂群时，可选择在比较安静的屋檐下或篱笆边作单箱排列。矮树丛多的场地，蜂箱可以安置在树丛一侧或周围，以矮树丛作为工蜂飞翔和处女王婚飞的自然标记，也可以减少迷巢现象。蜂箱排列时，应采用箱架或竹桩将蜂箱支离地面300~400 mm，以防蚂蚁、白蚁及蟾蜍为害。

中蜂和意蜂一般不宜同场饲养，尤其是缺蜜季节。因为意蜂容易侵入中蜂群内盗蜜，致使中蜂缺蜜，严重时引起中蜂逃群。

2. 蜂群饲喂

（1）饲喂糖浆

蜜是蜂群的主要饲料，蜂群缺蜜就不能正常发展甚至难以生存。对蜂群喂糖浆有两种情况：一是补助饲喂，二是奖励饲喂（表12-1）。

表12-1　补助饲喂与奖励饲喂

饲喂种类	功用	糖浆浓度	饲喂量	持续饲喂时间
补助饲喂	维持缺蜜蜂群的生活	66%（2份糖1份水）	大	时间短（3~7天）
奖励饲喂	激励蜂群繁殖或生产积极性	50%（1份糖1份水）	小	时间长

对蜂群进行饲喂，应注意：

① 不用来路不明的蜂蜜喂蜂，以防止蜂病的传染；

② 缺蜜群和强群多喂，反之少喂；

③ 无粉期不奖励饲喂，以防蜜蜂空飞；

④ 傍晚喂，白天不喂，饲喂期间要缩小巢门，以防盗蜂；

⑤ 饲喂量以当晚食完为度；

⑥ 在蜜源中断期喂蜂，应该防盗蜂，以免造成管理上的麻烦；

⑦ 红糖、散包土糖、饴糖、甘露蜜等，在北方均不可当作越冬调料，以保障蜂群安全越冬。

（2）饲喂花粉

花粉是蜜蜂食物中蛋白质的主要来源。蜂群采集花粉，主要是用来调制蜂粮养育幼虫。1个强群在1年中可采集25~35 kg花粉。1万只幼虫在发育过程中需消耗蜂粮1.2~1.5 kg。粉源不足，会造成蜂王产卵减少和幼虫发育不良，严重影响蜜蜂群势的发展。此外，还会引起蜜蜂早衰及分泌王浆和蜂蜡的能力降低。因此，当蜂群在繁殖期内缺乏外界粉源时，必须及时补喂花粉。

通常是将花粉拌糖浆制成花粉团的方式饲喂中蜂花粉。具体方法是：将花粉用适量50%浓度的糖浆拌匀后，放置12~24 h，让糖浆渗入花粉团后，再酌情加入适量糖浆把花粉揉成团。尔后，将花粉搓成长圆形小团，放在群内巢框上梁供蜜蜂自行取食。

长圆形花粉团大小以蜜蜂能在3天内取食完为度。

3. 诱入蜂王

在引种、蜂群失王、分蜂、组织双王群及更换蜂王时，都需要给蜂群诱入蜂王。如给无王群诱入蜂王，先要将巢脾上所有的王台毁除；给蜂群更换蜂王，应提早半天至一天将需淘汰的蜂王提出；给失王较久，老蜂多子少脾少的蜂群诱入蜂王，应提前1~2天补给幼虫脾。诱入蜂王分为间接诱入和直接诱入两种。

（1）间接诱入法

先将蜂王置于诱入器内，再从无王群中提出一框有蜜的虫卵脾，从脾上提7~8只幼蜂关进诱入器内，然后在脾上选择有贮蜜的部位扣上诱入器，并抽出其底片，放回该脾于无王群中。一昼夜后，再提脾观察，如发现有较多的蜜蜂聚集在诱入器上，甚至有的还用上颚咬铁纱，说明蜂王尚未被接受，需继续将蜂王扣一段时间；如诱入器上的蜜蜂已经散开，或看到有的蜜蜂将吻伸进诱入器饲喂蜂王，表示蜂王已被接受，可将其放出。

（2）直接诱入法

在蜜源丰富的季节里，无王群对外来的产卵蜂王容易接受时，于傍晚将蜂王轻轻地放到框顶上或巢门口，让其自行爬上巢脾；或者从交尾群里提出一框连蜂带王的巢脾，放到无王群隔板外侧约一框距离，经1~2天后，再调整到隔板内。如果工蜂不接受新蜂王，有时会发生围王，即许多工蜂把蜂王围起来，形成一个以蜂王为核心的蜂球的现象。通常采用向蜂球喷洒清水或稀蜜水的方法，使围王的工蜂散开。蜂王解围后，若没受伤，可用诱入器暂时扣在脾上加以保护，蜂群接受时再释放；若蜂王受伤，则应淘汰。

4. 合并蜂群

合并蜂群的目的是饲养强群，提高蜂群的质量，其方法分直接合并法和间接合并法两种。

（1）直接合并法

直接合并法在流蜜期、蜂群越冬后还未经过认巢和排泄飞翔，或转地到达目的地后开巢门前的时候进行。具体方法是：将两群蜂放在同一蜂箱的两侧，中间加隔板，在巢脾上喷些有气味的水或从巢门口喷少许淡烟以消除气味差异，过两天抽掉隔板即可。

（2）间接合并法

间接合并法是指将被并群与合并群放入同一蜂箱，中间用铁纱相隔，待到两群气味相投后合并到一块。

5. 巢脾的修造

巢脾的数量和质量是养蜂成败的重要条件。一张巢脾通常使用1~2年。转地饲养的蜂场，使用标准蜂箱的每群蜂应配备 15~20 张巢脾。

镶装巢础时，将巢框两侧边条钻 3~4 个孔，穿上 24 号铅丝并拉紧，用手指弹能发出清脆的声音时即可固定。将巢础的一边镶进上框梁的巢础沟内，用埋线器沿着铅丝滑动使铅丝埋入巢础中。巢础的边缘与下梁保持 5~10 mm 距离，与框耳保持 2~3 mm 距离。

如果外界有丰富的蜜粉饲料，蜂群内有适龄的泌蜡工蜂，即可将镶好巢础的巢框插入蜂群造脾。

巢脾在不用的情况下容易发霉、滋生巢虫、招引老鼠和盗蜂。贮藏之前，要将巢脾修理干净，然后用二硫化碳或硫黄进行彻底消毒。

6. 收捕分蜂团

分蜂开始的时候，先有少量的蜜蜂飞出蜂巢，在蜂场上空盘旋飞翔，不久蜂王伴随大量蜜蜂由巢内飞出；几分钟后，飞出的蜜蜂就在附近的树上或建筑物上集结成蜂团；再过一段时间，分出的蜂群就要远飞到新栖息的地方。当自然分蜂刚刚开始、蜂王尚未飞离巢脾时，应立即关闭巢门不让蜂王出巢，然后打开箱盖，往纱盖上喷水，等蜜蜂安定后，再开箱检查，毁除所有的自然王台，飞出的蜜蜂会自动回巢。如果大量蜜蜂涌出巢门，蜂王也已出巢并在蜂场附近的树林或建筑上结团，可用一较长的竹竿，将带蜜的子脾或巢脾绑其一端，举到蜂团跟前，当蜂王爬上脾后，将巢脾放回原群，其他蜜蜂自动飞回。如果蜂团结在小树枝上，可轻轻锯断树枝，然后将蜂团抖落到箱内。

三、蜂产品生产

1. 蜂蜜的生产

蜂蜜是蜜蜂采集植物花蜜，经工蜂酿造而成的甜味物质。其主要成分是葡萄糖和果糖，其次是水分、蔗糖、矿物质、维生素、酶类、蛋白质、氨基酸、酸类、色素、胆碱及芳香物质等。蜂蜜不仅是传统的医疗保健药品，而且也是食用价值较高的天然营养食品，具有“清热、补中、解毒、润燥、止痛”等多种功能。

蜂蜜成熟后，工蜂用蜡封存。取蜜作业包括抽脾脱蜂、割蜜盖、分离蜂蜜、回脾等几个步骤：

① 抽脾脱蜂。抖蜂时，两手握紧框耳，对准箱内空处，依靠手腕的力气上下快速抖动四五下，使蜜蜂脱落在箱底；再用蜂帚扫除余下的蜜蜂。抽脾脱蜂时，要保持蜜脾垂直平衡，防止它碰撞箱壁和挤压蜜蜂，以免激怒蜜蜂。

② 割蜜盖。把封盖蜜脾的一端搁在盆面的木板上，用割蜜刀齐框梁由下而上把蜜盖切下。割蜜刀使用前要磨利，以免削坏巢房，否则易出现改造成雄蜂房的现象。

③ 分离蜂蜜。蜜脾割去蜜盖后放入摇蜜机的框笼内，转动摇蜜机将蜜分离出来。转动摇把时，应由慢到快，再从快到慢停止。摇完一面后再调换脾面摇另一面。对含

有幼虫的蜜脾，应小心轻摇，以防幼虫被甩出；对贮满蜜的新脾，为防止房底穿孔，可先摇出一面的1/2，翻转脾面摇干净另一面，再翻过来，把原先留下的1/2摇净。

④ 回脾。摇完蜜的空脾立即送回蜂群，恢复蜂巢。

摇出的蜂蜜，用滤蜜器过滤装桶。摇蜜结束以后，把摇蜜机洗净、晒干，并在机件上涂油防锈。场地和用具也要清理干净。在流蜜末期要特别注意防止出现盗蜂。

2. 蜂王浆的生产

蜂王浆是由工蜂的王浆腺分泌的，用于饲喂蜂王及幼虫的一种特殊分泌物，呈乳白色或淡黄色。其具有较重酸涩、辛辣、略微香甜的味道。蜂王浆是一种活性成分极为复杂的生物产品，几乎含有人体生长发育所需要的全部营养成分，具有极高的药用价值和营养价值，不含任何对人体有毒、副作用的物质。

① 预备。生产王浆需要大量18~24 h虫龄的幼虫。为了不影响生产，必须在移虫前4~5天，把空脾加到新分群或双王群内，让蜂王产卵，这样移虫时，就会有成批的适龄幼虫。

② 移虫。产浆移虫的方法与育王移虫的方法相同。首次产浆时，把王浆框放入蜂群清理半小时左右，再用蜂王浆蘸蜡碗，并移稍大一点的幼虫，可提高幼虫的接受率。蜂群管理方面，应促进蜂群的繁殖，保持强群产浆，蜜粉充足，而且要密集群势。

③ 取浆。移虫后64~72 h，就可以提出产浆框取浆。先把产浆框从蜂群内提出，提王浆框一端轻轻地抖掉或扫去附着蜂；继而用锋利的割蜜刀沿塑料蜡碗的水平面外削去多余的台壁，一定注意不要削破幼虫；再用镊子夹出幼虫；最后用挖浆笔挖出王浆，装入王浆瓶内，在5 ℃以下的避光条件下保存。取浆后，王浆条放在密闭条件下保存，之后尽早移虫，继续生产王浆。

3. 蜂花粉的生产

蜂花粉含有种类齐全、成分搭配比例十分理想的营养物质，在国际上被称为“完全营养品”“微型营养库”。它不但含有人体必需的蛋白质、脂肪、碳水化合物，还含有对人体生理功能具有特殊功效的微量元素、维生素、生物活性物质等，能为人体提供各种营养成分。蜂花粉中的生物活性物质对机体的生理功能具有奇妙的调节作用。

在主要粉源植物吐粉期间，一般上午8—11时安装巢门脱粉器采集，巢门踏板前放收集器，视进粉的速度每隔15~30 min用小刷子清理巢门并收集花粉，再晾干或烘干。鲜花粉也可用冷藏法保存。生产花粉时需注意一定为蜜蜂留出足够的花粉以供饲喂幼虫和蜜蜂本身的消耗。

4. 蜂胶的生产

蜂胶是蜜蜂从胶源植物新生枝腋芽处采集树脂类物质，经蜜蜂混入其上颚腺、蜡腺分泌物反复加工而成的芳香性固体胶状物质。其化学成分包括30多种黄酮类物质、数十种芳香化合物、20多种氨基酸，还含有10多种人体必需微量元素，丰富的有机酸、维生素及萜烯类、多糖类、酶类等天然的生物活性成分。蜂胶具有广谱的抗菌作用，还有双向调节血糖的效果，对Ⅰ型、Ⅱ型糖尿病有很好的降糖作用，对糖尿病并发症也有较好的预防和治疗效果。另外，蜂胶还能降低血压，防治血管系统疾病，抗衰老，排毒养颜，杀灭癌细胞，抑制肿瘤，消除息肉，治疗由细菌、真菌、病毒等引起的疾病。

此外，蜜蜂还能生产蜂蜡、蜂巢、蜂毒、蜂蛹等多种蜂产品，应用蜜蜂为温室草莓等农作物授粉也成为一项重要的农艺措施。

任务四　蜜蜂常见疾病的防治

一、蜂螨

【病因】 蜂螨是由大蜂螨和小蜂螨引起的蜂的疾病。大、小蜂螨对蜂群危害很大，会给养蜂生产造成严重损失，甚至引起全群死亡。

【临床症状】 寄生大蜂螨的蜜蜂发育不良，体质衰弱，采集力下降，寿命缩短；寄生大蜂螨的幼虫，有的在幼虫期死亡，有的在蛹期死亡，还有幸而羽化成蜂的，也常翅足残缺不全，出房后不能飞翔。因此，受大蜂螨侵害的蜂群常常会死蜂、死蛹遍地，幼蜂到处乱爬，群势迅速衰退。

小蜂螨可以使蜜蜂的幼虫和蛹严重受害，它不但可以使幼虫大批死亡，腐烂变黑，而且也可使蛹和新出房的幼虫变得残缺不全。蜂群中可见子脾上有不少的巢房盖被咬破，有的幼虫未化成蛹就死去，有的化蛹后不能羽化，有的羽化出房时，翅膀残缺不全，幼蜂发育不良，在巢门前或场地上乱爬。螨病严重的蜂群，由于新蜂不能产生，成年蜂大批死亡，蜂群迅速削弱，甚至全群覆灭。

【预防】 ① 断子灭杀法。因为蜂螨主要是以蜜蜂为载体寄生的，所以在蜜蜂的自然断子期是杀灭蜂螨最有利和最关键的时期。

② 人工隔离法。根据小蜂螨在成蜂体上仅能存活1~2天的生物学特性，人为地造成蜂群断子2~3天，可使蜂螨由于找不到寄主而死亡。

【治疗】 ① 挂药熏蒸法。用图钉将熏蒸杀螨药片（如螨扑等），固定于蜂群内第二个蜂路间，呈对角线悬挂，使用剂量为强势蜂群2片，弱势蜂群1片，3周为一疗程。因为熏蒸杀螨药片具有挥发持续时间长，对陆续出房的蜂螨可相继杀灭的功效，故防治效果极佳，最高可达100%。采用此法，只要在随同检查蜂群时将药片挂在巢脾上即可，不需另行开箱，与喷雾、熏烟治螨法相比，可提高效率5~10倍。

② 带蜂喷药法。先将触杀型的杀蜂螨药如杀螨1号等按每毫升药剂（使用剂量每巢脾5 mL左右）加300~600 mL水的比例配制成药液，充分搅拌后装入喷雾器中，均匀喷洒在带蜂巢脾的蜂体上（喷至蜜蜂体表呈现出一层细薄的雾液为宜），然后盖

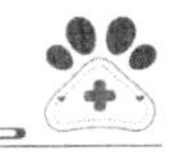

好蜂箱盖，约 30 min 后蜂螨即因急性中毒而从蜂体脱落，24 h 内即可全部消灭。

二、麻痹病

【病因】 该病又叫黑蜂病、瘫痪病，是由慢性麻痹病毒或急性麻痹病毒引起的一种成年蜜蜂传染病。蜜蜂麻痹病毒是通过蜜蜂建巢、调换巢脾、病群育王等途径传播给健康蜂群的，阴雨过多、蜂箱内湿度过大，或久旱无雨、气候干燥，都会发生该病。健康蜂还可通过与染病蜂接触和吸食被污染的饲料而发病。

【临床症状】 由于神经细胞直接受病毒损害，引起病蜂麻痹痉挛，行动迟缓，身体不断地抽搐颤抖，丧失飞行能力，翅和足伸开，虚弱地振翅，无力地爬行，有的腹部膨大，有的身体瘦小，常被健康蜂逐出巢门之外，到后期则体表发黑，绒毛脱光，腹部收缩，如油炸过的一样。

【预防】 ① 提高蜂群的自身抵抗能力。要选育抗病的和耐病的蜂种，选择健康无病的蜂群培育蜂王。在自然界缺少蜜粉源时，要及时补助饲喂，补给一定量的蛋白质饲料，以强势减少患病危险。

② 及时处理病蜂。要经常检查蜜蜂的活动情况，如发现有的蜜蜂出现麻痹病症状，就应该立即将其消灭以免将麻痹病传染给健康蜂。

③ 给蜜蜂饲喂无污染的优质饲料，防止蜜蜂吸食被污染的饲料。如果蜜源植物已被污染，就要迅速离开污染源。同时，要加强蜂箱保温，严防蜂群受潮。

④ 更换清洁的新蜂箱。要经常对蜂箱进行消毒，每隔 6 天左右 1 次。方法是：用 10 g 左右的升华硫粉，均匀地撒在框梁上、巢门口和箱门口。

【治疗】 可将 20 万 IU 的新生霉素或金霉素，加入 1 kg 糖浆中，摇匀后喷到蜂脾上，每隔 2 天喷 1 次，连续喷 2~3 次。

三、孢子虫病

【病因】 孢子虫病是由蜜蜂孢子虫寄生在蜜蜂肠上皮细胞所引起的蜜蜂成虫的一种寄生虫病。

【临床症状】 患孢子虫病的蜜蜂初期症状不明显，但在后期，由于寄生的孢子虫破坏了中肠的消化作用，使病蜂得不到必需的营养物质，会出现衰弱、萎靡不振、翅膀发颤、腹部膨大、飞翔无力等表现。病蜂不断从巢门爬出，或从巢脾上掉落，下痢症状明显，最后死亡。蜂群群势下降，蜂王也会死亡。

【预防】 ① 使蜂群贮有充足的优质越冬饲料和良好的越冬环境，绝对不能用甘露蜜越冬。越冬室的温度保持在 2 ~4 ℃，要求干燥，通气良好。② 早春时节，选择气温在 10 ℃以上的晴朗天气，让蜂群做排泄飞行。③ 及时更换老、劣蜂王。

【治疗】 对病蜂群的蜂箱、蜂具和巢脾及时进行清洗和消毒，可采用 80%冰醋酸液熏蒸的方法。冰醋酸有很强的腐蚀性，使用时要注意安全。也可选用酸饲料饲

喂：每千克浓糖浆中加入0.5~1 g柠檬酸或醋酸3~4 mL；或用山楂片加10倍水煮沸去渣，滤液加等量的白糖混溶后喂蜂。

四、敌害防治

1. 蜡螟

危害蜂群的蜡螟分大蜡螟和小蜡螟两种。蜡螟的幼虫又称巢虫，危害巢脾，破坏蜂巢，穿蛀隧道，伤害蜜蜂的幼虫和蛹，造成“白头蛹”。轻者影响蜂群的繁殖，重者还会造成蜂群飞逃。

【防治措施】 蜡螟以幼虫越冬，且此时又是一段断蛾期，幼虫大多生存在巢脾或蜂箱缝隙处，因此，要抓住其生活史的薄弱环节，有效地消灭幼虫，保证蜂群的正常繁殖，同时要进行经常性的防治。具体方法是：及时化蜡，清洁蜂箱，饲养强群，不用的巢脾及时用二硫化碳熏蒸并妥善保存。

2. 胡蜂

胡蜂是蜜蜂的主要敌害之一，我国南部山区中蜂受其害最大，是夏秋季山区蜂场的主要敌害。胡蜂为杂食性昆虫，主要捕食双翅目、膜翅目、直翅目、鳞翅目等昆虫，在其他昆虫类饲料短缺季节时，它集中捕食蜜蜂。

【防治措施】 摧毁养蜂场周围胡蜂的巢穴是根除胡蜂危害的关键措施。一种办法是对侵入蜂场的胡蜂拍打消灭；另一种办法就是捕捉来养蜂场侵犯的胡蜂，将其敷药处理后放归巢穴毒杀其同伴，最终达到毁灭其全巢的目的。

复习思考

1. 简述蜜蜂的生活习性。
2. 简述蜂产品的采收。
3. 如何判断蜜蜂遭受蜂螨危害，如何防治蜂螨病？

项目十三
蛇的养殖技术

学习目标

1. 了解药用蛇的品种及生物学特性。
2. 了解蛇的药用价值。
3. 掌握蛇的饲养管理技术和繁育技术。

任务一　蛇的品种及生物学特性

一、蛇的品种及形态特征

1. 有毒蛇

（1）眼镜王蛇

眼镜王蛇又称为山万蛇、过山峰、大扁颈蛇、大眼镜蛇、大扁头风、扁颈蛇、大膨颈、吹风蛇、过山标等。虽被称为“眼镜王蛇”，但此物种与真正的眼镜蛇不同，它并不是眼镜蛇属的一员，而属于独立的眼镜王蛇属。相比其他眼镜蛇，眼镜王蛇性情更凶猛，反应也极其敏捷，头颈转动灵活，排毒量大，毒性极强，是世界上最危险的蛇类之一。

眼镜王蛇具体形态特征如下。颊鳞缺：眶前鳞 1 枚，眶后鳞 3 枚；颞鳞（2+2）枚：顶鳞之后有 1 对大枕鳞；上唇鳞 7 枚，2-2-3 式；下唇鳞 8 枚，前 4 枚与前颏片相接；背鳞平滑无棱，具金属光泽，斜行排列，19－15－15 行；腹鳞 235～250 枚（雄）、239～265 枚（雌），肛鳞完整；尾下鳞单行或双行，83～96 枚（对）（雄）、77～98 片（对）（雌）；具前沟牙，其后有 3 枚小牙。体背面黑褐色，颈背具一“∧”形的黄白色斑纹，无眼镜状斑；躯干和尾部背面有窄的白色镶黑边的横纹；下颌土黄色；体腹面灰褐色，具有黑色线状斑纹。幼蛇斑纹与成体有差异，主要是吻背和眼前有黄白色横纹，身体黑色，有 35 条以上的浅黄色或白色横纹。该蛇种体重一般为 6 kg，寿命在 20 年左右。

（2）眼镜蛇

眼镜蛇，民间俗称饭铲头、吹风蛇、饭匙头等，头椭圆形，颈部背面有白色眼镜架状斑纹，体背黑褐色，间有10多个黄白色横斑，体长可达2米；具冬眠行为；以鱼、蛙、鼠、鸟及鸟卵等为食；繁殖期6—8月份，每产10~18卵，自然孵化，亲蛇在附近守护，孵化期约50天。

多数种类的颈部肋骨可扩张形成兜帽状。尽管这种兜帽是眼镜蛇的特征，但并非所有种类皆密切相关。眼镜蛇最明显的特征是其颈部皮褶。该部位可以向外膨起用以威吓对手。眼镜蛇被激怒时，会将身体前段竖起，颈部两侧膨胀，此时背部的眼镜圈纹愈加明显，同时发出“呼呼”声，借以恐吓敌人。事实上很多蛇都可以或多或少地膨起颈部，而眼镜蛇只是更为典型而已。眼镜蛇的颜色多样，从黑色或深棕色到浅黄白色。与无毒蛇不同，毒蛇的尖牙不能折叠，因而相对较小。多数眼镜蛇体形很大，可达1.2~2.5 m。眼镜蛇毒液为高危性神经毒液。

2. 无毒蛇

（1）乌梢蛇

乌梢蛇，又称乌蛇、青蛇、一溜黑、黑花蛇、乌风蛇、乌风梢、乌风鞭等，分布范围很广，是我国较为常见的一种无毒蛇。其长势快，适应性、抗病力强，适宜人工养殖。乌梢蛇的主要特征是身体背面呈棕褐色、黑褐色或绿褐色，背脊上有2条黑色纵线贯穿全身，黑线之间有明显的浅黄褐色纵纹，成年个体的黑色纵线在体后部变得逐渐不明显。此蛇头较长，呈扁圆形，与颈有明显区分；眼较大，瞳孔圆形；鼻孔大，呈椭圆形，位于两鼻鳞间，有一较小的眼前下鳞。此蛇躯体较长，背鳞平滑，中央2~4行起棱。腹鳞呈圆形，腹面呈灰白色。尾较细长，故有“乌梢鞭”之称。乌梢蛇是典型的食、药两用蛇类。它不仅肉质鲜美，好于其他众多的无毒蛇，而且还具备许多毒蛇所没有的药用价值。除此之外，乌梢蛇皮还是制作乐器、皮革制品的上好原料。目前市场可见的纯蛇粉，大多以乌梢蛇为主要原材料。

（2）紫沙蛇

紫沙蛇为游蛇科紫沙蛇属的爬行动物，俗名茶斑大头蛇、懒蛇、褐山蛇，大者全长471 mm，有后沟牙；头大，吻棱显著；眼大，颊部略凹；背面紫褐色；头背及两侧有对称的绿褐色纵纹，向后方延伸，体背还有多数不规则的“∧”形斑纹或网纹；体中部背鳞17行，腹鳞148~166枚，肛鳞完整，尾下鳞42~57对。

（3）百花锦蛇

百花锦蛇全长可达200 cm，体重1~2 kg。头部近似鸭梨状，呈赭红色。唇部及体背为灰色，背中央有30~32块大的近乎六角形的红褐色斑纹。斑纹边缘为黑色，在斑纹之间及体侧有一系列比较小的具有同样颜色的斑点。尾部呈淡红色，有11~13块黑斑纹，腹面白色，颈下方及体侧、尾部下方为黑白相间的方格斑。

二、蛇的生活习性

1. 变温动物

蛇属于变温动物，其栖息环境因种类的不同而各不相同，大多喜欢栖息于温度适宜（20~30 ℃）、荫凉、潮湿、人迹罕至、杂草丛生、树木繁茂、有枯木树洞或乱石成堆、柴垛草堆且饵料丰富的环境，也有的蛇栖居水中。

2. 肉食性

蛇为肉食性动物，喜吃活体动物，如昆虫、泥鳅、小杂鱼、蛙类、蜥蜴、鸟类、鸟蛋、鼠类等。除此之外，有些蛇也捕食其他蛇类，如眼镜王蛇等。蛇的食量大，一次可吞下为自己体重 2 倍的食物，一次饱餐后可以 10 天乃至半个月以上不进食。蛇口可张大至 130°，能吞食比自己头部大几倍的食物。蛇的消化能力和耐饥饿能力都很强。被其吞食的鼠类、鸟类等除毛以外，都能消化掉。在有水无食的情况下，几个月不进食也不会饿死，但无水无食的情况下耐饥饿时间大大缩短。

3. 蜕皮

蜕皮是蛇的一大特点，即从头到尾，蜕去皮肤的角质层。蜕去的皮呈长管状，中医叫蛇蜕或龙衣。蜕皮后，蛇的身体便随着长大，成年蛇每年蜕皮 3 次左右，年幼的蛇或食物丰富时，生长速度较快，蜕皮的次数也较多。

4. 冬眠和夏眠

一般气温降至 13 ℃以下时，蛇就开始冬眠，进入冬眠的时间还随性别与年龄不同而异。在正常情况下，雌蛇最先进入冬眠，然后是雄蛇、幼蛇。冬眠时间一般为 3~5 个月。每年的 3 月份，惊蛰至清明之间，蛇从冬眠中苏醒，相继进行交配、采食。冬眠的场所一般都在冻土层（离地面 1 m）以下、干燥的洞穴中。冬眠时，蛇不食不动，缓慢消耗体内贮存的营养物质来维持生命最低需要。蛇的群居冬眠特性有利于保温和维持蛇体湿润，对提高蛇的成活率和繁殖率均有益处。与冬眠特点相似，生活在热带和亚热带的蛇类，往往在炎热的夏季也要休眠，称夏眠。

三、蛇的药用价值

中医认为常食用蛇肉可以祛风活血，消炎解毒，补肾壮阳。它对痱子疮疖、关节风湿、肾虚阳痿、美容驻颜等有着很高的食用疗效。此外，用蛇加一些中药材泡的酒，可以起到治疗肌肉麻木、祛风散湿、滋补强壮的作用，特别适用于中老年朋友，被人们誉为“健康之酒”。

蛇胆虽小，但早就被奉为珍贵的中药，能起到搜风除湿、清火明目、止咳化痰的功效。目前市场上的中成药中就有“蛇胆追风丸”“蛇胆川贝液”等。蛇血也是一种很好的食疗品，它不仅可以用于肿瘤的辅助治疗，而且有强身健体、促进活力、养颜美容的作用。蛇毒虽能伤害人，但是从中可以提取一种叫去纤酶的物质，其对癌症患

者有治疗和镇痛的效果，而且从中提取的抗凝成分可以治疗多种血栓病。但是值得提醒大家的是，蛇毒自己不能直接饮用，必须制成中成药后遵医嘱服用，另外体内溃疡出血的病人不能服用，以免发生中毒。

任务二　蛇的繁育技术

一、蛇的生殖生理

蛇类一般 2~3 岁达性成熟。发情季节在每年的春天，多在每年冬眠苏醒后第一次蜕皮时便开始交配。由于雄蛇的精子在雌蛇体内可以存活数年之久，所以雌蛇一生中最多交配 3~4 次。蛇的生殖有卵生、卵胎生 2 种。每年 6—9 月份是蛇的产卵期（个别品种除外），每条雌蛇每年产卵一窝。健康蛇可在一昼夜把卵产完。蛇卵呈长椭圆形，乳白色或淡黄色，卵壳柔软而富有弹性。卵多产在隐蔽良好，有一定温度、湿度的草地、落叶中。除眼镜王蛇、尖吻蛇有护卵行为外，其他大多数蛇产完卵即离开产卵处，任其在自然条件下孵化。卵胎生的蛇，其卵在雌蛇的输卵管内发育，然后产下仔蛇。

二、蛇的繁育技术

1. 蛇的选种

种蛇的选择应从建厂初期就开始对幼蛇、育成蛇、成年蛇分阶段进行。应选择体形大、无伤残、无病、体格健壮、食欲正常、生长发育快的蛇作为种蛇。同时，还要注意花纹、色泽、泌毒量（毒蛇）和产卵等标准。每年种蛇在秋季或次年春季都可以选择。一般以秋季选择为好，因为秋季蛇类活动比较活跃，新陈代谢最旺盛。春季选择应在清明前后，但在此期间蛇大批出洞且蛇即将进入交配季节，故可供选种的时间比较短，只有 10~15 天。种蛇要求无病及无内外伤，毒蛇要具有完整毒牙。先看表皮，再检查有没有内伤。若将蛇放在地上，马上爬行，爬行时灵活自然，或是以两手抓住蛇头，蛇尾自然拉直后，蛇的蜷缩能力强，说明无内伤；反之则不能作为种蛇。

2. 蛇的雌雄鉴别

① 看体色。大多数雌蛇体色鲜艳，用手触摸感到较柔软；雄蛇体色则稍差于雌蛇，且性情较雌蛇凶猛、暴躁。

② 看头部。雄蛇头部多呈椭圆形，发怒时会呈明显的三角形。

③ 看尾巴。尾较为细长的是雄蛇，较为短粗的则是雌蛇，即“雄长雌短”。

④ 看外生殖器。辨别雄雌蛇最可靠的方法是将蛇翻转过来，将蛇的背部放在一个平面上（质地要硬一点），接着在蛇的泄殖腔后用手按住，稍用力从尾尖向前推，有一对半阴茎面外突出者就是雄蛇，雌蛇的泄殖腔孔显得平凹。

3. 蛇的发情交配

蛇类在春季或秋季发情交配。在繁殖季节，雌蛇皮肤和尾基部的一种腺体能散发出特殊的气味，雄蛇凭借这种气味追踪雌蛇，两蛇相互缠绕；交配时，雄蛇从泄殖孔伸出两侧的半阴茎，但只将一侧半阴茎（通常为右侧半阴茎）伸入雌蛇泄殖腔内；射精后，雄蛇尾部下垂，经过一段时间静止，两蛇分开。在繁殖季节，雌蛇虽然只接受一次交配，但存在于雌蛇泄殖腔内的精子至少在3年内仍有繁殖力，当年交配的雌蛇，在第二年才能产出受精卵。一条雄蛇可与几条雌蛇交配，因此，人工养蛇雌雄比例为8∶1.2。

4. 生产

（1）产卵

产卵过程是间断性的，产程30~50 min，有的达到2 h。产程的长短与蛇的体质及环境的干扰有关，体质弱的蛇产程可达20 h。产卵受干扰时，产程延长或终止，剩余的卵2周后会被慢慢吸收。

（2）产仔

卵胎生型蛇大多数生活在高山、树上、水中或寒冷地区，受精卵在母体内生长发育，但胚胎与母体没有直接联系，其营养物质来源于卵。产仔前，雌蛇停止采食和饮水，选择阴凉安静处，身体伸展呈假死状，腹部蠕动，尾部翘起，泄殖孔变大，流出少量稀薄黏液，退化的卵壳形成透明膜。产出一半时，膜破裂，仔蛇突然弹伸，头部扬起，慢慢摇动，向外挣扎。同时雌蛇收缩，仔蛇很快产出，5 min后可向远处爬行。

5. 人工孵化技术

将蛇卵进行人工孵化，可提高孵化率。人工孵化蛇卵，要有选择性地进行。正常的蛇外形较为端正，色泽也较为一致。少数畸形卵，因卵壳过硬，不对称、色泽异常等难以孵出幼蛇，应当拣出。蛇卵的人工孵化，关键在于掌握好温湿度，不要让温湿度变化太大。比较常用的是陶缸孵卵法，简称缸孵法。

（1）孵化蛇卵的选择

在蛇的产卵期间应随时到蛇园中及时收集蛇卵。为了提高受精卵的孵化率，在孵化前要对收集的蛇卵进行选优。优质蛇卵卵壳硬而饱满、具有弹性，壳色发白略具青色。对不符合要求的次卵和劣卵不宜孵化，应弃之。

（2）人工孵化

蛇卵的人工孵化大多用缸孵法，也可用坑孵法，少量蛇卵用木箱孵化。现将蛇卵缸孵法介绍如下：取一只大口陶缸（水缸也可），放在室内，在缸底铺上新鲜清洁的沙土，并逐层压实，以沙土握之成团，松开则散为宜。铺沙土厚度以离缸口30~40 cm为宜。然后将收集的蛇卵逐个横排（切忌竖直排放）放置（以银环蛇为例，每35 cm见方，可以排放70~80枚）。再在卵上铺放洁净的苔藓，温度保持在20~30 ℃，用一块深色的湿布覆盖缸口（最好盖上木盖，加盖不仅可保持缸内温湿度稳定，还能防止蚁、鼠害）。最后将孵卵缸移到阴凉通风处。为了使孵卵缸内温湿度均衡，胚胎适当运动，每隔 7~10 天翻一次卵。卵在翻动时应轻拿轻放，避免挤压和剧烈振荡。未受精的卵或死胎的卵放置较久后会变质而破裂，其溢出物浸染其他卵，可使其他卵受到影响，所以在人工孵蛇卵过程中要注意定时验卵，密切注意各卵内胚胎的情况。卵内胚胎的发育可借灯光通过小孔形成一束集中的光线，将蛇卵放置在小孔上观察；或不用灯光，在板上钻一小孔对着阳光照；或使阳光通过镜子平置于木板的小孔来观察。早期正常的蛇胚胎可见有血管分布，中期头部移动较明显，后期可见幼蛇的体形黑影，越到后期越明显。发现未受精的卵和死胎要及时拣出，以防污染正在孵化的其他蛇卵。蛇卵在孵化期每天都应做孵化记录。仔蛇孵出后，还应记录仔蛇的大小和体重，以及孵化条件和蛇种名称等。一般蛇卵的孵化期约为 60 天，但也因蛇的种类不同而有所差异。如银环蛇为 45 天左右，眼镜蛇为47~57 天。

（3）仔蛇孵出

仔蛇吻端具卵齿，出壳前利用卵齿将卵壳划开一道细缝，经过仔蛇连续划动，经 0.5~1 h，吻端由此突破卵壳，仔蛇便可由裂缝逸出。为了使仔蛇能顺利逸出，挑选有裂缝的蛇卵壳放于盛有沙土的箱内，使逸出仔蛇避免挤压致死，并使仔蛇出壳后能很快钻进沙土中藏身，防止受热或着凉，以利于仔蛇成活。仔蛇多在夜间出壳，以器物触及刚出壳的仔蛇时，仔蛇会本能地攻击扑咬。出壳后仔蛇盘于卵壳周围，个别的还拖有脐带。仔蛇出壳后第三天即可由孵化室转移到幼蛇饲养池促进卵黄的吸收，并按大小不同分开饲养，防止仔蛇相互伤害。

任务三　蛇的饲养管理技术

一、蛇养殖场的建设

蛇养殖场应选择在远离居民区、土质致密、坐北朝南、树多草茂、水源充足、环境幽静、有一定坡度的地方。饲养场的周围根据蛇的种类和大小决定墙如何堆建。养大蛇，最好堆建内外墙，内墙高 2 m，外墙一般高 2.5 m；养小蛇，围墙高度在 1.6~2 m，有的围一道墙即可。为防止老鼠打洞进入蛇场，墙脚要深埋地下 0.5 m 以上，墙心要浇筑混凝土；围墙不设门窗，饲养人员可用活动梯进出蛇场。蛇场内应建蛇窝、水池、水沟、乱石等设施，使蛇有游戏、觅食、栖息与繁殖的场所。水池内可种植一些水草，放养泥鳅、小杂鱼、青蛙之类的动物，供蛇自由捕食。池顶需架设遮阳棚，如瓜棚等，以防池水晒热。水沟与水池宜引进自然溪水或自来水，保持水质清洁卫生，供蛇洗浴和饮用。蛇窝的建造要适合于蛇的活动和冬眠，可有不同的形式，如坟堆式、地洞式、圆丘式、方窖式等。一般的蛇窝可用砖石砌成或瓦缸倒置，外周堆些泥土，窝高和直径为 0.5 m 左右；开设 2 个供蛇出入的洞口，顶上加活动盖防雨，也便于观察和取蛇。底层一部分深埋地下，窝内铺些沙土和茅草，要能防水、通气、保温。

二、蛇的日常管理

蛇场、蛇窝要经常打扫，清除食物残渣、粪便等，注意饲料、饮水卫生，发现病蛇及时隔离治疗。严格执行安全防范措施，进场穿防护衣裤，携带捕蛇工具，不宜徒手捕捉。管理中要防止被蛇咬伤，养殖场应常年备有蛇伤急救药品，一旦被咬伤，要及时治疗，切勿延误。要注意防止蛇的天敌如鹰、刺猬等进入蛇场。经常检修围墙、门窗，发现洞隙应立即修补。放养蛇的数量，应经常查对，发现缺少要查明原因。如有毒蛇逃走，应及时追捕，以免伤人。

三、蛇越冬与过夏的管理

蛇为变温动物，当环境温度低于 13 ℃时，即进入休眠状态。野生蛇类常因冬季保温条件差，有时越冬死亡率达 1/3~2/3。越冬应注意以下几方面工作：

① 入冬前，培膘复壮，让蛇多吃、吃饱、吃好，使蛇体内蓄积更多脂肪。如果是毒蛇，则在入冬前 1 个月内不取或少取蛇毒。

② 给蛇窝、蛇房加土加草，封闭窝房门洞，严防寒风侵袭。

③ 群居过冬。把同种蛇十余条、几十条聚集在一起越冬，给蛇窝盖上较厚的土层和稻草、麦秸等保温物，使蛇窝处于冻土层以下。群居越冬能使蛇体温提高 1~2 ℃。平时不要去惊动蛇群，让蛇进入最佳冬眠状态。

④ 窝房内放一盆清水，既可调节湿度，又可供蛇苏醒时饮用。越冬环境的温度维持在 8 ℃为宜。采取上述综合措施，一般均能安全越冬。若气温更低，应进一步采取防寒保温措施。例如，在蛇窝房的顶部与四周覆盖 1~5 cm 厚的土，或在通道上人工取暖，安置电暖气或电热炉等。不宜使窝房温度超过 8 ℃，更不能使窝房的温度骤然升高或下降，否则会使整个窝房中的蛇时而出蛰（苏醒），时而入蛰（冬眠），而导致大量死亡。夏季是蛇的主要交配繁殖季节，也是捕食、活动和生长的旺季，应照顾好雌蛇，及时收集蛇卵，并做好繁殖、孵化的准备工作。雌蛇和雄蛇要分开单养，并保证食物的充足和多样化。同时，要细心观察产卵的雌蛇，如在离泄殖腔 3~4 cm 见有卵粒时，大约 1 周后即可产卵。外界气温超过 35 ℃时，蛇场应有遮阳设施，或以喷洒凉水防暑降温。蛇场要有清洁的饮水，要及时清扫粪便。

四、蛇的饲养管理技术

1. 幼蛇的饲养管理

① 仔蛇孵出后，先不用喂食，只给饮水，10 天后蜕了第一次皮再喂食。② 仔蛇出壳后 1~2 个月内，可饲养于水缸或木箱内，底铺泥沙、草皮，放置砖瓦、水盆，供幼蛇藏身与饮用。③ 第二年可以养在较小的幼蛇饲养场，自幼蛇进蛇场时就要雌

雄分开饲养。开始时，幼蛇都要人工灌喂。每隔 5~7 天，灌喂 1 次鸡蛋。喂 1 个多月后，体长能从 20 cm 增至 50 cm，体重增加 2 倍。灌喂时，起初只喂鸡蛋，以后在鸡蛋中加上一些切碎的人工配制的蛇用香肠，为以后让幼蛇自己取食人工饲料打下基础。④ 尽早进行人工诱导取食，可投喂小昆虫、蚯蚓、乳鼠、小泥鳅、小鱼虾等动物性饲料。⑤ 刚蜕皮的幼蛇易感染病菌，必须精心护理，注意保持适宜的温湿度。2 个月后可移入蛇场饲养。⑥ 幼蛇的育成与幼蛇的运动量有关系，让幼蛇多运动，有助于健康成长。⑦ 幼蛇越冬可在蛇箱内进行，同时将 30~40 W 的灯泡用黑纸包住放在蛇箱内以定时加温。箱内要一直有饮水供应。箱内温度保持在 5~8 ℃即可安全越冬。

2. 育成蛇和成蛇的饲养管理

从 3 月龄至性成熟前的蛇，叫育成蛇。性成熟以后的蛇，叫成年蛇。

① 饲喂频次。每年的 10 月，蛇处于冬眠前夕，需要蓄积营养御寒和越冬，是育成蛇和成蛇对食物需求量大的月份。5~7 天投喂 1 次食物。每年的 5 月是成蛇的怀卵期，7 月是成蛇的产卵期，这 2 个月对营养要求高，也是成蛇对食物需求量大的月份，也应 5~7 天投喂 1 次食物。每年的其他活动期内，每 7~15 天投喂 1 次食物。

② 饲喂量。每次投喂食物的多少，以蛇类在 12 h 左右能够取食完毕为度。

③ 饲喂前的饲料处理。每次投放给蛇类的食物要进行适当的清洁和消毒。

④ 投喂地点。饲料要投放在蛇窝附近或蛇经常活动的路径上，让蛇容易找到。

⑤ 投喂时间。每次投喂时间应随蛇种的活动规律而定。昼行性蛇类一般在上午 8—9 时投喂食物，当天傍晚应取食完毕；晨昏性蛇类傍晚投喂食物，第二天上午8 时以前应取食完毕；夜行性蛇类天黑以后投喂，第二天天亮后应取食完毕。

⑥ 饮用水的供给。全天供应洁净的饮用水。

⑦ 蛇场内饲养部分饵料动物。在蛇场的多功能饲料池内放养适量的泥鳅、小杂鱼、青蛙之类的动物，供蛇自由捕食。

五、被蛇咬伤后的急救

1. 辨别是否为毒蛇所咬伤

① 看外表。无毒蛇的头部呈椭圆形，尾部细长，体表花纹多不明显，如乌风蛇等；毒蛇的头部一般呈三角形，基本上是头大颈细，尾短而突然变细，表皮花纹比较鲜艳，如五步蛇、蝮蛇、眼镜蛇、银环蛇等（但眼镜蛇、银环蛇的头部不呈三角形）。

② 看伤口。由于毒蛇都有毒牙，伤口上会留有两颗毒牙的大牙印，而无毒蛇留下的伤口是一排整齐的牙印。

③ 看时间。若咬伤后 15 min 内出现红肿并疼痛，则有可能是被毒蛇咬了。

2. 结扎

用绳子、布带等，在伤口上方适当位置结扎，不要太紧也不要太松。结扎要迅

速，在咬伤后 2~5 min 内完成。切记：每隔 15 min 放松 1~2 min，以免肢体因血循环受阻而坏死。注射抗毒血清后，可去掉结扎。

3. 排毒

先用消毒剂简单冲洗伤口，如果伤口内有毒牙残留，应迅速用消毒过的小刀等其他尖锐物挑出，再用消毒过的小刀划破两个牙痕间的皮肤切开成“十”字形；同时在伤口附近的皮肤上，用小刀挑破米粒大小数处，不断挤压伤口 20 min，这样可使毒液外流。也可用吸吮器将毒血吸出，但应避免直接以口吸出毒液，因为若口腔内有伤口（溃疡、龋齿）可能引起中毒。被蝰蛇、五步蛇咬伤，一般不作刀刺排毒，因为它们是出血毒类型，会造成出血不止。

4. 高温破坏蛇毒

切开、冲洗后，每次用火柴放于伤口处，反复灼烧 2~3 次。蛇毒遇到高热后会因结构遭到破坏而失去毒性。

5. 局部冰敷

用冰块或冷水浸泡皮肤，可减缓人体对蛇毒的吸收。

6. 局部注射结晶胰蛋白酶或高锰酸钾溶液

结晶胰蛋白酶 2 000~4 000 IU，加 0.25%~0.5%普鲁卡因 10~60 mL，做伤口局部浸润注射；或者可以先用 0.25%~0.5%普鲁卡因 20~40 mL 做局部封闭，然后用 0.5%高锰酸钾溶液 5~10 mL 做伤口局部注射。

任务四　蛇常见疾病的防治

一、厌食

【病因】 除蛇类患上病症的原因外，食物的变质、单调也经常可能造成蛇类厌食。

【临床症状】 蛇食量很小，甚至根本不进食。长此以往，会严重地影响蛇的正常生长。

【预防】 投喂的食物应新鲜、多样化；母蛇产后要及时投喂食物；蛇的运动场所要宽敞；同时还要注意驱除寄生虫。蛇类可能同时存在的病症有肠炎、霉斑病、节舌虫病、棒虫病、蛔虫病等，在养殖过程中，要注意观察，查找有关资料，对症下药。

【治疗】 可以给厌食的蛇每天灌喂 5~20 mL 复合维生素 B 溶液，同时，给蛇灌喂鸡蛋类的流质食物，或填食新鲜的泥鳅等食物。

二、口腔炎

【病因】 春季蛇经过冬眠出蛰后，体质较弱，如果蛇窝的湿度太大，环境条件差，蛇的口腔内容易出现病菌大量繁殖，引发口腔炎。同时，蛇在进食鱼类、鼠类食物时，因为鱼刺或老鼠的脚甲造成蛇的口腔损伤，也会引起此病。

【临床症状】 病蛇的两颊肿胀。打开蛇的口腔可以看到内部已溃烂，伴并有脓性分泌物。病蛇的头部昂起，口微张，不能闭气。

【预防】 若蛇窝湿度较高，应对蛇窝进行清扫，然后在日光下曝晒消毒；也可以将蛇移到阳光下，自然减缓蛇的病情；同时，要更换蛇窝的垫土。

【治疗】 用脱脂棉签揩净其脓性分泌物，再用雷佛奴尔溶液或硼酸溶液消毒。然后用龙胆紫药水或冰硼散每天涂或敷 1~2 次，10 天左右可以痊愈。如果蛇不张口，可以用一根筷子拨开蛇口进行观察和治疗。

三、蛔虫病

【病因】 蛇吃到不干净的、被感染过的食物。

【临床症状】 病蛇表现为食欲缺乏，体质渐衰，死前经常表现为摇头，甚至用头撞墙，有时还会喷出黏液。

【预防】 注意环境卫生，投喂饲料要干净、健康。

【治疗】 用精制敌百虫，按蛇体重 1/1 000 的量灌胃；或用驱蛔灵，每次半片用水送服，连服 3 天。

四、枯尾病

【病因】 枯尾病一般是指由脾胃功能障碍，未及时治疗而并发的病症。

【临床症状】 患枯尾病的蛇会出现尾部枯黄、萎缩等症状，且皮肤会失去光泽，严重者可直接导致其死亡。

【预防】 ① 蛇房空气湿度控制于 50%~70%，同时辅助饮水或每天适量喷水。② 调节饲料含水量，定期饲喂黄粉虫，让蛇吃到足够的含水量高的虫子。枯尾病是蛇很常见的疾病，很多产后的母蛇其实都有轻微的枯尾病，只要满足蛇的水分需要，一般都会治愈，但时间比较长。如果到后期，蛇的整个尾巴发黄，走路时尾巴不能卷起，就很难治愈了。

【治疗】 饮水要清洁，活动场地要保持潮湿。空气干燥时，注意调节饲料含水量和湿度，保证供水。一旦发病，应补喂果品、西红柿或西瓜皮等，必要时给活动场增加洒水次数。病蛇在得到水分补充后，症状即自然缓解，不用药物治疗。

五、急性肺炎

【病因】 蛇窝的温度高、湿度大，气温骤冷骤热，空气流动性差是蛇类患上肺炎的主要原因。体质差或产后未及时恢复体质的蛇，比较容易感染此病。如果不及时治疗，可能会在 3~5 天内危及全群，引起蛇的大批死亡。这是一种传染性极强的疾病，甚至健壮的蛇也难以幸免。

【临床症状】 病蛇呼吸困难，食欲不振，常逗留窝外，即使将蛇放入窝内，蛇仍会爬出。如果检查口腔，往往看不到分泌物。

【预防】 在蛇场增加遮阴的设施。把蛇窝内的蛇提出后，用 1∶1 000 的高锰酸钾溶液或漂白粉溶液冲洗蛇窝，等蛇窝晾干后，再将蛇放回。当天气突变，寒潮来临时，要做好挡风、保暖的工作。

【治疗】 成蛇注射青霉素 10 万 IU，每天 2 次。注射时可以在蛇的背部肌肉处入针，角度略平行于蛇体。或给蛇灌喂红霉素片，每次 0.2 g，每天 3 次。此病如果治疗及时得当，病蛇可以在 4~8 日内痊愈。

复习思考

1. 简述蛇的雌雄鉴别技术。
2. 简述被蛇咬伤如何处理。
3. 简述蛇的饲养管理要点。

项目十四 蝎子的养殖技术

学习目标

1. 了解蝎子的生活习性和经济价值。
2. 掌握蝎子的饲养管理技术和繁育技术。
3. 能够科学饲养蝎子。

任务一 蝎子的品种及生物学特性

一、蝎子的品种及形态特征

成年蝎外形似琵琶，全身覆盖了高度几丁质的硬皮。成蝎体长 50~60 mm，身体分节明显，由头胸部及腹部组成，体黄褐色，腹面及附肢颜色较淡，后腹部第五节的颜色较深。大部分蝎子雌雄异体，外形略有差异。成蝎雄、雌的区别是：雄蝎身体细长而窄，呈条形，腹部较小，钳肢较短粗，背部隆起，尾部较粗，发黄发亮。雌蝎头胸部和前腹部合在一起，称为躯干部，由 6 节组成，呈梯形。后腹部为易弯曲的狭长部分，由 5 个体节及 1 个尾刺组成。第一节有一生殖厣，生殖厣覆盖着生殖孔。背部有坚硬的背甲，其上密布颗粒状突起，背部中央有一对中眼，前端两侧各有 3 个侧眼。附肢有 6 对，第一对附肢为有助食作用的螯肢，第二对为长而粗的形似蟹螯的角须，起到捕食、触觉及防御作用，其余 4 对为步足。口位于腹面前腔的底部。前腹部较宽，由 7 节组成。蝎子的寿命为 5~8 年。蝎子为卵胎生，受精卵在母体内完成胚胎发育。气温在 30~38 ℃时产仔。蝎子没有耳朵，几乎所有的行动都是依靠身体表面的感觉器。蝎子的感觉器十分灵敏，能察觉到极其微弱的震动，如能感觉到 1 m 范围内蟑螂的活动，甚至气流的微弱流动都能察觉到。

1. 东全蝎

东全蝎产于我国的山东（潍坊、临沂、青岛、崂山）及江苏徐州、安徽、河北等地，体深褐色略呈黑色，体形较长、大、肚满、背色黑、腹青褐色，喜微酸性土壤，喜食昆虫，产仔多。东全蝎喜食昆虫类等小形体软动物，繁殖能力较强，母性较差，药性一般。

2. 新泰钳蝎

新泰钳蝎是利用东亚钳蝎、南阳会全蝎、辽信全蝎提纯复壮后，经多元杂交培育而成的地方品种。新泰地处泰沂山区，泰沂山脉东西绵延，支脉四出，山区面积大，水资源丰富，气候条件好，生物繁茂，优越的自然环境为蝎子的生长繁殖奠定了良好的基础。为进一步提高蝎子的产量质量，近年来，新泰除采取多种措施保护好野生蝎子外，利用南、北、中三个地区的东亚钳蝎杂交，培育地方品种，所培育的新泰钳蝎具有形态雄壮、适应性强、繁殖率高、生长快、抗病力强等特点。

3. 东亚钳蝎

东亚钳蝎原为野生，一年生一胎，后经人工养殖，通过保持一定的温湿度，促使钳蝎正常生长发育，现一年可生二胎，是一种珍贵的药用动物。东亚钳蝎的寿命大约8年，而繁殖产仔期约有5年。身体一般可分为3部分，即头胸部、前腹部和后腹部。头胸部和前腹部合在一起，称为躯干部，呈扁平长椭圆形；后腹部分节，呈尾状，又称为尾部。整个身体极似琵琶状，全身全表面为高度几丁质化的硬皮。

4. 帝王蝎

帝王蝎是已知蝎子中体形最大的蝎种，体长可超过20 cm，有圆大而粗糙的大钳肢。体形较粗而圆，甲壳黑且硬，螯肢呈半圆形而且表面十分粗糙、凹凸不平，有很多凸出的圆点，尾端呈红色。适合在温度25~30 ℃、湿度80%~90%的环境生存，主要分布于非洲中部及南部，性成熟大约为3年，性成熟后也需1~3年才能进行繁殖。

二、蝎子的生活习性

1. 变温性

蝎子虽是变温动物，但比较耐寒耐热。外界环境的温度在40 ℃至零下5 ℃，蝎子均能够生存。蝎子的生长发育和繁殖与温度有密切的关系。当气温下降至10 ℃以下时，蝎子就不太活动了；气温低于20 ℃时，蝎子的活动也较少。它们生长发育最适宜的温度为25~39 ℃；气温在35~39 ℃时，蝎子最为活跃，生长发育加快，产仔、交配也大多在此温度范围内进行。当气温超过41 ℃时，蝎体内的水分蒸发，此时若既不及时降温，又不及时补充水分，蝎子极易因脱水而死亡。当温度超过43 ℃时，蝎子会很快死亡。

2. 食性

蝎子完全为肉食性（极个别种类会少量摄取植物性饲料，如会全蝎），常捕食无脊椎动物，如蜘蛛、蟋蟀、小蜈蚣、多种昆虫的幼虫和若虫等，有时甚至捕食小型壁虎。蝎靠触肢上的听毛或跗节毛和缝感觉器发现猎物的位置。蝎取食时，用触肢将捕获物夹住，后腹部（蝎尾）举起，弯向身体前方，用毒针螯刺。大多数蝎的毒素足以杀死昆虫，但对人无致命的危险，只引起灼烧样的剧烈疼痛。蝎用螯肢把食物慢慢撕开，先吸食捕获物的体液，再吐出消化液，将其组织于体外消化后再吸入，所以进食的速度很慢。

3. 栖息环境

蝎子多栖息于山坡石砾近地面的洞穴和墙隙等处，尤其是片状岩石杂以泥土，周围环境干湿适度（空气相对湿度60%左右），有杂草和灌木，植被稀疏的地方。蝎窝最好有孔道可通往地下20~50 cm深处，以便于冬眠。蝎子如果长时间处于潮湿的环境中，身体会发生肿胀，甚至死亡。

4. 冬眠

蝎子有冬眠习性，一般在4月中下旬，即惊蛰以后出蛰，11月上旬便开始慢慢入蛰冬眠，全年活动时间有6个月左右。在一天中，蝎子多在日落后晚8时至11时出来活动，到次日凌晨2—3时回窝。这种规律性活动一般是在温暖无风、地面干燥的夜晚，而在有风天气则很少出来活动。

5. 嗅觉灵敏

蝎子对各种强烈的气味，如油漆、汽油、煤油、沥青及农药、化肥、生石灰等有强烈的回避性，可见它们的嗅觉十分灵敏。这些物质的刺激对蝎子是十分不利的，甚至会致死。蝎子对各种强烈的震动和声音也十分敏感，有时甚至会被吓跑并终止进食、交尾繁殖、产仔等活动。

三、蝎子的药用价值

蝎子气味甘辛，性平，有毒；有息风止痉、通经活络、消肿止痛、攻毒散结等功效；能穿透筋骨，逐湿除风；可用于治疗癫痫抽筋、风湿顽症、半身不遂、中风、破伤风、无名肿疮、癌症、性病等症。因有显著的解痉作用，它是治疗大骨节病及麻风病的良药。在医学上，共有100多种疾病可配用蝎子治疗。

蝎子毒腺中的有效成分是蝎毒素，是一种类似蛇神经毒素的毒性蛋白，含有碳、氢、氧、硫、卵磷脂、三甲胺、甜菜素、牛磺酸、软脂酸、硬脂酸及铵盐等元素及成分。高血压病人服用后，能扩张血管，抑制心脏活动，减少肾上腺素的分泌，故有显著的、持久的降压及镇静作用。蝎毒除了用于治疗上述疾病外，还在神经分子学、分子免疫学、分子进化、蛋白质的结构和功能等生命科学研究领域里有广泛的应用前途。

任务二　蝎子的繁育技术

一、蝎子的繁殖特点

蝎子为卵胎生，多在6—7月份进行交配，在自然温度条件下一般一年繁殖1次，但在人工加温条件下一年可繁殖 2 次。雌蝎交配 1 次，可连续 3~5 年产仔。雄蝎每年仅交配两次。

二、蝎子的交配

蝎子的雌雄交配大多在光线较暗的地方或夜间进行。雌蝎发情时体内会排出一种特殊的气味，诱激雄蝎前来交配，故每当雌蝎发情时周围必有数只雄蝎前来交配。雄蝎有争夺配偶的习性。它们互相咬斗，获胜者前去交配。蝎子交配时，雄蝎用触肢的大钳钳住雌蝎触肢的钳不放，并将雌蝎不断地拖来拖去，急切寻找交配的场所。雄蝎的后腹部高高竖起，并不停摆动，表现十分兴奋。其腹下的 2 片栉板不断地摆动，探索地面的情况。当寻找到平坦的石块、瓦片或坚硬的地面时（或用第一、二对步足将身下土铺平、踏实时），便停下来，用自己的 2 只脚须，头对头地钳住雌蝎的 2 只脚须，将雌蝎拉到自己身体处。雄蝎全身抖动，并翘起第一对步足，两足有节奏地交替抚摸雌蝎的生殖厣和它的前区，这样要经过反复多次，随后雄蝎尾部上下摆动。不久，雌蝎很顺从地被拉近雄蝎。雄蝎打开生殖厣，腹部抖动着贴近地面，从生殖孔排出的精夹牢牢地黏附在石块或瓦片上，在雌蝎的生殖厣内外来回不停地扫动，并排出蓝色黏性精液，达成交配。

三、蝎子的受精

完成交配后，雄蝎会立即逃走，否则就有被雌蝎咬伤或吃掉的危险。从雌雄周旋，到交配结束需 5~10 min。分开时，雄蝎的交配轴便从叉枝颈部断裂，遗落于地上。雌蝎在交配结束后数分钟内，似有被激怒的表现，性情十分狂躁，生殖厣甲片与栉状器不停地一张一合地扇动，使精液顺生殖孔进入输卵管和卵泡结合，形成受精卵。

四、蝎子的排卵和产仔

受精卵下移到卵巢网格外壁上，转入体内孵化阶段。雌蝎怀孕后，雌、雄蝎分开饲养。孕期在自然条件下需 200 天，但在加温条件下，只需 120~150 天。产仔期在每年的 7—8 月份。临产前 3~5 天雌蝎不进食，也不爱活动，待在石块或瓦片等背光安静的场所。孕蝎产仔时收缩有力，此时带有黏液的仔蝎便从生殖孔中陆续产出，每胎产仔 20~40 只（少则几只，多的达 60 只）。刚产下的仔蝎会顺着母蝎的附肢爬到母蝎的背上，密集地拥挤成一团。母蝎在负仔期间不吃不动，以便保护仔蝎（避敌害及不利天气）。初生仔蝎在出生后第 5~7 天在母蝎背上蜕第一次皮；此时蝎呈乳白色，体长 1 cm；出生后 10 天左右逐渐离开母蝎背部并独立生活。

五、蝎子的选种

1. 选种标准

要求体大、健壮、敏捷、腹大发亮、后腹卷曲，选择成龄雌蝎或者孕蝎更好。

2. 选种比例

种雄蝎与雌蝎的比例为1∶(3~5）比较合适。

六、蝎子的引种

1. 引种时间

引种时间安排在春末夏初或秋季，以春末夏初引种为最佳。因为春末夏初时冬眠的蝎子已出蛰，度过了“春亡关”，并且成年雌蝎已进入孕期，能够当年产仔，引种可当年受益。

2. 引种工具

引种工具为纸箱和无毒的编织袋，装运适宜密度为每袋2 500只。运输时，先将种蝎装入洁净、无破损的编织袋后扎口；再放进底部有海绵或纸板、纸团的纸箱内；然后在纸箱内放入几块湿海绵块，以调节箱内湿度。另外，纸箱上部四周要打几个通气孔，以便通风透气。运输过程中要避免剧烈震动。夏季运输要注意防高温，冬季要注意防寒。投放种蝎时，每个池子最好一次投足，否则，由于蝎子的认群性，先放与后放的种蝎之间会发生争斗，造成伤亡。刚投入池子的蝎子在2~3天内会有一部分不进食，这是蝎子适应新环境的正常过程，但仍然要注意观察并及时采取相应措施。

3. 种蝎来源

一是捕捉野生蝎或购回野生蝎作种蝎；二是到人工养蝎单位或个人处购买。由于野生蝎的性情凶悍，人工高密度混养会激化其种内竞争，造成大吃小、强吃弱的相互残杀现象，再加上野生蝎由野外自然环境进入人工创造的小生态环境难以适应，其正常的生理活动必然会受到影响，导致仔蝎在母体内不能很好地发育，所产出的仔蝎也多数体质较弱，成活率极低。所以，对于养蝎户尤其是初养者来说，尽量不要直接把野生蝎作为种蝎进行繁殖。

任务三　蝎子的饲养管理技术

一、蝎子的养殖方式

蝎子养殖方式很多，小规模的有盆养、缸养、箱养，大规模的有房养、池养、蜂巢式养殖等。不论哪种养殖方式，基本原则是模拟蝎子的自然生活环境，为蝎子创造舒适的生活条件，养殖户可以因地制宜选择使用。少量可用盆、缸、箱等饲养，大量可用房、池养殖。要提高养殖效益，必须采用加温饲养的方法。不论采用哪种饲养方法，都要建造蝎窝。

二、蝎子的饲养管理

1. 蝎子的日常管理

（1）掌握蝎子的生活习性

蝎子是一种喜阴怕光、喜潮怕湿的特种经济动物，同时还有钻小缝的习性。因此，在建蝎场时应尽可能地模拟蝎子的野外生活环境。目前建蝎场从单位面积和投蝎数量来规划，不外乎有2类：合群饲养法和隔离饲养法。实践证明，合群饲养法存在蝎的成活率较低这一严重缺陷，因此，尽量采用隔离饲养法。

（2）育好种蝎，放养密度适宜

育好种蝎是发展人工养蝎的基础。在饲养过程中，放养蝎子密度的大小是直接关系到养蝎成败的关键。为了避开蝎子互相残杀，就要限制蝎子的活动区域，采用密封、固定、限量的大棚式养殖方法；或是采用盆养、瓶繁、池育的“三分”模式，集盆、瓶和池于一体，这样便于管理，易于观察且清理方便，成功率较高，是一种较为理想的饲养模式。

（3）饲料多样化

蝎子为肉食性动物，喜吃质软多汁的昆虫。投喂时应以肉食性饲料为主，饲喂的小昆虫种类愈多愈好。种类不同的昆虫体内含有不同的氨基酸，而不同的氨基酸对蝎子的生长发育、产仔及蜕皮等均能起到很好的促进作用。

（4）投喂方法和时间要适当

投食时间一般应放在天黑前1 h进行。每次投喂量应根据蝎群及蝎龄的大小适量供应。在供料时要把握好以下2个原则：昆虫类饲料要以“满足供应、宁余勿欠”为原则；组合饲料要以“限量搭配、宁欠不余”为原则。喂蝎时间以傍晚为好。软体昆虫喂量为成龄蝎30 mg、中龄蝎30 mg、幼龄蝎10 mg，一周投喂1次。根据剩食情况，再做下一次喂量调整。供水时间应放在投食前2 h进行，一般将海绵、布条、玉米芯等用水浸透，置于塑料薄膜上，供蝎吸吮。春、秋季隔10～15天供水1次，炎夏隔2～3天供水1次。

（5）各龄分养

蝎子在饲养过程中，即使是同时繁殖出的蝎子，在生长中差异也是很大的，若不及时分养，个体大的就会残杀个体小的，未蜕皮的残杀正在蜕皮的。因此，在建蝎场时应多准备一些蝎池，将同龄蝎放在一起，而且要经常观察它们的生长情况，做到及时分养，规格一致，以利于同步生长。

（6）恒温饲养

为了提高人工养蝎的成活率，使蝎子快速生长，就必须解除蝎子的冬眠期，进行恒温饲养。蝎子的冬眠期与环境温度有关。早春当气温达到 10 ℃以上时，蝎子便开始苏醒，出外活动寻食；当气温低于 10 ℃时便先后开始寻窝冬眠。据试验证明，蝎子在 28~38 ℃时，活动时间最长，采食量最多，生长繁殖最快，因此，冬季应在蝎场装上恒温设备，使蝎场内温度保持在 28~38 ℃，空气的相对湿度保持在 60%~80%，投食、供水等方面与夏季一样。

2. 仔蝎的饲养管理

仔蝎的饲料应以其喜食的肉类为主，植物性饲料占饲料总量的15%，其中青菜约占 5%。在肉类饲料中加入少量的复合维生素。喂食时间为每天下午 5 点。仔蝎出生后 12 天左右，第 2 次爬下母蝎背，此时已能独立生活，可以实行母仔分养。其方法是：先用夹子夹出母蝎，然后用鸡毛或鹅毛将仔蝎扫入汤匙内，再移入仔蝎盆中饲养。仔蝎满月龄，应进行第一次分群；到 4 月龄，体格增大，可转入池养。采用冬季在蝎房内接上暖气、夏季在蝎房周围洒水等办法控温调湿，可以加快蝎子生长。如果蝎房过于干燥，蝎子易患枯尾病，要及时在室内洒水，并供给充足饮水。如果蝎房过于潮湿，蝎子易患斑霉病，要设法使蝎窝干燥一些。给蝎子喂腐败变质饲料或不清洁的饮水极易引起蝎子患黑腹病，要注意预防。2 日龄仔蝎受到空气污染则易患萎缩病，仔蝎不生长，自动脱离母背而死亡，因此要切实注意环境空气新鲜。

3. 商品蝎的饲养管理

长到 6 月龄以上的成蝎，即可作为商品蝎。由于商品蝎已长大，食量增加，活动范围大，因此投食量也要加大，饲养密度要减小，每 1 m^2 不超过 500 只。一般产仔 3 年以上的雌蝎、交配过的雄蝎及有残肢、瘦弱的雄蝎，都可作为商品蝎。

4. 种蝎的饲养管理

① 首先要抓好配种。蝎子多在 6、7 月间交配。繁殖期间，蝎窝要压平、压实，保持干燥，饲养密度不宜过大，以免漏配。一般雄蝎会将雌蝎拉到僻静的地方进行交配。有时雄、雌蝎相遇后立即用角钳夹着逗玩，之后即行交配。如双方靠近，有一方用毒刺示威而不刺杀，1~2 min 后勉强接纳也属正常。如发现有一方摆开阵势对抗，拒绝接纳，说明未到发情期，要进行更换。如双方互不理睬，也不必担心，到黄昏后会互相接近交配。

② 其次要养好孕蝎。雌蝎经交配受孕以后，要单独分开饲养。可用罐头瓶作“产房”，内装 1 cm 厚含水量为 20%的带沙黄泥，用圆木柄夯实泥土，然后把孕蝎捉到瓶内，投放 1 只地鳖虫。如地鳖虫被吃掉，应再放食料，让孕蝎吃饱喝足。孕蝎临产时，前腹上翘，须肢合抱弯曲于地面，仔蝎从生殖孔内依次产出。如遇到干扰与惊吓，母蝎会甩掉或吃掉部分仔蝎。产仔后要给母蝎及时供水、供食。

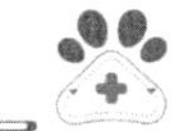

任务四　蝎子常见疾病的防治

一、绿霉病

【病因】 绿霉病是由绿霉菌感染引起的一种疾病。

【临床症状】 病蝎步足不能紧缩，后腹不能蜷曲，全身瘫软，行动呆滞。早期蝎子胸腹部和前腹部出现黄褐色或红褐色点状霉斑，并逐渐蔓延隆起成片。死蝎体内充满绿色霉状菌丝体集结而成的菌块。

【预防】 注意环境卫生，投喂干净的食物。

【治疗】 长效磺胺 1 g，拌料 1 kg，投喂至痊愈；金霉素 0.25 g，拌料 400 g，投喂至痊愈；1%福尔马林溶液或 0.1%高锰酸钾溶液，喷洒饲养室。

二、拖尾病

【病因】 拖尾病常发生于夏末秋初空气潮湿季节，是由于长期饲喂高脂肪饲料，蝎体内脂肪大量堆积而致病。

【临床症状】 病蝎体躯光亮，肢节隆大，行动艰难迟缓，口器内有红色似分泌液的脂性黏液，发病 5~10 天后死亡。

【预防】 不喂或少喂脂肪含量高的饲料；适当调节温度和湿度。

【治疗】 绝食 3~5 天后，用大黄苏打片 3 g、麸皮（炒香）50 g、水 60 g，拌匀喂至痊愈。

三、黑腹病

【病因】 蝎子饮食不洁，吃了腐败饲料感染，或环境污染和饮水不洁而引起发病。该病多在夏季发生。

【临床症状】 初发病期，蝎的腹部呈黑色，胀腹，活动减少或不活动，食欲减退或不进食，到后期前腹部出现黑色腐烂，用手挤压即有黑色黏液流出，病程较短，病死率高；另一种为腹黑而瘦弱，腹节下垂，但亦吃亦饮，病程较长，陆续出现死亡。

【预防】 保持投喂饲料和饮水新鲜清洁，经常洗刷水盆和食盆，水盘及海绵、石子等隔天要进行清洗；空气每天要排换一次；平时投放的虫体应无病无害，投放的组合饲料宁欠不余。发现有病蝎，立即清除病源，清除死蝎和被污染的窝土、瓦片，并用 1%~2%福尔马林溶液喷洒消毒，烧毁死蝎，防止再感染。

【治疗】 把发病蝎分离开，用干酵母 1 g 和红霉素 0.5 g（或大苏打 0.5 g）或长效磺胺 0.5 g 和土霉素 0.5 g，混合饲料 500 g 喂至痊愈；大黄碳酸氢钠片 0.5 g，土霉素 0.1 g 和 100 g 饲料拌食或饮用；80 万 IU 青霉素半支，加水 1 kg，放进水盘饮用，或 80 万 IU 青霉素 1/4 支拌食 250 g，喂至痊愈。

四、体腐病

【病因】 体腐病主要因饲喂腐败的饲料、污秽的饮水或误食黑腐病病蝎尸体，感染黑霉真菌而发病。该病一年四季均可发生，病程短，病死率高。

【临床症状】 病蝎前期腹部肿胀，呈黑色，很少活动，食欲减退；继而前腹部出现黑色腐病型溃疡灶，出黑色黏液，最终死亡。

【预防】 保持饲料新鲜和饮水清洁；定期用 1%～2%的福尔马林水溶液对养殖区消毒；病蝎应隔离治疗，死蝎拣出焚烧。

【治疗】 用酵母片 1 g、红霉素 5 g 或小苏打 2.5 g、磺胺片 0.5 g 或大黄苏 2.5 g、土霉素 0.5 g 与配合饲料 500 g 拌匀，喂至痊愈；也可用中草药五倍子，每千克体重日用量 0.2～0.5 g 喂服。

五、蝎虱病

【病因】 蝎虱病多发生于 6—8 月份，常因环境潮湿、空气湿度大，以及食物发生霉变等所致，致病菌多为绿霉真菌。

【临床症状】 感染的钳蝎前期胸腹板部和前腹部常出现黄褐色或红褐色小点状霉斑并逐渐扩大成片，继而食欲减退，停止生长；后期行动呆滞，终因拒食而死亡。解剖可见体内充满绿色霉状菌丝集结而成的菌块。

【预防】 食盘、水盘经常洗刷，清除霉变食物；用 1%～2%福尔马林液或 0.1%高锰酸钾水溶液对养殖区消毒；病蝎要隔离治疗，死蝎应及时拣出焚烧。

【治疗】 病蝎用土霉素 1 g，或氯霉素 1 g，或长效磺胺 1～1.5 g 与配合饲料 1 000 g 拌匀饲喂，直至痊愈。

六、干枯病

【病因】 该病是因自然气候干燥，空气湿度低，饲料含水量少，饮水不足，环境干燥，慢性脱水所致，是一种慢性脱水病。

【临床症状】 病初蝎子尾梢枯黄、萎缩，并渐向前延伸，失去平衡，腹部变扁平，肢体无光泽，严重者尾中间深陷，尾根枯萎，最后死亡。

【预防】 饮水要清洁，活动场地要保持湿度适中。气候干燥时，注意调节饲料含水量和湿度，保证供水。一旦发病，应补喂果品、西红柿或西瓜皮等，必要时给活动场增加洒水次数。病蝎在得到水分补充后，症状即自然缓解，不必使用药物治疗。

【治疗】 1 次饲喂西红柿或西瓜皮 15～20 g，隔 2 天补喂 1 次；并增加洒水次数；酵母片 1 g 加水 200 g 饮用，以增强消化液的分泌。

复习思考

1. 简述蝎子的药用价值。
2. 简述蝎子的饲养管理技术要点。
3. 简述蝎子常见疾病的防治办法。

兼用型动物养殖技术

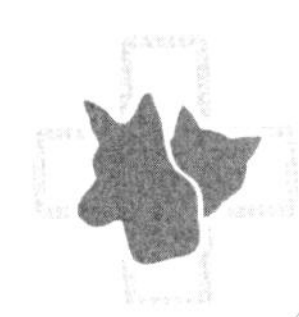

项目十五 毛驴的养殖技术

学习目标

1. 了解毛驴的品种、生物学特性和经济价值。
2. 掌握毛驴的繁育技术和饲养管理技术。
3. 掌握毛驴常见疾病的防治。
4. 能够运用理论知识科学饲养毛驴。

任务一 毛驴的品种及生物学特性

一、毛驴的品种及形态特征

1. 关中驴

关中驴产于陕西省关中平原，以乾县、礼泉、武功、蒲城、咸阳、兴平等为主产地，是西汉时期由西域引进的役用畜种。经长期驯化，关中驴已成为我国大型驴的优良品种之一。关中驴性温顺而活泼，体格高大，结构良好，头颈高举，眼大有神，前胸深广，肋圆而拱张，四肢端正，关节强大，蹄质坚实。其被毛短细，富有光泽，多为粉黑色，其次为栗色、青色和灰色，以栗色和粉黑色，且黑（栗）白界限分明者为上选；黑色驴口、鼻、眼圈及腹下部白色。背凹和尻短斜为其缺点。

2. 广灵驴

广灵驴产于山西省大同市广灵县，按体形分大、中、小三种类型，其中以中型为最多。根据毛色不同，一般将黑化眉视为上色，青化眉、黑乌头和桐毛次之。这种驴结实有劲，公驴最大挽力平均为 258 kg，相当于体重的 84.6%，拉胶轮车时的载重极限为 3 000 kg 左右，驮重 160 kg 左右，行走 1 km 不发汗。

3. 泌阳驴

泌阳驴是中国优良的中型驴种之一，产于河南省南部，中心产区在泌阳县，所以得名。泌阳驴的食量小，抗逆力强，且适用于各种农活，群众最喜欢饲养。当前，产

区内泌阳驴的饲养量很大，仅泌阳一县就达1万多头。泌阳驴全身黑色，而眼圈、咀头和腹下三部皆粉白色，故又称“三白驴”。驴身结构紧凑，耳目俊秀、性情活泼；头直颈长，眼大饱满，口大方正，两耳耸立；背平直而宽，肌肉丰满，四肢端正，筋明腱显；耐役性强且持久，抗病力强，便于饲养，名声远扬中外。

4. 德州驴

德州驴，在宋代时由西部地区传入，经过长期的选育成为誉满中外的品种。德州驴原产于山东省无棣县，故又称“无棣驴”。德州驴体格高大，结构匀称，外形美观，体形方正，头颈躯干结合良好。毛色分三粉（鼻周围粉白，眼周围粉白，腹下粉白，其余毛为黑色）和乌头（全身毛为黑色）两种。成年种驴体尺：公驴体高为142 cm，体长为143.6 cm，胸围为152.8 cm，管围为18.7 cm，母驴相应为140 cm、137 cm、160 cm和16.4 cm。公驴前躯宽大，头颈高扬，眼大嘴齐，有悍威，背腰平直，尻稍斜，肋拱圆，四肢有力，关节明显，蹄圆而质坚。

二、毛驴的生活习性

1. 食量小

毛驴几乎可以不吃粮食、不吃饲料就足以长得身强力壮、肌肉发达。而且，养一头牛所吃的草，足可以养活三头驴，可见驴的采食量很小。

2. 生长快

驴的生长很快，断奶的驴苗仅仅饲喂青草一年就可以出栏。

3. 抗病性强

驴很少得病，比牛、马好养很多，是一个十足的“自力更生”的主角。只需每天定时定量给点草、水即可。

4. 耐粗饲

从饲养成本上来说，按成年驴计算，每头驴每天吃草最多只有500 g左右。

三、毛驴的经济价值

1. 肉用价值

新鲜驴肉呈暗红色，蛋白质含量高，脂肪含量较其他畜肉低，矿物质含量为1.1%左右，胆固醇含量较低，且肉质鲜美、风味独特，是餐桌上的美味佳肴。

2. 药用价值

驴的皮、肉、骨、蹄、毛、脂肪、阴茎和乳亦可以入药。皮经煎煮浓缩制成的固体胶称阿胶，又称驴皮胶，是我国的传统中药材。阿胶味甘，性平，有补血滋阴、润燥止血功效，主治血虚萎黄、肌萎无力、眩晕心悸、心烦不眠、虚风内动、肺燥咳嗽、劳咳咯血、吐血尿血、便血崩漏、妊娠胎漏等。近年来，阿胶用于治疗化疗后导致的白细胞减少症，在癌症辅助治疗方面具有较好的作用。驴蹄烧灰敷痈疽，散脓水。驴阴茎又称驴鞭，性温、味咸，有益肾强筋功效，主治阳痿、筋骨酸软、骨髓炎、骨结核、气血虚亏和妇女乳汁不足等。驴肉味甘、酸、性平，有补血、益气功效，主治劳损、风眩和心烦等症。驴乳味甘、性寒，主治消渴、黄疸、小儿惊痫和风热赤眼。驴头煮食，可治中风头眩、黄疸、消渴。

任务二 毛驴的繁育技术

一、毛驴的发情鉴定

1. 外部观察法

主要根据母驴外部表现来判断发情程度，确定配种时间。配种人员应早晚巡视驴群。母驴发情时阴唇肿胀，抿耳吧嗒嘴。

2. 直肠检查方法

将发情母驴牵到四柱栏内进行保定。检查人员剪短并磨光指甲，带上一次性长臂手套，手套上涂润滑液，五指并拢成锥形，轻轻插入直肠内，手指扩张，以便空气进入直肠，引起直肠努责，将粪排出或直接用手将粪球掏出。掏粪时注意不要让粪球中食物残渣划破肠道。

检查人员手指继续伸入，当发现母驴努责时，应暂缓，直至狭窄部，以四指进入狭窄部，拇指在外，此时可采用两种检查方法。

① 下滑法。手进入狭窄部，四指向上翻，在第 3、第 4 腰椎处摸到卵巢韧带，随韧带向下捋，就可摸到卵巢。由卵巢向下就可摸到子宫角、子宫体。

② 托底法。右手进入直肠狭窄部，四指向前下摸，就可以摸到子宫底部，顺子宫底向左上方移动，便可摸到子宫角。到子宫角上部，轻轻向后拉就可摸到左侧卵巢。

经直肠检查卵巢呈蚕豆形，未发情的卵巢手感较硬有肉感。

触摸时，应用手指肚触摸，严禁用手指抠揪，以防止抠破直肠壁，引起大量出血或感染而造成死亡。触摸卵巢时，应注意卵巢的形状、质地，卵泡大小、弹力和位置。

3. B 超检查法

一般选择手持式 B 超即可，探头频率需要达到 6. 5 MHz。

采用 B 超进行发情驴卵泡发育情况鉴定时，首先用手将肠道中的粪排干净。随后在一次性手套的中指手套处挤入一定量的耦合剂，把 B 超探头浸入耦合剂中。然后，将探头置于手掌心处，五指并拢成锥形，携带 B 超探头进入肠道。手持探头，将探头紧贴于直肠壁并压在卵巢上，轻微转动探头即可观察到卵巢上卵泡的发育情况。

二、毛驴的选配

1. 按血统来源选配

根据系谱，了解不同血统来源驴的特点和它们的亲和力，然后进行选配。亲缘选配，除建立品系时应用外，其他一般都不采用，当发现不良后果时，应立即停止。

2. 按体质外貌选配

对理想的体质外貌，可采用同质选配。对不同部位的理想结构，要用异质选配，使其不同优点结合起来。对选配双方的不同缺点，要用对方相应的优点来改进；有相同缺点的驴绝不可选配。

3. 按体尺类型选配

对体尺类型符合要求的母驴采用同质选配，巩固和完善其理想类型。对未达到品种要求的母驴，可采用异质选配，如体格小的母驴就选配体格较大的公驴。

4. 按生产性能选配

例如，驮力大的公、母驴同质选配，可得到驮力更大的后代；屠宰率高的公、母驴同质选配，后代屠宰率会更高。同时，公驴比母驴屠宰率高，异质选配后代的屠宰率也会比母驴高。

5. 按后裔品质选配

对已获得良好驴驹的选配，其父母配对应继续保持不变。

三、毛驴的配种方法

① 自由交配。将公、母驴放在同一群中，让其自由交配。

② 人工授精。用器械将精液输入发情母驴的子宫内使母驴受孕。

四、毛驴的妊娠期

母驴的妊娠期为 348～377 天，平均为 360 天。对妊娠母驴要加强饲养管理，增喂青饲草和精饲料，并让其适当运动。给母驴配种最好在其排卵前 1～36 h 进行。

任务三　毛驴的饲养管理技术

一、毛驴养殖场的建设

1. 选址

肉驴场应水电充足，水源符合国家生活饮用水卫生标准；饲料来源方便，交通便利；地势高燥，地下水位低，排水良好，土质坚实，背风向阳，空气流通，平坦宽阔或具有缓坡，距离交通要道、公共场所、居民区、城镇、学校 1 000 米以上；远离医院、畜产品加工厂、垃圾堆及污水处理厂 2 000 米以上，周围应有围墙或其他有效屏障。

2. 分区

肉驴场一般分生活区、管理区、生产区和辅助生产区。生活区和管理区应设在地势最高处或上风头处，与生产区保持 50 m 以上的距离。辅助生产区设在管理区与生产区之间。生产区包括驴舍、运动场等，应设在地势较低位置。消毒室、兽医室、隔离室、积粪池和病死驴无害处理室等应设在生产区的下风头，距驴舍不少于 50 m。人员、动物和物质转运应采取单一流向，以防交叉污染和疫病传播。场区四周、道边及运动场周围要植树绿化。

3. 其他养殖设施和设备

驴舍建筑要根据当地的气温变化和驴场生产用途等因素来确定，以坐北朝南或朝东南双坡式驴舍最为常用。驴舍要有一定数量和大小的窗户或通风换气孔，以保证太阳光线充足和空气流通。驴舍大门入口处要设置水泥结构消毒池。驴舍内主要设施有驴床、饲槽、清粪通道、粪尿沟、饮水槽和通风换气孔等。

二、毛驴常用的饲料

1. 青饲料

各种禾本科、豆科青草等都适合喂驴，其特点是含水量多（60%以上），富含维生素，容易消化和利用。因此在暖季可适当放牧或补喂一些青绿饲料，但也不能全部喂青绿饲料，以防腹泻。

2. 粗饲料

粗饲料是含粗纤维较多、容积大、营养价值较低的一类饲料。粗饲料对驴来说是必不可少的。好的粗饲料可以使日粮营养平衡，促进各种营养物质的消化吸收，而差的粗饲料则影响驴的食欲，降低其他营养物质的吸收和利用。目前国内常用的粗饲料主要是青干草、谷草和稻草等。

3. 精饲料

精饲料包括农作物的籽实、糠类和各种饼粕类。精饲料含能量高，蛋白质丰富，粗纤维少，容易消化，适口性好，如：玉米、荞麦、高粱、麸皮等。

4. 矿物质补充饲料

对驴来说，矿物质补充饲料主要是食盐和含钙矿物质。食盐有粒状和块状 2 种。块状食盐可放于驴舍内一定的位置（如饲槽内或固定于墙壁上等）供驴自由舔食，粒状盐可拌于精料中。喂给食盐不仅可以补充驴对钠的需要，而且可以增强饲料的适口性，使驴多喝水，有助于消化并可预防便秘。食盐量可占精料的 1%。能自由舔食块盐的驴一般不会缺盐。含钙矿物质主要有贝壳粉、骨粉等，它们含钙、磷比较多，而且钙、磷比例也适当。

三、毛驴的饲养管理

1. 仔驴的饲养管理

对初生驴驹除了按正常的方法饲喂外，一般在其15日龄开始训练吃精饲料，可将玉米、大麦、燕麦等磨成面或熬成稀粥加上少许糖诱其采食。开始每天补喂10～20 g，数日后补喂80～100 g，1个月后补喂10～20 g，两个月后喂100 g，以后逐日增加，9月龄后日喂精料3.5 kg。驴驹的育肥还可用以下6种方法：① 黄豆和大米各500 g加水磨碎，放入米糠250 g和适量食盐拌匀，驴驹吃草后再喂，连喂7～10天。② 每头驴每天用白糖150 g溶于温水中，让驴自饮，10～20天即可壮膘。③ 将棉籽饼炒至黄色或放在锅里煮熟至膨胀裂开，可除去90%的棉酚毒，且香味扑鼻。每头驴每天喂1 kg，连续15天。④ 取猪油250 g、鲜韭菜1 kg、食盐10 g，炒熟喂驴，每天1次，连喂7天。⑤ 每天给驴驹口服10 mg己烯雌酚，日增重可提高12%。出栏前100天在驴驹耳下埋植己烯雌酚24 mg，放牧驴日增重可提高15%。⑥ 在饲料中加微量元素钴、碘、铜、硒等，能提高饲料利用率，促进增重。育肥中加喂一些锌，可防止脱毛，减少皮肤病。

2. 育成期驴的饲养管理

对新从外地购来的成年驴可先喂一些易消化的青干草和麸皮，少给勤添，喂七成饱即可。驴采食正常后，可进入引喂期。这时的混合饲料主要是棉籽皮或谷草，混合精料主要是大豆饼或棉籽饼（50%）、玉米面（30%）和麸皮（20%）。开始时在精饲料中加入少量大豆饼或棉籽饼和谷草或棉籽皮，以后逐渐增加，1周后即可全喂饼类及谷草或棉籽皮。两个月后让驴吃到八成饱为宜，一般每天上下午各喂1次。另外，还要满足饮水，限制运动，刷拭皮肤，保持清洁，以利育肥。

3. 抓好育肥

根据年龄、体况、公母、强弱进行分槽饲养，不放牧，以减少饲料消耗，利于快速育肥。育肥进程可分为3个阶段。① 适应期。购进的驴先驱虫，不去势，按性别、体重分槽饲养。初生驴15日龄训练进食玉米、小麦、小米各等份混匀熬成的稀粥，加少许糖，但不能喂太多，一般用作诱食。精饲料从每天10 g开始喂，以后逐步增加；到22日龄后喂混合精料80～100 g，其配方为大豆粕加棉仁饼50%、玉米面29%、麦麸20%、食盐1%；1月龄每头驴日喂100～200 g；2月龄日喂500～1 000 g。如是新购进的成年驴或是淘汰的役驴，先饲喂易消化的干、青草和麸皮。经几天观察正常后，再饲喂混合饲料。粗料以棉籽壳、玉米秸粉、谷草、豆荚皮或其他各种青、干草为主，精料以棉籽饼（豆饼、花生饼）50%、玉米面（大麦、小米）30%、麸皮（豆渣）20%配合成。饲喂时讲究少喂勤添，饮足清水，适量补盐。② 增肉期。成年驴所喂饲料同上。幼驴日补精料量从100～200 g开始，2月龄后补喂500～1 000 g；以后逐月递增，到9月龄时日喂精料可达3.0～3.5 kg。全期育肥共耗精料500 kg。如

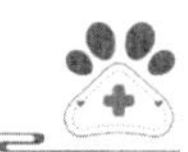

将棉籽炒黄或煮熟至膨胀裂开，每头驴日喂 1 000 g，育肥效果更佳。③ 催肥期。催肥期为 2~3 个月。此期主要促进驴体膘肉丰满，沉积脂肪。除上述日料外，还可采取以下催肥方法：a. 每头驴每天用白糖 100 g 或红糖 150 g 溶于温水中，让驴自饮，连饮 10~20 天。b. 猪油 250 g，鲜韭菜 0. 86 kg，食盐 10 g，炒熟喂，每天 1 次，连喂 7 天。c. 将棉籽炒黄熟至膨胀裂开，每头驴每天喂 1 kg，连喂 15 天。在育肥过程中再添加适量锌，可预防脱毛及皮肤病。舍饲肉驴一定要定时定量供料，每天分早、中、晚、夜 4 次喂饲，春夏季白天长，可多喂 1 次，秋冬季白天短可少喂 1 次，但夜间一定要补喂 1 次。

4. 加强管理

肉驴的育肥，要注意舍内温度，天冷时要保温，并尽量让驴多晒太阳，避免因御寒过多消耗体能；天热时及时降温，加强通风，以防中暑或食欲减退。每天应有 1 h 左右的运动，遇上雨雪天，可在有遮阳棚的围栏内做轻微运动。每天对肉驴进行几次身体刷拭，既可刺激皮肤，促进血液循环，增强体表运动，又可驱除虱、螨等体外寄生虫，促进体表健康。驴舍、饲槽、水槽应每天清扫、刷洗干净，保持清洁卫生，每隔 10~15 天用 3%的甲酚皂溶液消毒驴舍，以防疾病发生。

5. 适时屠宰

过了催肥期，肉驴增长缓慢，饲料回报率会逐步下降，这时屠宰率最高。为不影响肉质，屠宰前 1 天光喂水不给料，使驴处于绝食状态。

四、毛驴日常饲养管理注意事项

1. 分槽定位

饲喂时，应根据肉驴的用途实行个体分槽定位饲养，即按性别、个体大小、采食快慢、个体性情、种用或繁殖、育肥等定位。临产母驴和当年幼驹要用单槽。哺乳母驴的槽位要相应宽些，便于幼驹吃奶和休息。

2. 依据不同时间确定不同的饲喂次数

例如，冬季寒冷夜长，可分早、午、晚、夜喂 4 次，春、夏季可增加到 5 次。秋季天气凉爽，可减少到每天 3 次。另外饲喂时间、喂量都要相对固定，采食过量或采食量不足，不仅影响饲喂效果，还易造成消化道疾病。

3. 草短干净，先粗后精，少给勤添

每次饲喂时应先喂草，后喂加水拌料的草。每次给草料不要过多，要少给勤添，使槽内即使不剩草也不空槽。精料应由少到多，逐渐减草加料。

4. 饮水充足

应根据饲料的种类、气候等给肉驴供应充足的水。一般每天饮水 4 次，天热时可增加到 5 次。饮水不要过急，过急易发生呛肺和腹痛。水槽和水桶位置不要过高，饮水要保持清洁、新鲜。天冷时饮水要加热，防止饮用过冷的水。

任务四　毛驴常见疾病的防治

一、马腺疫

【病因】　马腺疫是由马链球菌马亚种引起马属动物的一种急性接触性传染病，属于三类动物疫病。

【临床症状】　临床常见有一过型腺疫、典型腺疫和恶性腺疫三种病型。

① 一过型腺疫。鼻黏膜卡他性炎症，流浆液性或黏液性鼻汁，体温稍高，颌下淋巴结肿胀，多见于流行后期。

② 典型腺疫。以发热、鼻黏膜急性卡他和颌下淋巴结急性炎性肿胀、化脓为特征，表现为病畜体温突然升高（39~41 ℃），鼻黏膜潮红、干燥、发热，流水样浆液性鼻汁，后变为黄白色脓性鼻汁。颌下淋巴结急性炎性肿胀，起初较硬，触之有热痛感，之后化脓变软，破溃后流出大量黄白色黏稠脓汁。病程 2~3 周，预后一般良好。

③ 恶性腺疫。病原菌由颌下淋巴结的化脓灶经淋巴管或血液转移到其他淋巴结及内脏器官，造成全身性脓毒败血症，致使动物死亡。比较常见的有喉性卡他、额窦性卡他、咽部淋巴结化脓、颈部淋巴结化脓、纵隔淋巴结化脓、肠系膜淋巴结化脓。

【预防】　一般可通过注射马腺疫灭活苗或毒素进行预防。

【治疗】　发生本病时，对病驴隔离治疗，对污染的厩舍、运动场及用具等彻底消毒。

二、流感

【病因】　驴流感是由正黏病毒科流感病毒属马 A 型流感病毒引起马属动物的一种急性暴发式流行的传染病。

【临床症状】　根据病毒型的不同，表现的症状不完全一样。H7N7 亚型所致的疾病比较温和轻微，H3N8 亚型所致的疾病较重，并易继发细菌感染。

① 潜伏期。潜伏期为 2~10 天，多在感染 3~4 天后发病。发病的马匹中常有一些症状轻微呈顿挫的呼吸声，或更多一些呈隐性感染。

② 典型病例。表现为发热，体温上升至 39.5 ℃以内，稽留 1~2 天或 4~5 天，然后徐徐降至常温。如体温反复无常，则表示有继发感染。

③ 主要症状。最初 2~3 天内病驴经常干咳，干咳逐渐转为湿咳，持续 2~3 周。亦常发生鼻炎，先流水样的尔后变为黏稠的鼻液。H7N7 亚型感染时常发生轻微的喉炎，有继发感染时才呈现喉、咽和喉囊的病症。

所有病驴在发热时都呈现全身症状。病驴呼吸频数、脉搏频数、食欲降低，精神委顿，眼结膜充血水肿，大量流泪。病驴在发热期常表现为肌肉震颤，肩部的肌肉最明显，病驴因肌肉酸痛而不爱活动。

【预防】 注意环境卫生。

【治疗】 防治甲型 H7N7 流感的中药方：桑叶 12 g、菊花 12 g、杏仁 10 g、枇杷叶 12 g、葛根 15 g、生薏仁 15 g、芦根 15 g、桔梗 12 g、连翘 12 g、大青叶 15 g、银花 12 g、甘草 6 g（仅预防则去掉杏仁和桔梗）。防治甲型 H7N7 流感西药方：利巴韦林作为核苷类广谱抗病毒药物，可用于抑制流感病毒、副流感病毒、柯萨奇病毒等，能够有效阻断病毒在体内的复制繁殖。

三、螨虫病

【病因】 螨虫病多由疥螨或耳痒螨寄虫所致。

【临床症状】 病驴多在眼睑周围、额部、鼻部、嘴唇、颈下部、肘部和四肢远端出现脱毛、秃斑，且界限极明显。皮肤显得略为粗糙而皲裂，轻度潮红、糠麸状脱屑患部几乎不痒。

【预防】 加强环境卫生管理。对于食欲正常而膘情差的驴，建议一年春秋两季驱虫，使用伊维菌素配合吡喹酮能起到很好的效果。

【治疗】 肌肉注射敌螨净和阿维菌素。

四、胃肠炎

【病因】 继发性胃肠炎常见于肠便秘和胃肠寄生虫病的病程中。

【临床症状】 患畜不断排出稀软或水样粪便，其中混有血液及坏死组织片。腹泻重的病畜脱水症状明显。多数病畜体温升高到 40 ℃以上，少数病畜直到后期才见发热，个别病畜体温始终不高。最急性者，往往等不到拉稀便于 24 h 内死亡。

【预防】 注意环境卫生，饲喂干净的食物。

【治疗】 ① 抑菌消炎。内服磺胺脒 20~30 g，每天 3 次；或呋喃唑酮每千克体重每天 0.005~0.01 g，分 2~3 次内服。

② 缓泻止泻。用硫酸钠或人工盐 300~400 g 配成 6%~8%的溶液，另加酒精 50 mL、鱼石脂 10~30 g，调匀内服。对胃肠弛缓的患畜，可用液状石蜡 500~1 000 mL 或植物油 500 mL，加鱼石脂 10~30 g，混合适量温水内服。

③ 补液，解毒，强心。补液前先静脉放血 1 000~2 000 mL，然后补给复方氯化钠溶液、生理盐水或 5%葡萄糖氯化钠溶液 1 000~2 000 mL，每天 3~4 次。为缓解中毒，可在输液时加入 5%碳酸钠溶液 500~800 mL。为维护心脏机能，可用 20%安钠咖溶液 10~20 mL 与 20%樟脑油 10~20 mL，交互皮下注射，每天各 1~2 次；也可用强尔心液 10~20 mL，皮下、肌肉或静脉注射。

④ 对症疗法。对伴有明显腹痛的病畜，可肌肉注射 30%安乃近 20 mL，炎症基本消除时可内服健胃剂。胃肠道出血时可用葡萄糖酸钙溶液 250~500 mL，1 次静注；或用 10%的氯化钙溶液 100~150 mL，1 次缓慢静注。

复习思考

1. 简述毛驴的生活习性。
2. 简述毛驴的饲养管理技术。
3. 如何进行毛驴的发情鉴定？
4. 简述毛驴常见疾病的防治。（举两例）

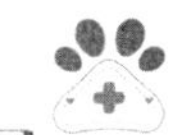

项目十六 特种野猪的养殖技术

学习目标

1. 了解特种野猪的生活习性。
2. 掌握特种野猪的饲养管理技术和繁育技术。
3. 掌握特种野猪常见疾病的防治。
4. 能够科学饲养特种野猪。

任务一 特种野猪的生物学特性

一、特种野猪的形态特征

经过杂交培育的特种野猪，体形变得粗壮高大，但外貌上基本保持了野生野猪的特征。有时为了区分野生野猪和杂交野猪，也把杂交野猪称为特种野猪。特种野猪性情温顺，行动敏捷，嘴尖脸长，耳小并向前上方直立；颈短粗，与头、肩衔接良好。公野猪獠牙粗壮，肩宽阔，富有悍威；胸深、宽窄适中；背腰平直，胸腹紧凑，腹线水平；尻部稍倾斜，后躯推进力强，腿部肌肉特别发达；四肢结实，体质健壮；成年特种公野猪体重190~210 kg。母野猪颈较公野猪颈略细长，颈部鬃毛较家猪长；肩胛结构良好，倾斜度适中，肌肉发达，护仔性强；成年特种母野猪体重145~155 kg。特种野猪初生时身上有纵向深棕褐色较宽的带状条纹，其余被毛为黄褐色或灰黄褐色。随着月龄增长，条纹逐渐消失，皮毛转为灰黄褐色或棕灰黑色。

二、特种野猪的生活习性

1. 适应性、抗病性强

特种野猪对长时间的颠簸、疲劳、酷暑、严寒等恶劣条件的适应性优于一般家猪。特种野猪的生命力和抗病力优于一般家猪。在放养条件下，除外伤外，很少发病，而圈养后，受外界环境的影响，疫病防治工作则要加强。

2. 杂食性

特种野猪食性广，对食物选择性小，喜吃青绿饲料，对青粗饲料的利用能力比家猪强。饲料来源非常广泛，既可利用大自然的植物，也可利用各种农副产品。

3. 野性

特种野猪的防御反射性比家猪强烈，但反应的强烈程度远不及野生野猪。特种野猪含有较高的野猪血统，与家猪相比仍保持很高的野性。它胆小、机敏、易受惊，越障能力比家猪强，极少数的个体对陌生人有攻击性。

4. 合群性好，喜卧隐蔽处

特种野猪喜群居和群体觅食等活动，单独饲养的野猪采食量较少，群体采食量较多。在管理上宜群养，不宜单养，除公野猪和产仔母野猪外，其他均需在合理密度下群养。特种野猪喜欢在隐蔽的墙角卧睡，尤其喜欢在光线较暗的地方睡觉，对人有惧怕行为。

5. 生活有序性

特种野猪生活的有序性，比家猪更为突出，条件反射较为稳定，因此特种野猪饲养管理要注意定时、定量、定槽、定位、定质，确保猪群健康。

6. 喜欢泥浴

特种野猪继承了野猪的生活习性，在温暖季节喜欢在泥水中翻滚、爬卧，每天进行数次，长达几小时；也喜欢在水池旁活动和休息。

三、特种野猪的经济价值

1. 肉用价值

特种野猪肉美味可口，具有整年可利用的优点。特种野猪肉无腥味，肉质柔软，纤维细，肉色好，尤其是脂肪入口即化，其味美的特点是普通猪肉难以比拟的。特种野猪肉色鲜红，肉质鲜嫩，营养丰富，瘦肉率高，同等体积比家猪重10%。特种野猪肉营养丰富，肉中氨基酸种类齐全（含有17种氨基酸）；肌肉间脂肪沉积少，脂肪含量低，胆固醇含量低，后腿肉的脂肪只有家猪的50%；特种野猪肉亚油酸含量要比家猪高出2.5倍，而亚油酸被科学界认为是唯一的人体最重要和必需的脂肪酸，人体本身不能合成，必须通过日常中食物的摄取而获得。亚油酸对人体的生长发育有着极为重要的意义，尤其对冠心病和脑血管疾病的防治有着独特的疗效。用野猪腿加工成的野猪火腿畅销国内外市场，其他分割下来的胴体可进行真空包装，加工成野猪风味腊肉条、野猪肉香肠等。

2. 药用价值

特种野猪肚、肉、皮、肝、心等均具有一定的药用价值。据《本草纲目》记载，野猪肚（猪胃）性微温、味甘，有中止胃炎、健胃补虚的功效。而现代医学实验也表明，特种野猪肚含有大量人体必需的氨基酸、维生素和微量元素，可助消化，促进

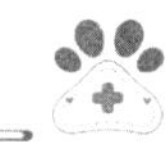

新陈代谢，特别是对胃出血、胃炎、胃溃疡、肠溃疡等有一定的疗效。野猪肉味甘、咸，性平，无毒，主治虚弱羸瘦、便血、痔疮出血等。《本草纲目》中称，经常食用野猪肉，能滋润女性肌肤，并有产期催奶的作用。最新研究表明，特种野猪肉里还含有抗癌物质锌和硒等。因此，特种野猪肉是一种理想的滋补保健肉类。野猪皮可治恶疮。现代医学证明，食用野猪皮还可消除高度疲劳和小孩发育不良等症状，特别对人体代谢紊乱、生殖机能障碍等疾病疗效显著。野猪肝具有补肝、明目、养血的功效，可用于治疗血虚萎黄、夜盲、目赤、浮肿、脚气等。野猪心具有养心、安神、补血功效，可治心血虚所致的心悸、面色不华等症。

3. 医用价值

野猪可作为医学实验用猪。医学实验用猪的选育目标是：体形小、生长慢、抗病强、健康无病。特种野猪本身虽然成年体形很大，但其幼猪体形较小，生长速度缓慢，所以特种野猪是医学实验的好材料。

任务二　特种野猪的繁育技术

一、特种野猪的选种

1. 种公猪的选择

种公猪的外形首先要符合纯种野猪的基本特征，如毛色、头形、耳形、体形、外貌等。种公猪的整体结构要匀称、结实，体质健壮。头颈、前躯、中躯和后躯结合自然、良好。头脸小而长，两眼有神；颈短而粗，胸部宽而深，背平直，身腰长；肚子要小，臀部宽平，尾根粗且尾长而不弯，摇摆自如；腿高，骨骼粗壮，肢蹄强健，反应敏捷，性格活泼好斗，有明显的雄性特征。

种公猪生殖系统器官发育正常，睾丸发育良好、对称，轮廓明显，触摸时感到坚实而不坚硬，附睾发育正常；无单睾、隐睾。包皮内积液不明显，腹底线分布明显。乳头 5~6 对，排列整齐，发育良好，无翻转乳头和复乳头。在特种野猪种公猪选择上并非纯度越高越好。除非育种需要纯种野猪和野猪血统含量在 82.5%以上的种猪，一般种公猪以含野猪血统 75%~82.5%为宜。

2. 种母猪的选择

种母猪除要求体形符合野猪基本特征外，还应该在野猪血统含量、体形、肥瘦、性格、阴户、乳头方面进行认真挑选。种母猪不要过肥，要略清瘦一些，身材略短，腹部要大，千万不要选购“棒槌肚”的母猪。种母猪乳头数量 6 对以上，乳头排列整齐均匀，有一定的间距，没有无效乳头（包括瞎乳头、翻乳头、副乳头等）。母猪的阴户大小适中（与年龄、体重相适应），过小可能不生育，过大可能正发情或发炎（不在发情时选择）。阴户还应向上翘，这样有利于配种时受孕。

3. 种仔猪的选择

特种野猪出生时身上有纵向、深褐色较宽的带状条纹，这些条纹在2月龄后才陆续退去。3月龄后全身呈黄棕色或灰色。在选择10 kg左右特种野猪时，带状条纹是一个主要特征。条纹较宽且色较深，头短小，耳小而尖，全身为深褐色或棕褐色，种质特征明显的特种野猪较好。3月龄后，仔猪色泽较深者野猪血统含量较高。体重大、活力强的仔猪育肥期增重快，省饲料，发病率和病死率低。仔猪应该身腰长，体形大，皮薄且富有弹性，毛稀而有光泽，头短、额宽，眼大有神，口叉深而唇齐，耳郭薄而根硬，前躯宽深，中躯平直，后躯发达，尾根粗壮，四肢强健，体质结实。

二、特种野猪的发情鉴定

特种母野猪发情时的表现因个体、品种及胎龄等不同差异较大，如果下列表现出现一个，或同时出现两个或多个，均应注意观察判断母野猪是否已在发情：① 神态呆痴，对饲养员显得比平时更为亲近，行为敏感，歪头倾听，常伴有耳朵躁动、尿频等；② 有闹圈（爬跨圈门）的行为，渴慕靠近公野猪或爬跨邻栏或同栏的母野猪；③ 阴门出现黏液，伴有红肿且渐次加深加重；④ 食欲不振或停食；⑤ 有静立压背反应，按压其肋腹和背部时有挺立反应且不易将母野猪从原处移动，出现耳朵扇动上立、尾根上翘的表现或人骑之表现安静，神态舒适。

三、特种野猪的配种

1. 配种方式

① 单次配种。在母野猪的一个发情期内只用1头公野猪或精液配种1次。该方式必须掌握准配种时期，否则受胎率和产仔数都会受影响。生产中一般不提倡用这种方式。

② 重复配种。在母野猪发情期内用1头公野猪或精液配种2次。在第1次配种后，隔4~12 h再配种1次。这种方法应用普遍，符合母野猪的排卵特点，使先后排出的卵都有受精机会，其受胎率和产仔数比单次配种要高。

③ 双重配种。在母猪一个发情期内用两头公猪或它们的精液先后间隔10 min各配1次。

2. 配种时间

特种母野猪排卵前2~3 h，即母野猪发情开始后20~30 h配种才容易受胎，最迟在发情后48 h内要配上种。实际生产中，母野猪发情开始时间不易准确判定，最易掌握和判定的是发情盛期表现。

3. 配种方法

（1）人工辅助交配

人工辅助交配是公、母野猪直接交配的一种配种方法。采用此法应做到以下几点：① 配种场所应安静无干扰，地面要平坦、不光滑。② 配种时间应安排在食前 1 h 或食后 2 h，并且在配种的同时不要饲喂附近的野猪。气候炎热时宜在早晚凉爽时进行。③ 配种前应激发公、母野猪的性欲。如将公、母野猪赶入配种场地后，不要马上使其交配，当公野猪爬上母野猪后应将其赶下来，使公、母野猪性欲冲动到高潮时再让其交配。④ 配种时人工辅助加快配种过程。如公、母野猪体重差异较大时，设配种架、垫脚板，或在母野猪身上放一条麻袋，当公野猪爬上母野猪时，由两人提着麻袋的四个角，以减轻公野猪对母野猪的压力；交配时要及时拉开母野猪的尾巴，帮助公野猪的阴茎插入母野猪阴道，防止公野猪阴茎损伤；交配后要及时赶开公野猪，并用手轻轻按压母野猪的腰荐部，不让它拱背或卧下，以免精液倒流出来。

（2）人工授精

人工授精是人利用专门的器械将猪的精液采出，经过检查、稀释处理后，再借助器械将精液输入发情母野猪的子宫内的一种方法。

四、特种野猪的妊娠

① 观察母野猪外形的变化，如毛色有光泽、眼睛有神、发亮，阴户下联合的裂缝向上收缩形成一条线，则表示受孕。② 经产母野猪配种后 3~4 天，用手轻捏母野猪倒数第 2 对乳头，发现有一根较硬的乳管，即表示已受孕。③ 用拇指与食指用力压捏母野猪第 9 胸椎到第 12 胸椎背中线处，如背中部指压处母猪表现凹陷反应，即表示未受孕；如指压时表现不凹陷反应，甚至稍突起或不动，则为妊娠。

任务三　特种野猪的饲养管理技术

一、特种野猪养殖场的建设

1. 选址

野猪场应选择在地形整齐开阔，地势稍高，地面干燥、平坦、排水良好，背风向阳的地方。

2. 规划布局

一般把整个场地分为生产区、生产管理区、隔离区、生活区等功能区。

二、特种野猪的饲养标准及饲料配制原则

1. 特种野猪的饲养标准

科学饲养必须有一个符合野猪生理代谢与生产实际需要的饲养标准。所谓饲养标准是指一定品种的健康畜禽，在适宜的条件下，达到最优生产性能时，营养的最低需要量。它是对一定时期动物营养科研成果和畜牧业发展水平的总结，是配方设计的主要依据。特种野猪的饲养标准见表 16-1。

表 16-1 特种野猪饲养标准

类别	粗蛋白占比/%	消化能/(MJ/kg)	赖氨酸占比/%	蛋氨酸+胱氨酸占比/%	苏氨酸占比/%	钙含量占比/%	总磷含量占比/%
仔猪（7~15 kg）	19.2	14.00	1.05	0.7	0.72	0.91	0.6
小猪（15~30 kg）	17.2	13.45	0.98	0.6	0.58	0.81	0.55
中猪（30~60 kg）	15.1	13.42	0.92	0.58	0.52	0.70	0.52
大猪（60~100 kg）	14.02	13.43	0.89	0.56	0.48	0.68	0.52
妊娠母猪	14	12.71	0.66	0.59	0.6	0.7	0.58
泌乳母猪	16.88	13.11	0.8	0.66	0.61	0.71	0.58
种公猪	15.9	12.8	0.72	0.65	0.58	0.71	0.59

2. 特种野猪配合饲料的配制原则

（1）保证饲料的安全性

配制特种野猪的配合饲料，应把安全性放在首位。只有首先考虑到配合饲料的安全性，才能慎重选料和合理用料。慎重选料就是注意掌握饲料质量和等级，最好在配料前先对各种饲料进行检测。凡是腐败霉变、被毒素污染的饲料都不准使用。饲料本身含有毒物质者，如棉籽饼、菜籽饼等，应控制用量，做到合理用料，防止中毒。要充分估计到有些添加剂可能发生的毒害，应遵守其使用期和停用期规定。

（2）选用合适的饲养标准

根据特种野猪血统含量、生产性能等，参考肉脂型猪的饲养标准，制定符合本品种的饲养标准，作为饲料配方的依据。配制配合饲料时应首先保证能量、蛋白质及限制性氨基酸、钙、有效磷、地区性缺乏的微量元素与重要维生素的供给量，并根据特种野猪的膘情、季节等条件的变化，对饲养标准做适当的增减调整。

（3）因地制宜，选择配方原料

配方原料要充分利用当地生产的和价值便宜的饲料，最好是在不降低或很少降低饲养效率和经济效益的前提下，就地取材，物尽其用，降低生产成本。例如，使用南方地区的菜籽饼、棉区的棉籽饼、啤酒厂的啤酒糟等。

（4）饲料适口性要好

适口性差的饲料特种野猪不爱吃，采食量减少，营养水平再高也很难满足野猪的营养需求。通常影响饲料适口性的因素有味道（例如，甜味、某些芳香物质、谷氨酸钠等可提高特种野猪的饲料适口性）、粒度（过细不好）、矿物质或粗纤维的多少等。

（5）饲料要多样化

不同饲料间养分能够互相搭配补充，提高营养价值。

（6）饲料容积要适当

一个好的配合饲料，应该既保证养分够，又保证吃饱而不过食浪费。不同大小的特种野猪，在消化道容积、饲料通过消化道的速度和消化能力等方面是不相同的。所以，饲料的容积和单位重量中养分的含量，应该与特种野猪的消化生理要求相适应。总之，饲料容积关系到采食量（进食量），进食过多或不足都不好。

（7）饲料应贮存在干燥、阴凉处

高温高湿会加快饲料中维生素和养分的破坏。虽然添加霉菌抑制剂和抗氧化剂有助于延长饲料的贮存期，但也应在 4 周内用完。

（8）日粮配合要相对稳定

如确需改变日粮配合时，则应逐渐过渡，有 1 周的过渡期。如果突然变化过大，会引起应激反应，降低特种野猪的生产性能。

三、特种野猪的饲养管理技术

1. 仔猪的饲养管理

（1）断乳仔猪的饲养

断乳后的仔野猪由母乳加饲料改为独立吃饲料生活，起初胃肠会不适应，很容易消化不良，所以，对断乳仔野猪要精心饲养。断乳第一天仔野猪采食少，但第二天又会猛吃饲料，很容易发生消化不良。因此，断乳后头 4~5 天要适当控制仔野猪的采食量，防止消化不良而下痢。断乳仔野猪起初一昼夜宜喂 6~8 次，以后逐渐减少饲喂次数，3 月龄时改为日喂 4 次。断乳仔野猪的料型也要与哺乳期保持一致，并设水槽或自动饮水器，保证饮水充足清洁。断乳 3 周后，要适当降低饲粮的营养水平，低野猪血统的特种野猪饲粮粗蛋白质水平降到 12%，高野猪血统的特种野猪饲粮粗蛋白质水平降到 11%。

（2）原圈培育

断乳仔野猪对环境的适应性和对疾病的抵抗力都较差，保证良好的生活环境是培育断乳仔野猪的重要措施之一。断奶采取赶母留仔法，将母野猪赶到预配舍，让仔野猪留在原圈，此时禁止并窝混群饲养，避免仔野猪改变居住环境而不适应和互相之间的争食、咬斗而引起仔野猪不安，使仔野猪生长发育受阻。

（3）提供适宜环境

断乳后仔野猪采食量减少，对外界抵抗力下降。因此，要注重圈舍保温，最好在原圈舍温度基础上升高 2~3 ℃，这样才能使受应激的仔野猪在体质下降的情况下，感到身体舒服，避免因体质下降而引起腹泻。圈舍应减少水冲洗，降低湿度，保持干燥，保持干净卫生，并定期消毒。

（4）适时分群

仔野猪断乳后约 3 周可以分群饲养。分群前 3~5 天让仔野猪同槽进食或一起运动，使彼此熟悉，以减少分群并圈后的不安和咬斗；然后根据仔野猪的性别、个体大小等进行分群。

（5）做好调教工作

转圈后要做好调教工作。先在圈的一角洒点水（或仔野猪粪便），其他地方保持干燥，野猪进圈后就会将粪便排在这个地方。如果有野猪粪便排在他处，饲养人员要及时将粪便铲到指定的地方。这样经过训练，仔野猪就会养成好的习惯，吃食、卧睡、排便三点定位，使猪圈干净卫生。

（6）充分运动和日光浴

断乳仔野猪应有充分的运动和日光浴，夏季尽可能放牧饲养 4~6 h，冬季晴天时室外运动 2 h。

（7）及时免疫驱虫

在断乳饲养阶段，要根据本地、本场的实际情况制定合理的免疫程序，及时完成各种传染病疫苗的防疫注射，使仔野猪对传染病产生免疫力。在各疫苗防疫结束，猪只一切正常后，需对野猪进行驱虫。驱除野猪体内外的寄生虫，可选用左旋咪唑、阿维菌素和伊维菌素。驱虫 1 次后过 1 周左右再重复驱虫 1 次。驱虫药宜在晚上投喂，喂前应减食一顿。早晨应及时把驱虫后的粪便清除，并对圈舍进行清洗消毒，以免对野猪造成二次污染。

2. 生长育肥猪的饲养管理

（1）圈舍的清理与消毒

为了避免育肥猪感染寄生虫，对进猪圈舍应彻底消毒。进猪前，要对野猪舍的地面、围墙（护栏）、圈门等进行维修，之后要对整个圈舍进行清理。

（2）预防接种

猪在育成期（70 日龄前）均应注射各种传染病疫苗，转入育肥舍到出栏前一般不再进行疫苗注射。常防的疾病有猪瘟、猪丹毒、猪肺病、伪狂犬病、猪链球菌病等。

（3）驱虫

特种野猪的体内寄生虫，以蛔虫感染最普遍，主要危害 3~6 月龄的幼野猪。患猪多无明显的临床症状，但生长缓慢，消瘦，被毛失去光泽，严重者增重速度降低 30%，甚至成僵猪。特种野猪体表寄生虫主要有疥螨和虱子等，以疥螨最为常见。通常在 60~90 日龄进行驱虫，第一次驱虫和第二次驱虫间隔 15 天。

（4）合理组群

育肥时为保持每头特种野猪都能采食到足够的饲料，同群野猪生长发育均匀，缩短育肥周期，提高日增重和饲料利用率，降低生产成本，根据野猪生物学特性进行合理组群是十分必要的。按父母本相同的杂交后代组群，可避免因生活习性不同而相互干扰采食和休息，并且因其营养需要、生产潜力相同而使得同一群的猪只发育整齐，同期出栏。组群时还要注意按性别、体重大小和强弱进行组群，否则会影响特种野猪的育肥效果。

（5）饲养密度

饲养密度是以每群特种野猪所占圈栏面积的多少来表示的。确定饲养密度要从提高圈舍利用率和育肥野猪的饲养效果两个方面来考虑。饲养密度过高，会降低野猪的增重速度和饲料利用率。在正常生长情况下，野猪群中个体与个体之间要保持一定距离，群体密度过大时，个体间冲突增加，炎热季节还会使圈内局部气温过高而降低野猪的食欲。

（6）温度、湿度

育肥野猪的一般适宜温度为 10～25 ℃，最适温度为 15～23 ℃。在适宜温度下，特种野猪增重快，饲料利用率高。过冷或过热都会影响猪只生产潜力的发挥。温度低时，野猪饲料消耗增多，以维持正常体温，日增重降低。当温度过低时，猪只会相互拥挤，采食量增加，以抵御寒冷，不但造成饲料浪费，也会使育肥野猪体重下降。

湿度的影响远远小于温度，如果野猪舍温度适宜，则空气湿度的高低对特种野猪的增重和饲料利用率影响很小。猪舍内空气相对湿度以 40%～75%为宜。

（7）通风换气

野猪舍内的空气经常受到排泄物、饲料、垫草的发酵或腐败形成的氨气或硫化氢等有害气体的污染，野猪自身的呼吸又会排出大量的水汽、二氧化碳及其他气体，影响猪的增重和饲料利用率，并可引起野猪的眼病、呼吸系统疾病和消化系统疾病。所以，特种野猪舍建筑设计时要考虑猪舍通风换气的需要，在管理上，要注意定期打扫，保持圈舍清洁，减少污浊气体及水汽的产生，以保证舍内空气清新。

3. 种公猪的饲养管理

（1）保证营养

种公野猪与其他家畜的公畜比较，有射精量大、总精子数目多、交配时间长等特点。野猪精液的干物质中 70%以上是蛋白质，其余是矿物质、脂肪和各种有机浸出物。因此，生产中必须供给种公野猪丰富的蛋白质、足够的能量和维生素、矿物质等营养物质，才能保证公野猪每次射精的质和量。在配种期，纯种野猪如果配种任务较轻，每周使用 2～3 次，则其饲料消化能为 10 MJ/kg，粗蛋白质为 10.5%，基础日粮 1.6 kg；如果每周配种超过 3 次，消化能要提高到 11 MJ/kg，粗蛋白质 11.5%，日喂量 1.8～2 kg。季节性配种的公野猪，从配种前 30 天开始逐渐提高营养水平，在原有日粮标准上增加 20%～25%。常年配种的野猪应均衡供应种野猪所需要的营养物质。对过肥或过瘦的公野猪应酌情减料或加料，以保持种公野猪良好的种用体况和旺盛的配种能力。

（2）饲喂技术

公野猪的饲粮体积不宜大，应以精料为主，以免造成垂腹。另外，饲粮要有良好的适口性，严禁发霉变质和有毒的饲料混入。

（3）单圈饲养

公野猪单圈饲养可避免互相爬跨，减少干扰、刺激，有利于公野猪健康。若圈舍少，也可合群饲养，但必须从小合群，一般每圈两头，并且同圈公野猪应来源相同，体重相近，强弱相似。

（4）适当运动

公野猪每天适当运动可促进新陈代谢，避免肥胖，提高精液品质和配种能力。可采用运动场自由运动和适当的人工驱赶运动，有条件的可以用放牧代替运动。

（5）刷拭修蹄

定时刷拭猪体，同时驱除体外寄生虫。热天可冲洗猪体，保持皮肤清洁卫生，促进血液循环，并以此调教公野猪，使公野猪与人亲和、温顺，听从管教。注意保护肢蹄，对不良的蹄形进行修蹄，保持正常蹄形，便于正常活动和配种。

（6）定期检查精液品质和称量体重

在配种季节到来前半个月和配种期中，要定期检查精液的品质。一般进行人工授精的种公野猪，每次采精都要检查精液品质。本交配种的种公野猪每月也要检查1~2次精液品质。定期称量体重后，根据种公野猪的精液品质和体重变化来调整日粮的营养水平和利用强度。

（7）建立良好的生活制度

饲喂、采精或配种、运动、刷拭等各项作业，都应在大体固定的时间内进行，利用条件反射养成规律的生活习惯，便于管理公野猪。

（8）防寒防暑

公野猪适宜温度为18~20 ℃。冬季要防寒保暖，以减少饲料消耗和疾病发生。夏季高温要防暑降温，高温对种公猪影响尤为严重，公猪常表现为食欲下降、性欲降低、精液品质下降。

4. 种母猪的饲养管理

（1）喂料量管理

母野猪适宜的繁殖体况是7~8成膘，配种期母野猪的饲养应根据不同的膘情采用相应的饲养措施。对体况过瘦、膘情差的成年母野猪采用“短期优饲”，可增加排卵数2枚左右，从而增加产仔数。具体做法是：在配种前半个月，按平时喂料量增加50%~100%，并补喂优质青料。配种后立即降到原来的水平或确认妊娠后按妊娠母野猪要求进行饲养。对过肥的母猪则要及时拉膘，即实行限制饲养，减少或不喂精料，多喂青饲料，增加运动，使其掉膘，恢复种用体况。

（2）诱导刺激发情

不发情的母野猪可采用试情公猪追逐爬跨，或通过公野猪分泌的外激素气味和接触刺激，引起母野猪脑下垂体分泌促卵泡激素，促使其发情排卵。可与正常发情的母猪合圈饲养，通过发情母猪爬跨等刺激诱使发情；也可按摩乳房促进发情排卵等。

（3）加强运动

对不发情的母野猪进行驱赶运动，可促进新陈代谢，改善膘情。接受日光照射，呼吸新鲜空气，也能促进母野猪发情排卵。

任务四　特种野猪常见疾病的防治

一、仔猪黄痢

【病因】 仔猪黄痢，又叫早发性大肠杆菌病，是由一定血清型的大肠杆菌引起的初生仔猪的一种急性、致死性传染病。

【临床症状】 以排出黄色稀粪和急性死亡为特征。

【预防】① 平时做好圈舍及环境的卫生与消毒工作，做好产房及母猪的清洁卫生和护理工作。

② 对于常发病地区，可用大肠杆菌腹泻 K88、K99、987P 三价灭活菌苗，或大肠杆菌 K88、K99 双价基因工程苗给产前一个月怀孕母猪注射，以通过母乳获得被动保护，防止发病。

③ 国内有的猪场，在仔猪出生后即全窝用抗菌药物口服，连用 3 天，以防止发病。

【治疗】 ① 开始发病时，立即对全窝仔猪给药，常用药物有氯霉素、呋喃唑酮、金霉素、新霉素、磺胺甲基嘧啶等。由于细菌易产生抗药性，最好先分离出大肠杆菌做纸片药敏试验，以选出最敏感的治疗药品用于治疗，方能收到好的疗效。

② 抗生素和磺胺药物疗法：庆大霉素注射液，肌肉注射，一次量每头 8 万 IU，1 天 2 次，连用 3 天。硫酸卡那霉素注射液，肌肉注射，一次量每千克体重 10~15 mg，1 天 2 次，连用 3 天。对仔猪排出水样便的严重黄痢病，可用“腹泻康”与氧氟沙星注射液混合，肌肉注射，一次量 3~5 mL，并喂服葡萄糖液（添加少量精盐）；或应用庆大霉素 8 万 IU 稀释于 5%的糖盐水中，20 mL 腹腔注射，1 天 2 次，连用 2 天。

二、猪瘟

【病因】 猪瘟俗称“烂肠瘟”，是由黄病毒科猪瘟病毒属的猪瘟病毒引起的一种急性、发热、接触性传染病，具有高度传染性和致死性。本病在自然条件下只感染猪，不同年龄、性别、品种的野猪都易感，一年四季均可发生。

【临床症状】 根据临床症状可分为急性型、慢性型和温和型三种类型。① 急性型的症状：全身皮肤、浆膜、黏膜和内脏器官有不同程度的出血，全身淋巴结肿胀。② 慢性型的症状：坏死性肠炎，全身性出血变化不明显。③ 温和型的症状轻微，不典型，病情缓和，病理变化不明显，病程较长，体温稽留在 40 ℃左右，皮肤无出血小点，但有淤血和坏死，食欲时好时坏，粪便时干时稀。病猪十分瘦弱，致死率较高，也有耐过的，但生长发育严重受阻。

【预防】 ① 免疫接种。

② 开展免疫监测，采用酶联免疫吸附试验或正向间接血凝试验等方法开展免疫抗体监测。

③ 及时淘汰隐性感染带毒种猪。

④ 坚持自繁自养、全进全出的饲养管理制度。

⑤ 做好猪场、猪舍的隔离、卫生、消毒和杀虫工作，减少猪瘟病毒的侵入。

【治疗】 该病目前没有较理想的治疗办法。

三、猪肺疫

【病因】 由多种杀伤性巴氏杆菌所引起的一种急性传染病（猪巴氏杆菌病），俗称“锁喉风”“肿脖瘟”。

【临床症状】 根据病程长短和临床表现分为最急性型、急性型和慢性型。① 最急性型：未出现任何症状，突然发病，迅速死亡。病程稍长者表现为体温升高到41～42 ℃，食欲废绝，呼吸困难，心跳急速，可视黏膜发绀，皮肤出现紫红斑。咽喉部和颈部发热、红肿、坚硬，严重者延至耳根、胸前。病猪呼吸极度困难，常呈犬坐姿势，伸长头颈，有时可发出喘鸣声，口鼻流出白色泡沫，有时泡沫带有血色。一旦出现严重的呼吸困难，病情往往迅速恶化，病猪很快死亡。病死率常高达100%，自然康复者少见。② 急性型：本型最常见。体温升高至40～41 ℃，初期为痉挛性干咳，呼吸困难，口鼻流出白沫，有时混有血液，后变为湿咳，随病程发展，病猪呼吸更加困难，常呈犬坐姿势，胸部触诊有痛感，精神不振，食欲不振或废绝，皮肤出现红斑，后期衰弱无力，卧地不起，多因窒息死亡。病程5～8天。不死者转为慢性。③ 慢性型：主要表现为肺炎和慢性胃肠炎。时有持续性咳嗽和呼吸困难，有少许黏液性或脓性鼻液。关节肿胀，常有腹泻，食欲不振，营养不良，有痂样湿疹，发育停止，极度消瘦，病程2周以上，多数死亡。

【预防】 ① 预防免疫。每年春秋两季定期用猪肺疫氢氧化铝甲醛菌苗或猪肺疫口服弱毒菌苗进行两次免疫接种；也可选用猪丹毒、猪肺疫氢氧化铝二联苗，猪瘟、猪丹毒、猪肺疫弱毒三联苗。接种疫苗前几天和后7天内，禁用抗菌药物。

② 改善饲养管理方法。在条件允许的情况下，提倡早期断奶。全进全出的生产程序、封闭式管理猪群、减小从外面引猪、减小猪群的密度等措施有助于控制本病。

③ 药物预防。对常发病猪场，要在饲料中添加抗菌药进行预防。

【治疗】 最急性病例由于发病急，常来不及治疗，病猪已死亡。① 青霉素、链霉素和四环素族抗生素对猪肺疫都有一定疗效。② 抗生素与磺胺药合用，如四环素+磺胺二甲嘧啶，泰乐菌素+磺胺二甲嘧啶则疗效更佳。③ 914对本病也有一定疗效，一般急性病例注射 1 次即可，如有必要可隔 2~3 天重复用药 1 次。在治疗上特别要强调的是，本菌极易产生抗药性，因此有条件的应做药敏试验，选择敏感药物治疗。

四、猪痢疾

【病因】 该病又叫猪血痢，是由猪痢疾密螺旋体引起的一种严重的肠道传染病。

【临床症状】 最常见的症状是出现程度不同的腹泻。一般是先拉软粪，渐变为黄色稀粪，内混黏液或带血。病情严重时所排粪呈红色糊状，内有大量黏液、出血块及脓性分泌物；有的拉灰色、褐色甚至绿色糊状粪，有时带有很多小气泡，并混有黏液及纤维伪膜。病猪精神不振、厌食及喜饮水、拱背、脱水、腹部蜷缩、行走摇摆、用后肢踢腹，被毛粗乱无光，迅速消瘦，后期排粪失禁。肛门周围及尾根被粪便沾污，起立无力，极度衰弱。大部分病猪体温正常。慢性病例症状轻，粪中含较多黏液和坏死组织碎片，病期较长，进行性消瘦，生长停滞。

【预防】 做好猪舍、环境的清洁卫生和消毒工作；处理好粪便；最好淘汰病猪；坚持药物、管理和卫生相结合的净化措施，可收到较好的净化效果。

【治疗】 及时药物治疗常有一定效果，如痢菌净 5 mg/kg，内服，每天 2 次，连服 3 日为一疗程，或按 0.5%痢菌净溶液 0.5 mL/kg，肌肉注射；硫酸新霉素、呋喃唑酮、林可霉素、四环素族抗生素等多种抗菌药物都有一定疗效。该病易复发，须坚持药物治疗和改善饲养管理方法相结合，方能收到好的效果。

五、传染性胃肠炎

【病因】 猪传染性胃肠炎是由猪传染性胃肠炎病毒引起的一种高度接触性肠道传染病。

【临床症状】 仔猪突然发病，首先呕吐，接着水样腹泻，粪便为黄绿色或白色，里面含有未消化的凝乳块和泡沫，恶臭。由于脱水严重，病猪口渴，体重迅速下降，日龄越小，病程越短，传播越迅速，发病越严重，死亡也越快。以 7~14 日龄仔猪病死率较高。病愈后仔猪发育不良。中猪及成年猪通常有数日食欲减退，粪便水样、喷射状，排泄物为灰色或褐色，体重减轻等表现。个别有呕吐，腹泻停止后能逐渐康复。病程约 1 周。成年母猪泌乳减少或停止，腹泻停止后逐渐康复。成年猪一般死亡较少。

【预防】 ① 疫苗预防接种。怀孕母猪产前 45 天及 15 天左右，用弱毒疫苗经后海穴接种，使母猪产生一定免疫力，从而使出生后的哺乳仔猪获得母源抗体被动免疫保护。

② 加强饲养管理，创造良好的环境条件，尤其是在晚秋至早春之间的寒冷季节，圈舍要保持一定的温度、合理的光照和适宜的密度。喂以全价饲料，提高机体的抵抗力。

③ 坚持定期消毒，彻底清除粪尿、垫草，用2%～3%氢氧化钠对猪舍、活动场地、用具、车辆等进行全面消毒。

④ 加强护理工作，隔离病猪，暂停喂乳、喂料，并采取对症治疗。

【治疗】 ① 为防止脱水，需补水和补盐。口服补液盐可自配：（氯化钠3.5 g，碳酸氢钠2.5 g，氯化钾1.5 g，葡萄糖20 g）加水1000 mL充分溶解后即可饮用。

② 口服全血、血清。给新生仔猪口服康复猪的全血或血清，有一定的预防和治疗作用。

③ 防止继发感染。口服或注射抗生素，如庆大霉素、小檗碱、诺氟沙星类。

④ 霉卫宝每吨饲料添加5～8 kg，可吸附肠道中的毒素与多余的水分，修复腹泻仔猪肠绒毛，改善仔猪的肠道内环境。

⑤ 中药口服治疗。黄连8 g，黄芩10 g，黄柏10 g，白头翁15 g，枳壳8 g，猪苓10 g，泽泻10 g，连翘10 g，木香8 g，甘草5 g，为30 kg猪一天的剂量。用法：加水500 mL，煎至300 mL，灌服，每天一剂，连服3天。

⑥ 发病前中期使用肠毒金针注射2针，发病中后期使用肠毒金针配合刀豆素注射3针，逐渐恢复。

六、猪丹毒

【病因】 猪丹毒是由猪丹毒杆菌引起的一种急性热性传染病。

【临床症状】 ① 急性型：此型常见，以突然暴发、急性发病和高死亡为特征。病猪精神不振、高烧不退；不食、呕吐；结膜充血；粪便干硬，附有黏液。小猪后期下痢。耳、颈、背皮肤潮红、发紫。临死前，腋下、股内、腹内有不规则鲜红色斑块，指压褪色后而融合一起。病猪常于3～4天内死亡。哺乳仔猪和刚断乳的小猪发生猪丹毒时，一般突然发病，表现出神经症状，抽搐、倒地而死，病程多不超过一天。

② 亚急性型（疹块型）：病较轻，头一两天在身体不同部位，尤其胸侧、背部、颈部至全身出现界限明显，圆形、四边形，有热感的疹块，俗称“打火印”，指压褪色。疹块突出皮肤2～3 mm，大小约一至数厘米，从几个到几十个不等，干枯后形成棕色痂皮。病猪口渴、便秘、呕吐、体温高。疹块发生后，体温开始下降，病势减轻，经数日以至旬余，病猪自行康复。也有不少病猪在发病过程中，症状恶化而转变为败血型而死。病程为1～2周。

③ 慢性型：多由急性型或亚急性型转变而来，也有原发慢性型者，常见的有慢性关节炎、慢性心内膜炎和皮肤坏死等几种。

【预防】 ① 如果生长猪群不断发病，则有必要采取免疫接种。选用二联苗或三联苗，8周龄一次，10～12周龄最好再打一次。为防母源抗体干扰，一般8周龄以前不做免疫接种。

② 疫病流行期间，开展预防性投药，全群用清开灵颗粒每吨料 1 kg、70%水溶性阿莫西林 600 g，均匀拌料，连用 5 天。

③ 加强饲养管理，保持栏舍清洁卫生和通风干燥，避免高温高湿，加强定期消毒。

④ 加强养殖场、屠宰场、交通运输、农贸市场检疫工作，对购入的新猪隔离观察 21 天，对圈、用具定期消毒；发生疫情时，对病猪隔离治疗、消毒，未发病猪用青霉素注射，每天 2 次，3~4 天为止，加强免疫。

⑤ 预防免疫，种公、母猪每年春秋两季进行猪丹毒氢氧化铝甲醛苗免疫。育肥猪 60 日龄时进行一次猪丹毒氢氧化铝甲醛苗或猪三联苗免疫一次即可。

【治疗】 急性病例可用速效青霉素治疗，一天 2 次，连续 3 天。

复习思考

1. 简述特种野猪的生活习性。
2. 简述特种野猪的饲养管理要点。
3. 简述特种野猪的繁育特点。

参考文献

[1] 焦运波．我国野生动物保护和利用的监管困境与对策［J］．佛山科学技术学院学报（社会科学版），2021，39（5）：34-40.

[2] 郭永明．新时期野生动物资源的保护及持续利用探究［J］．吉林畜牧兽医，2021，42（2）：87-88.

[3] 姬君彩．实现人与野生动物和谐共处的基本途径［J］．南京林业大学学报（人文社会科学版），2020，20（3）：15-23，42.

[4] 王文霞，胡延杰，陈绍志．全球野生动物资源可持续利用与贸易现状和启示［J］．世界林业研究，2017，30（3）：1-5.

[5] 张丽丽．特种经济动物养殖发展前景预测分析［J］．中国饲料，2020（16）：146-149.

[6] 吴学壮，王立新，戴四发．特种经济动物生产学课程教学改革初探［J］．安徽农学通报，2019，25（11）：143-144.

[7] 李光玉，鲍坤，张旭，等．中国特种经济动物养殖产业发展综述［J］．农学学报，2018，8（1）：148-152.

[8] 何建昌．特种经济动物的饲养与疾病防控措施探究［J］．南方农业，2021，15（20）：183-184.

[9] 孙建军，廖冰．动物的饲养问题与其未来发展［J］．中国动物保健，2021，23（3）：63-64.

[10] 李永彬．狐狸养殖配种期的饲养管理技术［J］．四川畜牧兽医，2020，47（2）：43-44.

[11] 马泽芳．美国水貂养殖业及其养殖技术［J］．经济动物学报，2015，19（1）：6-9.

[12] 盖广辉．貉养殖及产品初加工标准的研究与制定［D］．哈尔滨：东北林业大学，2010.

[13] 袁绪政．多尺度孔隙的皮革、毛皮中甲醛含量评估及释放行为研究［D］．西

安：陕西科技大学，2018.
[14] 郭冬生，彭小兰. 鸵鸟生物学特性与养殖技术[J]. 黑龙江畜牧兽医，2018(11)：224-226.
[15] 朱美玲. 商品鹧鸪的养殖要点[J]. 山东畜牧兽医，2012，33(11)：69.
[16] 彭少忠. 肉鸽高产养殖饲养管理技术[J]. 当代畜牧，2020(2)：3-4.
[17] 贾小翠. 蛋用鹌鹑良种繁育及养殖技术[J]. 今日畜牧兽医，2020，36(12)：50-51.
[18] 曹允，马国翠，马建民，等. 乌鸡的牧草生态养殖技术研究[J]. 山东畜牧兽医，2019，40(1)：21-23.
[19] 唐松元，李立，段文武，等. 蓝孔雀人工繁育技术[J]. 湖南林业科技，2019，46(3)：75-79.
[20] 钱文熙，高秀华. 茸鹿营养需要量及其消化生理特性研究进展[J]. 动物营养学报，2020，32(10)：4770-4778.
[21] 李游. 蜜蜂饲养管理实用技术要点[J]. 中国动物保健，2021，23(3)：92-93.
[22] 苏春伟，冯德进，宁德富，等. 蛇类人工养殖管理技术[J]. 中国畜牧兽医文摘，2017，33(5)：102-103.
[23] 何凤琴. 恒温养殖仔蝎管理技术[J]. 陕西农业科学，2013，59(3)：272-273.
[24] 李秀慧. 驴的养殖及疫病防治[J]. 畜牧兽医科技信息，2021(2)：129-130.
[25] 刘松莲. 特种野猪繁育及养殖技术[J]. 福建畜牧兽医，2017，39(5)：36-37.
[26] 朱洪强. 野猪驯养与利用[M]. 北京：金盾出版社，2012.
[27] 李顺才. 特种野猪养殖技术一本通[M]. 北京：化学工业出版社，2013.
[28] 任国栋，郑翠芝. 特种经济动物养殖技术[M]. 2版. 北京：化学工业出版社，2016.
[29] 王忠艳. 特种经济动物饲料学[M]. 北京：科学出版社，2015.
[30] 马泽芳. 狐狸高效养殖关键技术[M]. 北京：中国农业出版社，2018.
[31] 李典友，高本刚. 特种经济动物疾病防治大全[M]. 北京：化学工业出版社，2019.
[32] 熊家军. 特种经济动物生产学[M]. 北京：科学出版社，2018.
[33] 刘务勇. 特种野猪养殖技术百问百答[M]. 北京：中国农业出版社，2011.